民用飞机维修工程系列教材

民航发动机失效分析

丁坤英　董立辉　刘　勇　曹惠玲　编著

科学出版社

北　京

内 容 简 介

　　本书首先描述了发动机构造、发动机部件材料失效分析的基础知识,分别阐述了民航发动机叶片、盘、轴等转动部件和机匣、燃烧室、静子叶片等静止部件的典型失效模式、失效机理和预防措施,然后介绍了飞行数据(QAR数据)在发动机失效分析、故障诊断中的应用,最后通过民用航空器经典失效调查案例,对失效分析工具、检测手段和流程进行了总结。

　　本书适用于航空航天类院校中发动机维修和维修工程管理相关的本科生或研究生,也可供从事民航发动机失效分析和事故调查相关工作的科研工作者与工程师使用和参考。

图书在版编目(CIP)数据

　　民航发动机失效分析 / 丁坤英等编著. — 北京:
科学出版社,2024.3
　　民用飞机维修工程系列教材
　　ISBN 978-7-03-077892-5

　　Ⅰ. ①民… Ⅱ. ①丁… Ⅲ. ①民用飞机—航空发动机—失效分析—教材 Ⅳ. ①V23

中国国家版本馆 CIP 数据核字(2024)第 024980 号

责任编辑:徐杨峰 / 责任校对:谭宏宇
责任印制:黄晓鸣 / 封面设计:殷　靓

科学出版社 出版
北京东黄城根北街 16 号
邮政编码:100717
http://www.sciencep.com

南京展望文化发展有限公司排版
苏州市越洋印刷有限公司印刷
科学出版社发行　各地新华书店经销

*

2024 年 3 月第 一 版　开本:787×1092　1/16
2024 年 3 月第一次印刷　印张:15 1/4
字数:348 000

定价:75.00 元
(如有印装质量问题,我社负责调换)

民用飞机维修工程系列教材
专家委员会

丛书序

20世纪50年代,随着波音和麦道系列喷气客机开始进入民航运输市场,全球民航业蓬勃兴起,民机制造业逐步形成波音一家独大的局面,此时中国民航主要引进苏式伊尔和安系列飞机,并由空军管理。1987年,空客A320首飞,全球民航快速发展,波音和空客成为航空制造业两大巨头,中国民航购置波音和空客等先进机型,系统地引进欧美规章和标准,实施企业化管理,2005年航空运输周转量升至世界第二。2010年以来,全球民航载客量持续快速增长,但全球市场受世界经济格局影响,旅客增长率下降,但亚太地区增长强劲,同时,ARJ21进入商业运营,C919首飞成功并启动适航取证工作,国产民机制造业开始崭露头角。今后,世界民航安全水平、管理水平、技术水平将全面提升,尤其在信息化和智能化方面,通用航空快速发展,民航成为旅客长途旅行首选交通工具,全球民机制造业将形成三足鼎立的格局,ARJ21、C919和CR929将逐步成为我国民航市场的主力运输工具,后发优势将突显,航空运输总周转量将超越美国成为世界第一,全面实现民航强国战略目标。

新型国产民机的研制完全遵循国际行业标准,中国航空维修业能够利用自身多年保障欧美飞机运行的丰富经验,为国产民机相关领域提供宝贵经验,为国产民机的设计、制造和运行提供全面支持。然而,我国民航运输工具长期处于波音和空客两强格局下发展,使中国航空维修业严重依赖欧美,尤其是关键核心技术遭到了长期封锁。因此,在贸易战的背景下,中国航空维修业必须快速适应三足鼎立格局,构建独立自主的民机运维支持和设计改进体系,这是推动我国民航产业完全自主发展的迫切需求。

在自主的民机运维支持和设计改进体系中,最为紧迫的工作是高级工程技术人才的培养。一方面,以国产民机设计与制造业为基础,形成具有运维思维的民机设计高级工程人才培养体系,面向民机的设计改进,提升国产民机的安全性和市场竞争力;另一方面,以国产民机维修业为基础,形成具有设计视角的高级维护工程师培养体系,扎根民机运维支持与持续改进,保障国产民机安全、可靠、高效地运行。

民航强国现已上升为国家战略,民航业成为促进我国经济创新驱动与转型升级、构建现代化经济体系的重要引擎。为加快建设创新型民航行业,进一步发挥高等院校对人才培养的支撑作用,民航局提出直属院校要发挥民航专业人才培养的主渠道作用,立足特色优势,拓展新兴领域,坚持内涵发展,夯实学科专业基础。针对新的培养要求和目标,直属院校把"双一流"建设和特色发展引导相结合,实施民航特色学科核心课程体系建设工程,加强以航空器维修工程为主的民航特有专业群建设。

为了不断提高民航专业教学质量,推动民航特色学科核心课程体系和特有专业群建设工程,培养具有扎实理论基础的专业技术人才,引导技术创新,形成一套完善的民用航空运维知识培养体系,为民航事业不断发展奠定坚实基础,并结合中国民航大学飞机维修工程人才培养观念的更新,中国民航大学航空工程学院于2019年上半年提出了集中出版"民用飞机维修工程系列教材"的计划,该系列教材包括:飞机系统基础教材、飞机结构基础教材、发动机基础教材、发动机专业教材、飞机与发动机共用教材,基本覆盖我校飞行器动力工程和飞行器制造工程两个专业所涉及的主要课程。

同时,为了完善国产民机的运营维修人才的培养体系,助力国产民机市场拓展,系列教材的飞机系统与结构方面的编写工作与中国商用飞机有限责任公司携手合作,共同出资编写,实现国产民用飞机入教材、进课堂,为培养国产飞机维修高级技术人才打下坚实基础。

在此,对在民用飞机运维行业默默奉献的从业者和开拓者表示敬意,对为此系列教材的出版奉献时间和汗水的专家、学者表示谢意。

孙毅刚

2021 年秋于中国民航大学

前　言

　　失效分析一般是根据失效模式和现象,通过分析和验证的手段模拟重现失效过程,找出失效原因并挖掘失效机理的活动。失效分析在产品质量提升、技术优化和改进、结构修复及事故仲裁等方面具有很强的实际意义。

　　航空发动机为飞机提供动力,是保障飞机安全运行的关键系统,其工作的安全性、可靠性直接影响着飞机的飞行安全。因此,航空器运营单位会对发动机采取一定的维护措施,包括发动机在翼期间的定期维修、排故、状态监控和下发返厂送修,以保障其满足适航要求。但是即使如此,发动机故障还是相对多发。发动机发生故障的原因是多样的,有些故障与部件的性能退化有关系,有些故障与结构失效有关系,有些兼而有之,其中占主体的还是与结构失效相关的故障。发动机结构失效引起的故障往往是有迹可循的,可以通过特定状态参数的变化推断出失效的区域,若再结合有效的分析手段就有可能找出具体的失效原因,这为进一步修复结构或者是优化设计提供了依据。

　　我国民航运行国外飞机和发动机已经有几十年历史,积累了大量宝贵的经验,其中就包括发动机关键部件失效模式和失效过程的统计。我国自主设计的大飞机已经开始运营,不久的将来,我国自主设计的民航发动机必将能为国产大飞机提供中国动力。若是能结合运行国外发动机的经验,总结出关键件常见的失效模式和失效原因,必然能为国产发动机的设计、制造和优化改进提供一些帮助。为此,本书编写组总结了现役民航发动机叶片、盘、轴、燃烧室、导向器等部件失效的素材,并结合经典的失效分析过程编写了本书。

　　全书共分为6章:第1章失效分析基础和第6章民航发动机失效调查,由董立辉编写;第2章发动机转动部件——叶片和轮盘的失效分析和第3章发动机转动部件——轴、轴承和齿轮的失效分析,由刘勇编写;第4章民航发动机静止部件失效调查与分析,由丁坤英编写;第5章QAR数据在发动机失效分析中的应用,由曹惠玲编写。本书由主编丁坤英负责确定各章内容和范围,并进行最终统稿和校对;刘勇、董立辉和曹惠玲负责制作本书的插图和表格;杜豪、郭昊东、裴祥忠、贾治豪负责全书图表的修订。

　　《民航发动机失效分析》是中国民航大学航空工程学院规划的"民用飞机维修工程系列教材"之一,在编写过程中得到了中国民航大学航空工程学院的大力支持。其间,编写组成员到国内各航空公司和发动机大修机构进行了大量调研,得到了相关技术人员的大力支持和帮助。他们为本书提供了发动机部件失效和日常维护的相关资料,在此深表感谢。

由于编者水平有限,书中可能存在不足之处,敬请评鉴。

丁坤英

2023.12

目 录

第1章
失效分析基础

1.1 应力与应变及材料的力学性能

1.1.1 应力与应变

应力是指截面上某单位面积上的内力分布,应力的基本单位为帕斯卡,即 Pa,常用的单位还有 kPa、MPa。对应力的计算,通常在零件的截面上任取一微小的面积 ΔA,作用在该面积上的内力为 ΔF,ΔF 与 ΔA 的比值称为面积 ΔA 内的平均应力。通常,内力沿零件截面并不是均匀分布的,当 ΔA 趋近于零时,得到的平均应力的极限值,称为截面上该点的应力,用 σ 来表示,即

$$\sigma = \lim_{\Delta A \to 0} \frac{\Delta F}{\Delta A} \tag{1-1}$$

对于蜂窝或泡沫结构的材料,通常采用名义应力来表示,它是一种等效应力,并不代表实际作用于局部的应力。将结构等效为连续体后,名义应力等于作用力除以等效面积。对于存在键槽、油孔等的轴件,也通常采用名义应力来计算。

构件在载荷作用下,其形状和尺寸都将发生变化,产生变形。构件发生变形时,可以用长度或者角度的改变来描述。线段长度的改变称为线变形,线段角度的改变称为角变形。线变形和角变形分别用线应变和角应变来度量。对于应变,通常在构件中取一个微小六面体进行研究,如图 1-1 所示。设 AB 边原长为 Δx,构件在载荷作用下发生变形,点 A 沿 x 轴方向的位移为 u,点 B 沿 x 轴方向的位移为 $u + \Delta u$,则 AB 边的改变为 $(\Delta x + u + \Delta u) - (\Delta x + u) = \Delta u$,$AB$ 边的平均应变为

$$\varepsilon_{\mathrm{m}} = \frac{\Delta u}{\Delta x} \tag{1-2}$$

通常,AB 边上各点的变形程度不同,当 Δx 趋近于零时,即

$$\varepsilon = \lim_{\Delta x \to 0} \frac{\Delta u}{\Delta x} = \frac{\mathrm{d}u}{\mathrm{d}x} \tag{1-3}$$

ε 称为点 A 沿 x 轴方向的线应变,简称应变。棱边长度发生改变时,相邻棱边的夹角通常也会发生相应的改变。如图 1-1 所示,AD 边与 AB 边原来的夹角为直角,变形后两

线段的夹角为∠$D'A'B'$。当 AB 边与 AD 边的两边长趋于无限小时,则变形后原直角发生的微小角度改变:

$$\gamma = \lim_{\substack{\Delta x \to 0 \\ \Delta y \to 0}} \left(\frac{\pi}{2} - \angle D'A'B' \right) \qquad (1-4)$$

即

$$\gamma = \alpha + \beta \qquad (1-5)$$

γ 称为点 A 在 xAy 平面内的切应变。

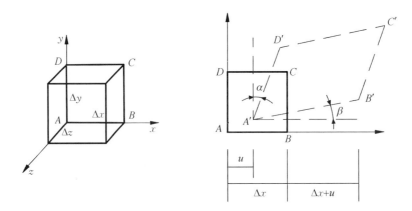

图 1-1 应变

线应变 ε 和切应变 γ 是度量构件在某一点处变形程度的基本量,为无量纲。在应力作用下,材料沿应力作用方向发生应变,在不超过一定范围的应力作用下,应力与应变成正比,即

$$\sigma = E\varepsilon \qquad (1-6)$$

上述关系式称为胡克定律,比例系数 E 称为材料的弹性模量,它是指材料在弹性状态下应力与应变的比值;弹性模量 E 是表征材料产生单位弹性变形所需要的应力,它反映了材料产生弹性变形的难易程度,弹性模量 E 值越大,材料的刚度越大,材料抵抗弹性变形的能力就越强。

绝大多数机械零件都是在弹性状态下工作的,除改变零件的截面尺寸或结构外,从金属材料性能上考虑,要提高零件刚度的办法就要增大其弹性模量。弹性模量 E 的大小主要取决于材料的本身,合金化、热处理等对弹性模量的影响很小,过渡族金属,如铁、镍等具有较高的弹性模量。

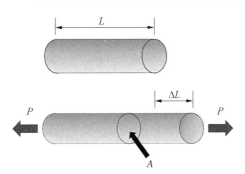

图 1-2 拉应力与拉应变

1. 拉压应力与拉压应变

当力的作用方向远离受力部件时,便会产生拉应力,如图 1-2 所示。平均拉应力用符号 τ 表示:

$$\tau = \frac{P}{A} \tag{1-7}$$

式中,P 为拉力;A 为部件横截面积。

拉应力会导致部件长度在拉应力方向上增加,平均拉应变用符号 Φ 表示:

$$\Phi = \frac{\Delta L}{L} \tag{1-8}$$

式中,ΔL 为部件尺寸的改变量;L 为部件原长。受拉力时,应变为正值,尺寸的变化量由部件拉应力和部件材料共同决定。当部件内应力未超过材料的弹性极限时,横截面上的正应力与轴向线应变成正比。

当力的方向由部件表面指向部件内部时产生压应力,如图 1-3 所示。压应力会引起部件在受力方向上的长度减小。压应力用符号 τ 表示:

$$\tau = -\frac{P}{A} \tag{1-9}$$

式中,P 为压力;A 为部件横截面积。

压应变是用部件每单位长度的减少量来计量的,压应变用符号 Φ 表示:

$$\Phi = -\frac{\Delta L}{L} \tag{1-10}$$

式中,ΔL 为部件尺寸变化量;L 为部件的初始长度。压应变为负值,与拉应变的值符号相反。

拉应力与压应力是常见的部件受力形式。如图 1-4 所示,螺栓(或者其他,如杆件)在受到拉应力时,当超过拉伸强度极限时,就会发生断裂。当断裂为塑性断裂时,在断口处可以观察到颈缩现象。

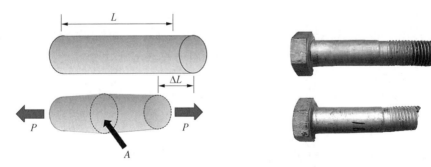

图 1-3　压应力与压应变　　　　　图 1-4　螺栓或其他受拉应力断裂

2. 切应力与切应变

当部件受到一对大小相等、作用距离相近、方向相反且平行于受力表面的力时就会在受力表面产生切应力,如图 1-5 所示。切应力会导致两个平行的表面有相对滑动的趋势。切应力用符号 τ_s 表示:

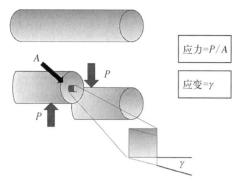

$$\tau_5 = \frac{P}{A} \qquad (1-11)$$

式中，P 为作用力；A 为切面面积。

切应变是在给定的切应力作用下材料发生的角变形来计量的，通常用符号 γ 来表示，切应变与切应力满足胡克定律：

$$\sigma = \gamma G \qquad (1-12)$$

式中，G 为剪切模量：

图 1-5 切应力与切应变

$$G = \frac{E}{2(1+\nu)} \qquad (1-13)$$

式中，ν 为泊松比；E 为弹性模量。弹性模量与剪切模量都是由材料性质所决定的。

螺钉、螺栓、铆钉、销钉和平键等都可能产生剪切变形。如图 1-6 所示，飞机蒙皮铆钉在受到剪切应力且超过强度极限时，会发生剪切断裂的情况。

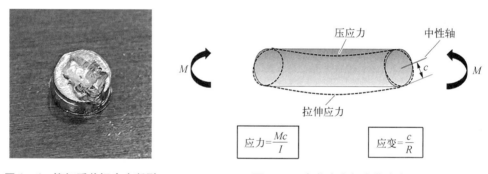

图 1-6 铆钉受剪切应力断裂　　**图 1-7 弯曲应力与弯曲应变**

3. 弯曲应力与弯曲应变

当力矩作用于部件时就会产生弯曲应力，如图 1-7 所示。部件上的合成力矩比较复杂，它随着在部件的不同位置而变化。弯曲应力用符号 σ 表示，作用在实心圆轴上的弯曲应力为

$$\sigma = \frac{Mc}{I} \qquad (1-14)$$

式中，M 为力矩；c 为实心圆轴到外表面的距离；I 为平面的惯性矩。

弯曲应力产生弯曲应变，对于实心轴，其弯曲应变等于轴心到外表面的距离 c 除以实心轴的弯曲半径 R，即

$$\varepsilon = \frac{c}{R} \qquad (1-15)$$

弯曲应力是发动机杆件常见的受力形式，最终的破坏形式不一定是断裂，可能会导致

杆件上的某些部位由于杆件的弯曲变形而发生失效。如图 1-8 所示,就是由于杆件的变形起落架支柱发生的偏磨,从而产生的表面磨损。

4. 扭转应力与扭转应变

当部件受到扭矩作用时就会产生扭转应力,扭转应力是剪切应力变换以后的表现形式,用符号 τ 表示,如图 1-9 所示。实心圆轴的扭转应力为

图 1-8　起落架支柱表面磨损

$$\tau = \frac{Tr}{J} \qquad (1-16)$$

式中,T 为扭矩;r 为横截面半径;J 为实心圆轴的转动惯量。

扭转变形是由作用面垂直于轴线的力偶所引起的。相应于这种外力作用,杆件的主要变形是任意两横截面绕轴线相对转动。

用所给的长圆柱形物体表面所受的总扭转程度来表示扭转应变 γ,在物体外表面扭转应变为最大值,在物体内部中心为最小值为零。

部件的传动轴会产生此类的变形,部件表面如果有微小的损伤或瑕疵,会在扭转应力的作用下发生疲劳裂纹的扩展,最终发生断裂的情况,如图 1-10 所示为传动轴由于受到扭转应力的作用而发生的疲劳断裂情况。

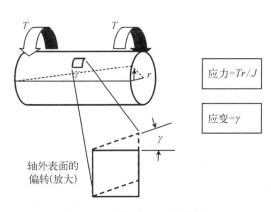

应力=Tr/J

应变=γ

轴外表面的偏转(放大)

图 1-9　扭转应力与扭转应变

图 1-10　扭转应力下的疲劳断裂

5. 周向应力与周向应变

周向应力产生于具有旋转表面的圆周方向,如压力容器和轮盘。对于压力容器,如扩压器机匣,周向应力用 σ_h 表示:

$$\sigma_h = \frac{Pr}{t} \qquad (1-17)$$

式中,P 为作用在容器壁面的压力;r 为发动机中心线到发动机机匣壁面中间的距离;t 为发动机机匣壁厚度。

装有动叶的发动机轮盘由于旋转,在工作时将承受巨大的周向应力,这部分因旋转导致的径向载荷将作用于轮盘边缘。将径向负载导致的径向偏差定义为周向应变。在下面例子中,周向应变是用半径方向向外的膨胀量来衡量的,半径方向的增加量除以未受载荷时的半径就是该物体的周向应变,如图 1-11 所示,其计算公式为

$$\varepsilon = \frac{\Delta r}{r} \tag{1-18}$$

周向应力导致的失效通常与压力容器有关,或者部件会受到一定的压强的作用发生变形。如图 1-12 所示,燃烧室机匣由于受到周向应力的作用发生的变形失效,需要通过校形修正机匣安装边的直径。

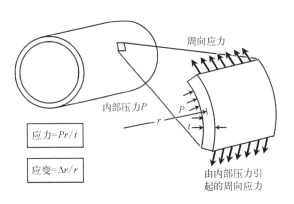

图 1-11　周向应力与周向应变

图 1-12　通过工装校正周向应力
导致的机匣变形

6. 应力集中

以等截面直杆为例,在轴向拉伸或者压缩时,除两端受力的局部区域外,轴件任意截面上的应力是均匀分布的。在实际工程中,有些构件由于结构需要而要进行开孔或挖槽(如油孔、沟槽等)等加工,其横截面上的正应力不再是均匀分布。在小孔或沟槽附近的局部区域内,应力急剧增大,这种由于截面尺寸突然改变而引起局部区域应力急剧增大的现象称为应力集中。因加工痕迹、意外的刮伤及材料本身的不连续性(内部包含的杂质)所带来的损伤会导致现有的应力集中增大。

应力集中是由于部件发生几何变形而产生的,失效通常发生在应力集中程度过高的部位。从图 1-13 可以看出,当拉伸负载作用在粗细不均的杆件上时,由于杆件直径变

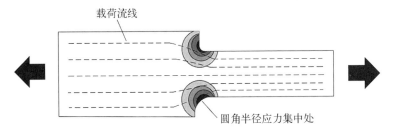

图 1-13　在两种直径变化区域下的应力集中

化,杆件右端的平均应力水平要高于左端。载荷流线谱描绘了在杆件过渡区域的载荷变化,这一变化导致局部的应力增加,也就是应力集中,负载集中到条形杆件宽度较小的那侧,应力集中发生在条形杆件过渡区域的圆角半径处。

应力集中系数用 K 来表示,K 等于在圆角、孔、沟槽、缺口等处的最大应力与过渡区域的平均应力之比。任何形状和受力的应力集中系数都可以计算出来,在有限元分析得到广泛利用前,通常是利用图表和试验的方法来计算应力集中系数,通过查表可以得到应力集中系数。

在发动机零部件中,存在大量的由于设计需要而存在的应力集中现象[1],如图 1-14 所示的轴,存在着大量的沟槽、键槽等,这些部位存在应力集中的现象,在发动机运转过程中,疲劳裂纹的扩展通常发生在这些部位。

图 1-14　发动机轴存在的应力集中部位

1.1.2　材料的力学性能指标

材料的性能分为使用性能和工艺性能两个方面:使用性能是指材料在使用时所表现出的各种性能,包括物理性能(如密度、熔点、导热性、热膨胀性等)、化学性能(如耐蚀性、抗氧化性等)和力学性能(如强度、塑性、硬度、韧性、疲劳强度等);工艺性能是指材料在加工制造时所表现出的性能,根据制造工艺的不同,分为铸造性、可锻性、焊接性、热处理性能及切削加工性等。下面主要讨论材料的力学性能。

1. 强度和塑性

金属材料的强度和塑性可以通过拉伸试验来测定。其中,强度是材料抵抗变形和断裂的能力,金属材料的强度指标有弹性极限、屈服点和强度极限,用应力来表示。塑性反映材料在载荷作用下,产生塑性变形而不发生破坏的能力,材料塑性用伸长率和断面收缩率来衡量。

拉伸试验能够测出材料在静载荷作用下的基本性能指标,如弹性极限、屈服强度、抗拉强度和塑性等。进行拉伸试验前,先将材料加工成标准试样,如图 1-15 所示。在拉伸试验机上将试样夹紧,施加载荷并缓慢增加,直到试样被拉断为止,试验机在拉伸过程中自动绘制出载荷 F 与试样变形量 Δl 的关系曲线,称为拉伸曲线。

图 1-16 为低碳钢的拉伸曲线,图中的纵坐标是载荷 F,单位为 N(牛顿);横坐标是伸长量 Δl,单位为 mm。从图中可以看出,在载荷到点 F_e 以前,试样只产生弹性变形,此时去掉载荷,试样能够恢复到原来的形状。当载荷超过点 F_e 后,试样开始产生塑性变形,此时去掉载荷,试样不能完全恢复到原始状态,会出现一部分残余伸长量,这时候的变形称为塑性变形。当载荷达到点 F_s 时,载荷虽然不增加,变形却继续增大,这种现象称为屈服。继续加大载荷,试样将发生明显变形伸长,当载荷增加到点 F_b 时,试样的某一截面开始急剧缩小,出现缩颈现象,当到达点 k 时,试样便在缩颈处断开。

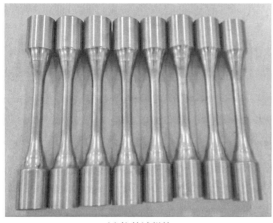

(a) 拉伸试样棒

(b) 拉伸试验机

图 1 - 15　圆形拉伸试样及拉伸试验机

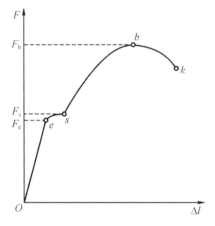

图 1 - 16　低碳钢拉伸曲线

弹性极限(弹性强度)是材料所能承受的、不产生永久变形的最大应力,用符号 σ_e(MPa)表示:

$$\sigma_e = \frac{F_e}{S_0} \quad\quad (1-19)$$

式中,F_e 为试样不产生塑性变形的最大载荷(N);S_0 为试样原始横截面积(mm^2)。

屈服点是材料开始产生明显塑性变形时的应力,用符号 σ_s(MPa)表示:

$$\sigma_s = \frac{F_s}{S_0} \quad\quad (1-20)$$

式中,F_s 为试样发生屈服现象时的载荷(N);S_0 为试样原始横截面积(mm^2)。

有些材料在拉伸曲线上没有明显的屈服现象,如高碳钢,它的屈服点难以测定。在这种情况下,工程上把试样产生 0.2% 残留变形的应力值作为屈服点,又称条件屈服点,用符号 $\sigma_{0.2}$ 表示。机械零件在运转过程中一般不允许发生塑性变形,因此屈服点是衡量材料强度的重要力学性能指标。

强度极限是材料在断裂前所能承受的最大应力,用符号 σ_b(MPa)表示:

$$\sigma_b = \frac{F_b}{S_0} \quad\quad (1-21)$$

式中,F_b 为试样在断裂前的最大载荷(N);S_0 为试样原始横截面积(mm^2)。

强度极限反映了材料最大均匀变形的抵抗能力,是材料在拉伸条件下所能承受的最大载荷,是设计和选材的主要依据,也是衡量材料性能的主要指标。当机械零件在运转过程中承受的应力大于材料的抗拉强度时,零件就会产生断裂。因此,σ_b 表征材料抵抗断裂的能力，σ_b 越大，材料的破断抗力越大。

塑性是反映材料在载荷（外力）作用下产生塑性变形而不发生破坏的能力，材料塑性的好坏，用伸长率 δ 和断面收缩率 ψ 来衡量。

伸长率 δ 是指试样拉断后的伸长量与试样原长度比值的百分数，即

$$\delta = \frac{L_1 - L_0}{L_0} \times 100\% \qquad (1-22)$$

式中，L_1 为试样拉断后的标距长度（mm）；L_0 为试样原来的标距长度（mm）。

在《中国航空材料手册》中[2]，经常使用 δ_5 和 δ_{10} 这两种符号，它们分别表示用 $L_0 = 5d$ 和 $L_0 = 10d$（d 为试棒直径）两种不同长度试棒测定的伸长率。L_1 是试棒的均匀伸长和产生细颈后伸长的总和，相对来说，短试棒中细颈的伸长量所占的比例更大，所以同一材料所测得的 δ_5 值和 δ_{10} 值是不同的，如钢材的 δ_5 大约为 δ_{10} 的 1.2 倍，因此需要采用相同符号的伸长率才能进行比较。

断面收缩率 ψ 是指试样拉断处的横截面积的收缩量与试样原横截面积之比的百分数，即

$$\psi = \frac{(S_0 - S_1)}{S_0} \times 100\% \qquad (1-23)$$

式中，S_1 为试样拉断处的最小横截面积（mm^2）；S_0 为试样原始横截面积（mm^2）。

断面收缩率不受试棒标距长度的影响，能更可靠地反映材料的塑性。材料的伸长率 δ 和断面收缩率 ψ 的数值越大，材料的塑性越好。

2. 硬度

硬度是指材料表面抵抗其他更硬物体压入的能力，反映了材料局部的塑性变形抗力，常用的硬度指标有布氏硬度、洛氏硬度、维氏硬度等。图 1-17 为常用的显微硬度计。

1）布氏硬度

布氏硬度是采用布氏硬度计测定的，其原理是在一定载荷的作用下，将一定直径的淬火钢球（或硬质合金钢圆球）压入材料表面，并保持载荷至规定的时间后卸载，然后测得压痕的直径，根据所用载荷的大小和所得压痕面积，算出压痕表面所承受的平均应力值，这个应力值就是布氏硬度，用符号 HBS（或 HBW）表示。

布氏硬度测量的优点是具有较高的测量精度，能在较大范围内反映材料的平均硬度，测得的硬度值也较准确；其缺点是压痕较大，易损坏成品表面，不能测量较薄的试样。

2）洛氏硬度

洛氏硬度测量是以顶角为 120° 的金刚石圆锥体或

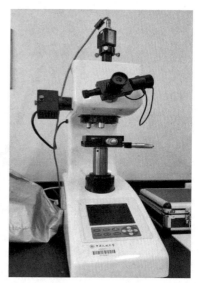

图 1-17　显微硬度计

直径为 1.588 mm 的钢球作为压头,载荷分两次施加(初载荷为 100 N),其硬度值以压痕深度 h 来衡量。根据所用压头种类和所加载荷的不同,洛氏硬度分为 HRA、HRB、HRC 三种级别,三种级别的试验范围如表 1-1 所示。

表 1-1　常用的三种洛氏硬度试验范围

级　别	压　头	总负荷/N	硬度值有效范围	使　用　范　围
HRA	120°金刚石圆锥	588	60~85	硬质合金、表面淬硬层或渗碳层
HRB	1/16″钢球	980	25~100	有色金属或退火、正火钢
HRC	120°金刚石圆锥	1 470	20~67	调质钢、淬火钢等

3)维氏硬度

维氏硬度用符号 HV 表示,它的测定原理基本上与布氏硬度的测量原理相同,即根据压痕单位面积上所承受的载荷大小来测量硬度值。不同的是,维氏硬度采用锥面夹角为 136°的金刚石四棱锥体作为压头,适用于测量零件表面硬化层及经化学热处理的表面层(如渗氮层)的硬度。

此外,还有其他类型的硬度测试方法,例如,测定较大零件的硬度时,常用肖氏硬度试验方法,其硬度值称为肖氏硬度,用符号 HS 表示。

3. 韧性

材料抵抗冲击载荷的能力称为冲击韧性,其大小用冲击韧度表示,采用冲击试验法进行测定。将材料制成标准试样,放在冲击试验机的支座上,如图 1-18(a)所示。试样的缺口背向摆锤的冲击方向,将摆锤举到一定高度,让摆锤自由落下,冲击试样,断口如图 1-18(b)所示。试验机表盘上指针即指出试样折断时所吸收的功 A_{ku},代表材料冲击韧度

(a) 摆锤式冲击试验机　　　　　　　　(b) 冲击试样的断口[3]

图 1-18　摆锤式冲击试验机及试样断口

的高低。通常采用冲击韧度值 α_{ku} 来表示材料的冲击韧性,用击断试样所吸收的功除以试样缺口处的横截面积来表示,即

$$\alpha_{ku} = \frac{A_{ku}}{S} \qquad (1-24)$$

式中,α_{ku} 为冲击韧度值(J/cm^2);A_{ku} 为试样折断时所吸收的功(J);S 为试样缺口处的横截面积(cm^2)。

　　冲击韧度值与试验的温度有关,有些材料在室温时并不显示脆性,而在较低温度下则可能发生脆断。为了确定材料(特别是低温下使用的材料)由塑性状态向脆性状态转化的倾向,可在不同温度下测定冲击韧度值,并绘制成曲线,如图 1–19 所示。从图中可以看出,α_{ku} 值随温度的降低而减小,在某一温度范围时,α_{ku} 值突然下降,冲击韧度值发生突然下降时所对应的温度范围称为材料的脆性转变温度范围(又称冷脆转变温度),该温度越低,表明材料的低温冲击韧性越好。冲击韧度值还与试样的尺寸、形状、表面粗糙度、内部组织等有关,因此冲击韧度值通常作为选择材料的参考。

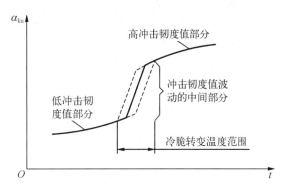

图 1–19　温度对冲击韧度的影响

1.2　失　效　模　式

1.2.1　疲劳与断裂

　　金属材料的疲劳现象,早在 19 世纪初期即被发现。经过第一次工业革命后,人们发现汽轮机主轴等构件经过一定的工作时间(承受循环载荷)后会在应力水平远低于材料强度的情况下发生断裂(fracture),这一现象称为疲劳(fatigue)。随后人们发现,大多数材料在承受外部循环载荷时,都会有疲劳现象。在实际应用中,工程结构的破坏,80%以上都是由疲劳引起的。美国材料与试验协会(American Society for Testing and Materials,ASTM)在其标准 ASTM E1823–23 中对疲劳的定义为:在某点或某些点承受扰动应力,且在足够多的循环扰动作用之后形成裂纹或完全断裂的材料中所发生的局部永久结构变化的发展过程,称为疲劳。由此可知,疲劳问题具有如下特点:① 承受的载荷为变载荷而非恒定载荷;② 疲劳破坏首先从高应力的局部发生,即疲劳问题为局部问题;③ 一定会产生裂纹;④ 从裂纹的萌生到最终的断裂是一个发展的过程。从现象上看,材料受外部循环载荷的作用,不是马上断裂,而是经过一段正常工作时间后才发生的断裂现象,都可称为疲劳,疲劳是断裂发生的原因,断裂是疲劳的最终结果,这里所说的"一段工作时间",称为疲劳寿命(fatigue life)。

1. 韧性断裂

韧性断裂又称延性断裂,是与脆性断裂相对应的一种断裂模式,材料断裂前的宏观塑性变形(延伸率或断裂应变)或断裂前所吸收的能量(断裂功或冲击值)较大。韧性断裂

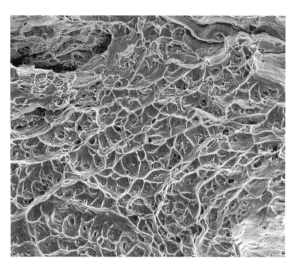

是微孔形核长大、连接的过程,物体受力时,其最危险界面或区域从弹性变形逐渐转入塑性变形状态,这时界面的某一邻域内,力学参量的某一组合达到临界点,断裂口附件会出现明显的宏观塑性变形。按照断口的微观形貌,韧性断裂可分为两种类型:微孔聚集性断裂和纯剪切型断裂,对于前者,可观察到大量韧窝覆盖整个断口,后者端口上只能观察到连波状花样或光滑的平坦区。碳素钢、低合金耐热钢常产生微孔聚集型韧性断裂,高纯度金属(如铜、铝等)则倾向于产生剪切型韧性断裂。典型的韧性断口如图 1-20 所示。

图 1-20　典型韧性断口

2. 脆性断裂

断裂之前不伴随有显著宏观塑性形变或塑性变形很小(即延伸率、断裂应变或断裂功很小)的断裂称为脆性断裂。脆性断裂所消耗的断裂能很小,往往发生在平均应力水平低于总体屈服的应力水平下,且以非常高的速度进行,因此脆性断裂是结构材料的一种灾难性破坏。

脆性断裂通常发生在体心立方或密排六方的金属中,面心立方金属及其合金则很少发生脆性断裂。对于同一种材料,发生脆性断裂的倾向与晶粒直径、加载温度、变形速度等有密切的关系。某些体心立方过渡金属及其合金,在低于某一温度时表现为脆性。断裂方式从韧性到脆性的这种转变,与材料的屈服强度对于温度的强烈依赖性有关。高于延脆转变温度时,屈服强度低于引起脆性破坏要求的拉应力。但是,随着温度的降低,屈服强度迅速升高。达到转变温度时,屈服强度等于引起脆性破坏的拉应力。低于转变温度时,断裂经常在屈服时发生,但是并不产生整体的塑性形变。如果温度足够低,则非均匀的塑性流动会使一些晶粒形成穿晶的解理裂纹(微裂纹)。但是,这种裂缝必须由位错运动来促成。在延脆转变温度时所产生的微裂纹,其尺寸正好等于与作用拉应力相应的裂纹扩展临界尺寸。低于延脆转变温度时,微裂纹大于临界尺寸。在应力作用下,微裂纹失稳扩展,发生脆性断裂。

金属零件脆性断裂的宏观特征为:断口与主应力轴垂直,断面粗糙,但匹配面的吻合性好,无宏观塑性变形和纤维状特征,无明显的剪切唇。典型的脆性断口如图 1-21 所示。

发生脆性断裂的材料在断裂前基本不会发生变形,即发生断裂前没有任何的征兆,相比韧性断裂而言会造成更大的损失[4]。

对于脆性断口的预防,从设计上考虑,应保证工作温度高于材料的脆性转变温度,对于在低温下工作的零件,应选用脆性转变温度比工作温度更低的材料,尽量避免三向应力的工作条件,减少应力集中。从工艺上考虑,应正确执行工艺规程,避免过热、过烧、淬火裂纹等。

3. 疲劳与裂纹扩展

金属构件在交变载荷作用下,经过一定周期后所发生的断裂称为疲劳断裂。疲劳分为低周疲劳与高周疲劳两类[5]。

图 1-21　脆性断口

一个疲劳应力循环是应力从最小到最大再回到最小的一个完整的应力作用过程,金属材料抵抗疲劳的能力用疲劳强度来表示,是在无数次重复交变载荷的作用下不致引起材料断裂的最大应力。因为实际上不可能进行无数次试验,通常为各种材料规定一个应力循环基数。对于钢材,当应力循环次数 N 达到 10^7 时仍不发生疲劳破坏,就认为不会再发生疲劳破坏,因此钢材以 10^7 为基数,有色金属和超高强度钢则常取 10^8 为基数。疲劳试验通常在疲劳试验机上进行,见图 1-22。

图 1-22　疲劳试验机

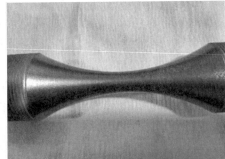
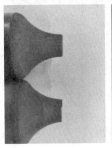
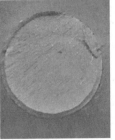

图 1-23　疲劳试样及疲劳断口

产生疲劳破坏的原因很多,通常是由于材料表面有划痕及其他能引起应力集中的缺陷,导致微裂纹的产生,这种微裂纹又随应力循环次数的增加而逐渐扩展,导致零件的有效截面不断减小,最终承受不住所加载荷而突然断裂。图 1-23 显示了疲劳试验样件及断口形貌。为了提高零件的疲劳强度,可以通过改善结构形状来避免应力集中,也可以通过降低零件表面粗糙度及对零件表面进行强化来实现,如表面淬火及化学热处理等。疲劳破坏过程包括疲劳裂纹的产生、疲劳裂纹的扩展和最终断裂三个阶段。疲劳断裂是在交变载荷作用下经过一定时间后才产生的断裂,通常疲劳破坏应力远低于材料本身的屈服强度极限,整个构件一般不发生变形。

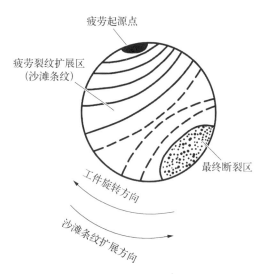

图 1-24 疲劳断口特征示意图

典型的疲劳断口包括三个区域:疲劳裂纹的起源区、扩展区和最终断裂区,具有典型的"贝壳"形状,如图 1-24 所示。

(1)疲劳裂纹起源区。该区域在整个疲劳断口中所占的比例很小,通常是指断面上放射源的中心点或贝壳线的曲率中心点。疲劳裂纹源一般位于构件表面应力集中处或不同类型的缺陷部位,当构件内部或亚表面存在着较大缺陷,如气孔、夹渣等时,断裂也可能从构件的亚表面或内部发生。对于具有硬化层的构件,如表面淬火零件或化学热处理零件,裂纹一般发生在过渡层或应力集中的部位。

(2)疲劳裂纹扩展区。在疲劳裂纹扩展区中可以看到类似"沙滩条纹"的形貌,构件疲劳裂纹扩展区的大小和形状取决于构件的应力状态、应力水平和构件的形状等。

图 1-25 显示了用扫描电子显微镜看到的条纹,说明了低周疲劳和高周疲劳失效在条纹间距上的差异。由于每个周期相应的周期应力的大小不同,引起失效的发展速度也不同。

在发动机运转过程中,疲劳是比较常见的失效形式,如转动叶片、机匣安装边等存在应力集中并承受循环载荷的区域容易诱发疲劳失效。图 1-26 为风扇叶片榫头疲劳断裂示意图。

(3)最终断裂区。最终断裂区是经历一次载荷撕裂或者是较少次载荷循环下发生断裂的区域,在宏观上表现为比较粗糙。在低名义应力作用下,疲劳源一般只出现一处,低应力集中时,最终断裂面出现在表面上,而高应力集中时,最终断裂面向轴的中心移动。

在高名义应力作用下,疲劳源则有多处。低应力集中时,有几个疲劳源,且

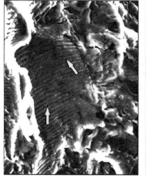
(a)低周疲劳条带AT2000X

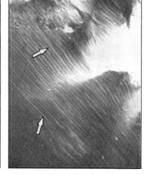
(b)高周疲劳条带AT10000X

图 1-25 疲劳条带

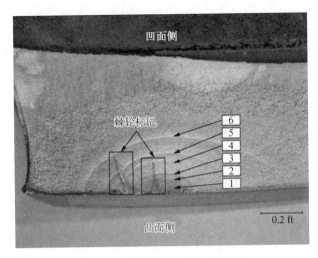

图 1-26　风扇叶片榫头疲劳断裂

1 ft = 0.304 8 m

有明显的棘轮花样把断裂面连接起来;高应力集中时,则有大量的疲劳源,棘轮花样的疲劳断口上有许多棘齿,图 1-27 显示了旋转弯曲疲劳中应力大小和应力集中程度对断口形貌的影响。

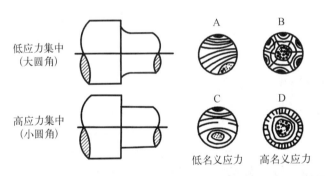

图 1-27　旋转弯曲疲劳中应力大小和应力集中程度对断口形貌的影响

1.2.2　磨损

当两个相互接触物体在法向作用力和外力作用下发生相对运动或有相对运动趋势时,接触面上产生的切向阻力为摩擦力,这种阻抗其相对运动的现象称为摩擦。任何两个做相对运动的表面间都存在摩擦,按摩擦副的运动状态分为静摩擦和动摩擦。

磨损是在相对运动中相互接触的物体表层材料不断损伤的过程,它是伴随摩擦而产生的必然结果。《摩擦学原理》中把磨损定义为:物体工作表面的物质,由于表面相对运动而不断损失的现象。常见的磨损模式有以下几种:摩擦磨损、微动磨损、腐蚀磨损、气蚀磨损、黏着磨损、磨粒磨损[6]。

1. 摩擦磨损

摩擦磨损或者擦伤是两表面在压力的作用下有相对滑动而产生的,从微观的角度来说,相邻表面间的凸起部位(粗糙部位)将会胶合(冷焊),随后的运动导致持续的摩擦、胶合和材料的撕裂。

典型的摩擦磨损通常发生在许多紧密接触的部件上及燃气涡轮发动机内的高载荷部位,如动叶安装的部位,包括楔形榫头和枞树形榫头、静叶片和动叶片的边缘接触部位[7]、导向轴套、动叶榫槽、可变静叶及其作动系统、静叶片导向环等。

2. 微动磨损

微动磨损通常发生在两个紧密接触的表面之间,是由于小振幅的高频振动所引起的,剥落的材料被夹于两摩擦表面之间,由于表面研磨运动的影响而开始氧化。在磨损面上,表面将会变得粗糙或者呈阶梯状。在燃气涡轮发动机中的典型例子是在法兰盘和支架、管道与卡具之间发生的微动磨损,以及动叶和静叶的轮盘与金属封严组件之间的微动磨损[8,9]。

当接触的机械表面之间存在法向压力,并且两表面做微小幅度的相对运动时,机械表面便会产生包括微动疲劳、微动磨损、微动腐蚀在内的微动损伤。微动疲劳会导致微裂纹的产生,微动磨损会改变零件的尺寸,从而影响正常的配合关系,微动腐蚀会引起机械零件表面的腐蚀损伤,这些都大大降低零件表面的疲劳抗力。微动损伤的主要表现形式是擦伤、金属黏着、麻点、局部沟槽及表面微裂纹等。

当两个零件的接触表面之间存在法向压力并做小幅值的相对滑动时,由于机械和化学的联合作用,会产生包括微动疲劳、微动磨损、微动腐蚀在内的微动损伤。微动疲劳产生的微裂纹、微动磨损改变尺寸而导致的正常配合关系的丧失,以及微动腐蚀引起的表面腐蚀损伤等都会大大降低零件的疲劳抗力。微动损伤部位在两零件的表面接触处,若不分解,则很难进行有效的检测与监控。在微动过程中对微动损伤起作用的主要参数有:① 匹配零件两接触面间的相对滑动幅值与频率;② 两接触面间的应力大小、方向及其变化;③ 匹配零件的材料及接触表面的状态;④ 两接触面间的温度及环境。这些参量的互相作用及影响不同,微动损伤的表现形式也不同,其中以微动疲劳损伤对构件的疲劳寿命影响最大。图1-28显示了微动磨损导致的连接螺栓的损伤。

图1-28 连接螺栓微动磨损[10]

3. 腐蚀磨损

在摩擦过程中,金属同时与周围介质发生化学或电化学反应,产生较易被剥离或磨损的产物,这些产物脱离基体表面后,新的产物又出现,交替出现了腐蚀和磨损,从而造成材料损失。由于腐蚀磨损伴有腐蚀,其磨损速度高于单纯的腐蚀或磨损,破坏作用大。金属接触的介质性质、介质作用面上的状态、金属的材料性能等因素决定了腐蚀磨损的状态。氧化磨损是一种常见的腐蚀磨损,大多数金属表面有层氧化膜,在摩擦过程中,氧化膜被损坏,纯净的金属表面立即与空气中的氧反应,生成新的氧化膜。随着摩擦的继续进行,氧化膜又被损坏,金属表面经历着氧化—损坏—氧化的反复循环,最终导致零件失效。如果磨损的速度大于氧化膜形成的速度,氧化膜极易瞬时重新破坏,磨损率则大;如果氧化膜形成的速度高于磨损速度,则氧化膜对金属有保护作用,磨损率则小。氧化磨损量与摩擦副的滑动速度、载荷、介质含氧量、温度、润滑条件及材料性能均有关系,且关系较复杂。如果工作环境是一些特殊介质,电化学、化学反应引起的腐蚀磨损会更加剧烈。由于民航发动机在运转条件下吸入污垢、粉尘等,其部件的工作环境发生改变,从而引起腐蚀磨损的发生。事实上,大多数发动机都会有腐蚀磨损,发生的概率是随着环境、发动机类型和在翼时间的不同而变化的,由于环境而发生的腐蚀磨损会比使用时间过长而发生的腐蚀磨损更多。图 1-29 显示了转轴部件的腐蚀磨损。

4. 气蚀磨损

气蚀是由于与流体相接触的表面受到流体压力急剧变化所引起的表面损伤,如油泵或者螺旋桨等与流体相接触的装置,随着流体工作压力的改变,流体中的蒸气泡可能形成或者破裂,在相接触的局部表面引起极大的撞击应力,这些高的应力将引起装置表面材质的损失,在局部表面就形成了突起或者小坑,如图 1-30 所示。

图 1-29　转轴部件的腐蚀磨损

图 1-30　由气穴现象引起的叶轮磨损[11]

5. 黏着磨损

黏着磨损是指摩擦副做相对运动时,由于固相焊合的作用,接触表面的材料从一个表面转移到另一个表面的现象。黏着磨损是由于两个配偶零件滑移交界面之间的显微凸出处在较高的压力和温度作用下焊合在一起,随后在滑移力的作用下使金属从一个表面撕裂的现象。撕裂后,一个面的微小凹穴和另一个面的微小凸起处相接触,更容易引起损伤。图 1-31 显示了黏着磨损的表面形貌。

6. 磨粒磨损

磨粒磨损也称磨料磨损或研磨磨损,

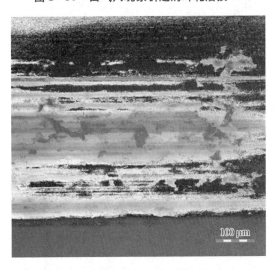

图 1-31　压气机叶尖与 AlSi-BN 封严涂层之间的黏着磨损

它是当摩擦偶件一方的硬度比另一方的硬度大得多时,或者在接触面间存在硬质粒子时所产生的一种磨损。磨料一般指非金属矿物和岩石,如二氧化硅(SiO_2)、三氧化二铝(Al_2O_3)等。对齿轮而言,在齿轮啮合过程中落在工作齿面上的外来微小颗粒会引起齿面

图 1-32 压气机叶尖和 AlSi-Poly 涂层之间的磨粒磨损

磨损,齿轮磨粒磨损的明显特征是轮齿表面存在着沿滑动方向细而均匀的条痕,其主要机制是显微切削。由于磨粒磨损远高于正常磨损的速率,随着磨粒磨损的不断进行,齿厚变薄甚至出现"刀尖"状齿尖,有时会导致齿形发生改变,传动平稳性破坏,噪声增大。

润滑剂并不能阻止磨粒磨损的进行,它反而会受到不断产生的新的磨粒的污染,使润滑性能,特别是润滑剂的抗剪切强度下降。在这种情况下,与发生磨粒磨损的齿轮相配合的所有运动零件都会受到影响,如密封圈、隔板、轴承、泵和匹配齿轮等。图 1-32 显示了磨粒磨损的表面形貌。

1.2.3 腐蚀

金属构件的表面在介质中发生化学或电化学作用而逐渐损坏的现象称为腐蚀损伤,应力和温度将加速腐蚀的进行,并且使腐蚀损伤复杂化。腐蚀可按以下几种方式进行分类。

1. 按腐蚀环境分类

根据腐蚀环境,可以分为以下几类。

(1)干腐蚀。干腐蚀属于化学腐蚀,主要表现为以下两种情况。① 失泽:金属在露点以上的常温干燥气体中发生腐蚀(氧化),表面产生很薄的腐蚀产物,使金属失去光泽。② 高温氧化:金属在高温气体中腐蚀(氧化),有时生成很厚的氧化层,在热应力或机械应力下可引起氧化层剥落,属于高温腐蚀。

(2)湿腐蚀。湿腐蚀主要是指在潮湿环境和含水介质中的腐蚀,绝大部分常温腐蚀属于这一种,为电化学腐蚀机理。

(3)无水有机液体和气体中的腐蚀。无水有机液体和气体中的腐蚀属于化学腐蚀。这类腐蚀介质均为非电解质,无论是液体还是气体,腐蚀反应都是相同的,在这些反应中,水起着缓蚀剂的作用,但这里提到的有机液体中的腐蚀,绝大多数情况是由于水的存在,而水中常含有盐和酸,因此在有机液体中的腐蚀属于电化学腐蚀。

2. 按腐蚀机理分类

根据腐蚀机理,可以分为以下几类。

(1)化学腐蚀。化学腐蚀是金属与腐蚀介质直接发生反应,在反应过程中没有电流产生。这类腐蚀过程是一种氧化还原的纯化学反应,带有价电子的金属原子直接与反应

物的分子相互作用,金属转变为离子状态和介质中的氧化剂组分的还原是在同一时间、同一位置发生的。最重要的化学腐蚀形式是气体腐蚀,如金属的氧化过程或金属在高温下与 SO_2、水蒸气等的化学反应。

化学腐蚀的腐蚀产物在金属表面形成表面膜,表面膜的性质决定了化学腐蚀速度。如果膜的完整性、强度、塑性都很好,在膜的膨胀系数与金属接近、膜与金属的亲和力较强等情况下,有利于保护金属、降低腐蚀速度。

(2) 电化学腐蚀。电化学腐蚀是指金属与电解质溶液发生了电化学反应而发生的腐蚀。在腐蚀过程中同时存在两个相对独立的反应过程——阳极反应和阴极反应,在反应过程中伴有电流产生。一般来说,电化学腐蚀比化学腐蚀强烈得多。

(3) 物理腐蚀。物理腐蚀是指金属由于单纯的物理溶解作用而引起的破坏。熔融金属中的腐蚀就是固态金属与熔融态金属(铅、钠、汞等)相接触引起的金属溶解或开裂。

(4) 生物腐蚀。生物腐蚀是指金属表面在某些微生物生命活动产物的影响下所发生的腐蚀,这类腐蚀很难单独进行,但它能为化学腐蚀、电化学腐蚀创造必要的条件,促进金属的腐蚀。微生物进行生命代谢活动时会产生各种化学物质,例如,细菌代谢活动所产生的酸会造成水泵等机械设备的严重腐蚀。

1.2.4　蠕变

零件在高温下承受高应力作用,随着温度升高,材料性能通常下降,零件的永久变形程度会随着时间推移而增加,这种与时间、压力、温度相关的变形称为蠕变。

蠕变常体现在旧零件上,对于经过长时间使用的热端零件,一定程度的蠕变是可以接受的,但是当形变超过最大尺寸极限时,零件将会失效。蠕变的发展包含三个阶段,现分述如下:

(1) 第一阶段是初级蠕变,即材料以微观结构重新排列的方式进行快速塑性变形,这种变形有助于提高材料抵抗蠕变的性能;

(2) 第二阶段是次级蠕变,这一阶段如果假定温度和应力水平不变,材料维持较低的、更恒定速率的变形;

(3) 第三阶段即三级蠕变,由于缩口断面和内部材料破坏,塑性变形迅速增加,在负荷和温度不变的情况下,蠕变继续发生,最终发生断裂。

蠕变是一定温度下应力持续一段时间造成的永久变形或塑性变形,从第一级到第二级,再到第三级,蠕变率是变化的,在这三个等级上,变形会逐渐加剧,进而导致断裂。蠕变率或断裂的时间(应力断裂)是应力、温度和材料属性共同作用的结果。

蠕变是金属长时间处于应力作用下导致的缓慢塑性变形,与一般的塑性变形不同的是,蠕变不要求应力超过材料的弹性极限,只要应力一直存在,哪怕应力很小,材料也会发生蠕变。影响材料蠕变的另一个重要因素是温度,材料在低温下的蠕变并不显著,但是当温度达到一个值后,蠕变便会变得明显,这个温度值称为蠕变温度。各种金属材料的蠕变温度为 $(0.3 \sim 0.5) T_m$,其中 T_m 是金属材料的熔点。

金属材料蠕变断裂主要分为三类:沿晶蠕变断裂、穿晶蠕变断裂和延缩性断裂。沿晶蠕变断裂主要发生在高温、低应力的情况下,随着时间延长,晶界滑动和晶界扩散充分,导致裂纹形成和断裂;穿晶蠕变断裂主要发生在高应力作用下,裂纹起源于晶粒间的杂物处,随着蠕变的进行,裂纹逐渐扩大汇合,导致断裂;延缩性断裂主要发生在高温(温度>$0.6T_m$)作用下。一般需要通过材料属性、应力水平、温度及环境等条件来判断叶片发生了哪种类型的蠕变断裂。

图1-33显示的涡轮叶片处于三级蠕变状态,由于过度缩紧和裂纹形成,叶片接近分离点。许多横断的拉伸标记线明显出现在邻近的裂纹上,裂纹横侧出现严重紧缩,邻近应力断裂裂纹处,材料明显凹陷。

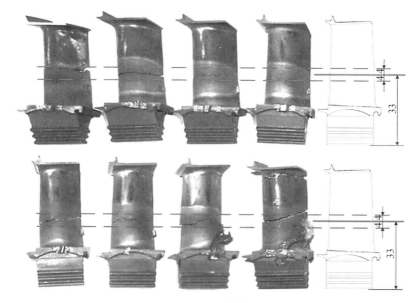

图1-33 涡轮叶片蠕变[12](单位: mm)

1.3 材料基础

1.3.1 金属材料基础

1. 晶体与非晶体

根据内部原子的聚集状态,可以将材料分为晶体和非晶体两大类。晶体是指内部原子在空间呈规则排列的固体物,具有一定熔点、规则的几何外形,并且各方向上的力学性能通常不一致。非晶体是指内部原子排列杂乱的固体物,不具备上述三个特点。一般情况下,固态金属属于晶体。

2. 晶体的结构

图1-34显示了透射电镜下原子的形貌。将原子当作静止不动的刚性球体,这些小球的堆砌形式表示晶体中的原子排列规则。为方便研究,可以将这些刚性小球看成一个个小点来代表原子,用一根根短直线代表将它们结合起来的静电引力。采用这种方式表示晶体中原子排列规律的空间几何架构称为晶格,如图1-35(a)所示。为表明

晶格类型的区别,从晶格中取出一个具有该晶格特征的结构单元,称为晶胞,如图 1 - 35(b)所示,晶胞是非常小的结构单元,通常在显微镜下看到的颗粒组织是由无数晶胞堆砌成的。

图 1 - 34　透射电镜下的原子结构

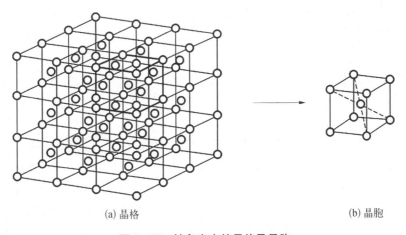

(a) 晶格　　　　　　　　　　　　　　　　　　(b) 晶胞

图 1 - 35　抽象出来的晶格及晶胞

3. 常见的金属晶格类型

在已知的金属元素中,大部分金属的晶体结构可以分为以下三种类型。

1) 体心立方晶格

体心立方晶格的晶胞如图 1-36 所示,是一个长、宽、高都相等的立方体,在立方体的 8 个顶角和立方体的中心各有一个原子。属于体心立方晶格的金属有 α-铁、铬(Cr)、钼(Mo)、钨(W)、钒(V)等。

2) 面心立方晶格

面心立方晶格的晶胞如图 1-37 所示,是一个长、宽、高都相等的立方体,在立方体的 8 个顶角和 6 个面的中心上各有一个原子。属于面心立方晶格的原子有 γ-铁、铝(Al)、铜(Cu)、镍(Ni)、铅(Pb)等。

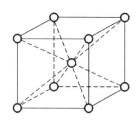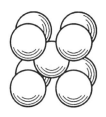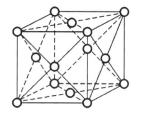

图 1-36　体心立方晶胞示意图　　　　　图 1-37　面心立方晶胞示意图

3) 密排六方晶格

密排六方晶格的晶胞如图 1-38 所示,是一个正六方柱体,在六方体的 12 个顶角和上下两个正六方形底面的中心各有一个原子,另外,在晶胞内部还有三个原子。属于密排六方晶格的金属有镁(Mg)、锌(Zn)、铍(Be)、镉(Cd)等。

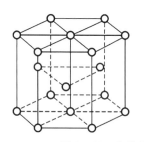

有些金属的晶体结构并不是一成不变的,在一定温度下,它们会从原来结构转变为另一种结构,这种现象称为金属的同素异构转变。例如,液态纯铁在 1 538℃下进行结晶,得到具有体心立方晶格的 δ-Fe;继续冷却到 1 394℃时发生同素异构转变,δ-

图 1-38　密排六方晶胞示意图

Fe 转变为面心立方晶格 γ-Fe;再冷却到 912℃时又发生同素异构转变,γ-Fe 转变为体心立方晶格的 α-Fe。

4. 金属晶体的实际构造

如果一块晶体内部的晶格位向(即原子排列的方向)完全一致,则称这块晶体为单晶体,如图 1-39(a)所示。只有采用特殊方法才能获得单晶体,如单晶硅、单晶锗等。实际使用的金属材料即使体积很小,其内部仍包含了许多颗粒状的小晶体,各小晶体中,原子排列的方向不尽相同,这种由许多颗粒状的小晶体组成的晶体称为多晶体,如图 1-39(b)所示。多晶体材料内部以晶界分开,由于这些晶格位向基本相同的小晶体外形不规则,呈颗粒状,故称为"晶粒"。将任何两个晶体位向不同的晶粒隔开的内界面称为"晶界",如图 1－40 所示。一般的金属是多晶体结构,通常测出的性能是各个位向不同的晶粒的平均性能,其结果使金属显示出各向同性。

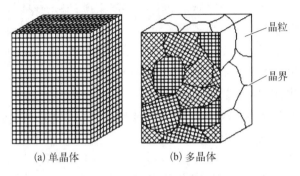

(a) 单晶体　　　　　　(b) 多晶体

图 1－39　单晶体与多晶体示意图

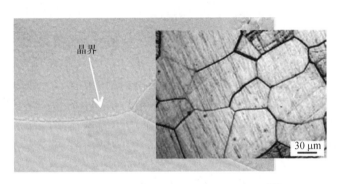

晶界

30 μm

图 1－40　不同倍数高倍显微镜下的晶界[2]

5. 金属在构造上的缺陷

在晶界上原子的排列不像晶粒内部那样有规则性,这种原子排列不规则的部位称为晶体缺陷。根据晶体缺陷的几何特点,可将晶体缺陷分为以下三种。

1）点缺陷

点缺陷是晶体中呈点状的缺陷,即在三维空间上的尺寸都很小的晶体缺陷,最常见的缺陷是晶格空位和间隙原子。原子空缺的位置称为空位,存在于晶格间隙位置的原子称为间隙原子。

2）线缺陷

线缺陷是指晶体内部某一平面上沿某一方向呈线状分布的缺陷,这种缺陷主要是指各种类型的位错。位错是指晶格中一列或若干列原子发生了某种有规律的错排现象,由于位错存在,会造成金属晶格畸变,并对金属的性能,如强度、塑性、疲劳及原子扩散、相变过程等产生重要影响。

3）面缺陷

面缺陷是指晶体内部呈面状分布的缺陷,通常指晶界。在晶界处,原子呈不规则排列,晶格处于畸变状态,它在常温下对金属的塑性变形起阻碍作用,从而使金属材料的强度和硬度有所提高。

1.3.2 合金

组成合金最基本的、独立的物质称为组元,一般来说,组元就是组成合金的元素,但有时也将稳定的化合物称为组元。由若干给定组元按不同的比例配制而成的一系列化学成分不同的合金称为合金系。例如,铜镍合金中,铜的质量分数不同的一系列合金,就组成了铜镍合金系。组织是指采用金相观察方法,在金属及其合金内部看到的涉及晶体或晶粒的大小、方向、形状、排列状况等组成关系的构造情况。

由于合金的性能取决于组织,而组织又首先取决于合金中的相,为了掌握合金的组织和性能,首先必须了解合金的结构。

1. 合金的晶体结构

根据合金中各组元之间的相互作用,合金中的晶体结构可分为固溶体、金属化合物及机械混合物三种类型。

1）固溶体

将糖浆溶于水中,可以得到糖在水中的液溶体,其中水是溶剂,糖是溶质,如果糖水结冰,便得到糖在水中的固溶体。合金中也有类似的现象,在固态下,合金中组元的晶格内溶解了另一种原子而形成的晶体称为固溶体,根据溶质原子在溶剂晶格中所占据的位置不同,可以将固溶体分为置换固溶体和间歇固溶体。溶质原子代替一部分溶剂原子占据溶剂晶格部分结点位置时,所形成的晶体称为置换固溶体。溶质原子在溶剂晶格中不占据溶剂结点位置,而嵌入各结点之间的间隙内时,所形成的晶体,称为间歇固溶体。

无论是置换固溶体还是间歇固溶体,异类原子的插入都将使固溶体晶格发生畸变,增加位错运动的阻力,使固溶体的强度和硬度提高。实践证明:只要适当控制固溶体中溶质的含量,就能在显著提高金属材料强度的同时仍然使其保持较高的塑性和韧性。

2）金属化合物

金属化合物是指合金中各组元间原子按一定整数比结合而成的晶体。金属化合物具有特殊的晶体结构,熔点高、硬而脆。合金中出现金属化合物时,通常能显著地提高合金的强度、硬度和耐磨性,但塑性和韧性会明显下降。

3）机械混合物

纯金属、固溶体、金属化合物均是组成合金的基本相,由两相或者两相以上组成的多相组织称为机械混合物。在机械混合物种中,各组成相仍保持着其原有晶格类型和性能,而整个机械混合物的性能介于各组成物的性能之间,与各组成的性能及相的数量、形状、大小和分布状况等密切相关。在金属材料中使用的合金材料绝大多数是机械混合物这种组织状态。

2. 合金的相

一个相是体系中具有相同物理和化学性质的均匀部分的总和。相与相之间有界面,并可用机械方法把它们分开,越过界面时性质就发生突变。相与物质的数量多少无关,也与物质是否连续无关。相具有下列的几种特征。

（1）一个相可以由几种物质组成。空气就是由氢、氮等气体组成的一个相。两种或几种固体也可以完全互溶，形成一个均匀的固态溶液，称为固溶体，它也是一个相——固相。

（2）一种物质可以有几个相。例如，水可以有固相冰、液相水和气相水蒸气等不同的相；碳可能是金刚石，也可能是石墨这两种不同的相。晶体构型不同的同一种固体仍不属于同一种相，因其物理性质彼此各异，称为同素异形体。例如，锡在不同温度下能形成灰锡、白锡和斜方锡三种不同的相。

（3）固体机械混合物中，有几种物质就有几个相。粗锑白粉中的 Sb_2O_3、As_2O_3、PbO 虽然颗粒很细，混合得也很均匀，但仍然是不同的相；白糖和沙子混合在一起，仍然是两个相。

（4）一个相可以连续成一个整体，也可以不连续。例如，水中的许多冰块，所有冰块的总和仍为一个相（固相），而水又为另一个相（液相）。相与相之间必存在界面，但反过来说存在界面的便是不同的相却是不对的。因为同一组成的冰可分成许多块，但仍是同一个相；同一组成的水也可分成许多水珠，可它仍属于同一个相。所以，虽然一个相是均匀的，但不一定是连续的。

由此可见，气相只可能是一个相，无论多少种气体混合在一起，都一样形成一个气相。液体可以是一个相，但当它们的互溶程度有限时也可能出现两个相。固体中如果是连续的固溶体，则为一个相；其他情况下，一个固体物质便是一个相。

合金的结构，要用"相"这个术语来描述，因为合金含有两个以上组元，形成晶体结构的类型要比纯金属多，并且各类型的晶体结构在成分、性能上均不相同。"相"这个术语是从成分、聚集状态和性能这三者的综合角度来描述合金结构的。合金中凡是成分、聚集状态相同，性能也相同的结构体称为"相"。组元相同的合金，由于"相"不同，它们的性能也不相同。合金的"相"在一定条件下可以发生变化，称为相变，例如，合金结晶是液相变为固相的一种相变。

3. 合金的组织类型

合金的组织包括固溶体晶粒组织、金属化合物晶粒组织、机械混合物晶粒组织三种类型。

1）固溶体晶粒组织

此种晶粒组织由相结构为固溶体的晶胞构成，因为只含一个相，故属于单相组织，一般用 α、β、γ 等符号表示。

2）金属化合物晶粒组织

此种晶粒组织由相结构为金属化合物的金属晶胞构成，属于单相组织，一般用分子式表示。

3）机械混合物晶粒组织

此种晶粒组织由相结构为固溶体的晶胞与相结构为金属化合物的晶胞混合组成，或由几种不同相结构的固溶体混合组成，属多相组织，一般用符号（$\alpha+\beta$）表示。

在以上三类组织中，固溶体组织的强度和硬度较低，塑性韧性好，而金属化合物组织的硬度高、脆性大，机械混合物的性能介于两者之间，即强度硬度较高，塑性韧性较好。

各种具体的合金材料,其内部组织基本上都由上述三类构成,如经常用于制造齿轮或轴的 45 号钢(碳质量分数为 0.45% 的铁碳合金),加工前的组织即由一种固溶体晶粒和一种机械混合物晶粒构成。

4. 相图

如图 1-41 所示,相图是确定一种材料在不同温度、不同合金成分下的特性的一种图形工具。根据相图,可以确定不同成分合金材料的液相线或固溶线,可以设计材料的最佳配比方案和热处理温度。有一点要注意,在较高的温度下可能会使材料更好地融合,在淬火时,这些材料会呈固态凝结在一起。

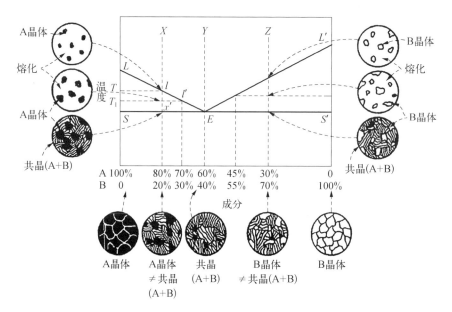

图 1-41 显示不同位置微观结构的相图

1.4 材料加工及缺陷

1.4.1 铸造过程及缺陷

铸造是将液态金属浇入与零件几何形状相适应的铸型空腔中,待冷却凝固后,获得零件或毛坯的方法。铸件一般作为金属零件的毛坯,大多需经部分或全部切削加工方能制成合格零件。有时采用特种铸造方法生产的某些铸件也可不经加工而直接作为零件来使用[13,14]。

铸件的生产方法有多种,使用最多的是砂型铸造。除砂型铸造外,还有特种铸造,特种铸造主要有包括金属型铸造、失蜡铸造、压力铸造、离心铸造等。

铸件的检验是铸造生产中的最终环节,包括外观检验、内部检验、化学成分分析、力学性能检验和金相组织检验等。外观检验是用肉眼观察和借助于器具、样板等检验铸件的形状和尺寸是否符合规定,以及检查铸件表面上是否存在缺陷,如裂纹、气孔、缩孔、夹渣及黏砂等。

对于特别重要的铸件,则要进行内部缺陷的检验,一般采用磁粉探伤、超声波探伤及X射线探伤等检验手段来进行,由于是在不损坏铸件的情况下检验其内部缺陷,故称为无损探伤试验[15]。

采用化学分析的方法测量铸件的化学成分,主要测定铸件中碳、硅、锰、磷、硫五大元素的含量。用各种材料试验机检验铸件材料的主要力学性能,如抗拉、抗弯及硬度等。

在铸造生产中,由于工艺繁杂,产生铸件缺陷的原因很多,即使是同一缺陷,往往也可能是不同原因造成的。常见铸件缺陷可分为以下几种情况[16-18]。

(1)表面缺陷:黏砂、夹渣、冷隔。

(2)裂纹类缺陷:热裂、冷裂。

(3)孔眼类缺陷:气孔、缩孔、缩松(图1-42)、渣孔、砂眼、铁豆等。

(4)铸件形状、尺寸及质量不合格:多肉、浇不足、落砂、抬箱、错箱、偏芯、变形及其他损伤等。

(5)铸件成分、组织及性能不合格,化学成分不合格,金相组织不合格,偏析过大,物理性能不合格。

图1-42 铸造缺陷导致的表面缩松

1.4.2 锻压过程及缺陷

锻压是指对坯料施加外力,使其产生塑性变形的一种加工方式,是锻造与冲压的总称。锻压可以改变零件尺寸和形状,以及改善零件性能。

锻压包括轧制、挤压、拉拔、自由锻造、模型锻造和冲压等加工方法。锻压是以金属的塑性变形为基础的加工方式,各种钢和大多数非铁金属及其合金都具有不同程度的塑性,因此它们可在冷态或热态下进行锻压加工,而脆性材料(如灰铸铁、铸造铜合金、铸造铝合金等)则不能进行锻压加工。金属锻压加工的主要特点是能改善金属内部组织,提高金属的力学性能,与直接切削钢材的成型方式相比,还可以节省金属材料的消耗,节省加工工时[19,20]。

锻造加工常见的缺陷有氧化、脱碳、过热、过烧和裂纹等,图1-43显示了齿轮锻造过程中产生的裂纹。

图1-43 齿轮锻造过程中产生的裂纹

1.4.3 焊接过程及缺陷

焊接是指通过加热、加压或两者并用的方式,使两部分金属形成原子层面结合的一种永久性连接方法。与铆接相比,焊接具有节省材料、减轻重量、连接质量好、接头密封性好、抗高压能力强等优点,并且焊接能够简化加工与装配工序,缩短生产周期,易于实现机械化和自动化生产[21-23]。焊接的缺点在于焊接件不可拆卸,而且焊接过程中还会产生焊接变形、裂纹等缺陷。

在工业生产中应用的焊接方法有很多,常用的焊接方法如图1-44所示[24]。常见的焊接缺陷有咬边、气孔、夹渣、裂纹等,图1-45显示了焊接的气孔缺陷。

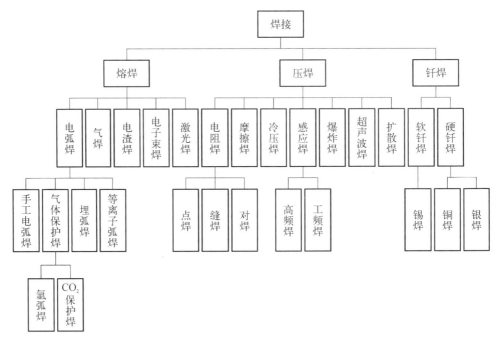

图1-44 常用的焊接方法

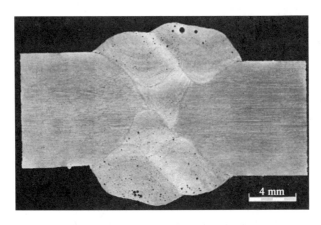

图1-45 焊接过程中出现的气孔缺陷

1.4.4　热处理过程及缺陷

热处理是通过加热、保温、冷却等操作方法来改变金属材料内部组织结构,从而获得所需性能的一种工艺方式,在机械制造工业中占有十分重要的地位,机械设备中重要的零件及各类工具几乎都需要经过热处理才能正常使用。热处理可分为普通热处理与表面热处理两大类。

1. 热处理类型

1) 普通热处理

普通热处理包括退火、正火、淬火、回火。

(1) 退火是将工件加热到适当温度,根据材料和工件尺寸采用不同的保温时间,然后进行缓慢冷却,使金属内部组织达到或接近平衡状态的一种普通热处理方式。退火的主要目的是细化晶粒,消除内应力,提高机械性能,降低硬度,提高切削性能,有时也是为下一道淬火工序做好组织准备。

(2) 正火是将工件加热到适宜的温度,然后在空气中冷却的一种普通热处理工艺方法。正火的效果与退火相似,只是得到的组织更细,其主要目的在于使晶粒细化和使碳化物分布均匀化。

(3) 淬火是把钢加热到临界温度以上,保温一定时间,然后以大于临界冷却速度的方式进行冷却,从而获得以马氏体为主的不平衡组织的一种普通热处理工艺方法,其主要目的是使过冷奥氏体进行马氏体或贝氏体转变,得到马氏体或贝氏体组织,然后配合不同温度的回火,以大幅提高钢的刚性、硬度、耐磨性、疲劳强度及韧性等。

(4) 回火是一种降低钢件脆性的普通热处理方法。将淬火后的钢件在高于室温而低于710℃的某一适当温度下进行长时间的保温,再进行冷却,其主要目的是消除工件淬火时产生的残留应力,防止变形和开裂,调整工件的硬度、强度、塑性和韧性等指标。

2) 表面热处理

有些机器零件需要在高载荷及表面摩擦条件下工作,要求表面层具有高的强度、硬度、耐磨性和疲劳极限,而零件的中心部位(芯部)则需要保持足够的韧性、塑性。表面热处理正是强化这类零件表面的重要手段。常用的表面热处理工艺有表面淬火(火焰加热、感应加热等)和化学热处理(渗碳、氮化、碳氮共渗等)两类。

(1) 表面淬火是把钢的表面迅速加热到淬火温度,芯部温度仍保持在临界温度以下,然后快速冷却,使钢材从表面至一定深度范围内转变为马氏体组织,而芯部组织不变,常用的表面热处理工艺有火焰加热表面淬火和感应加热表面淬火两种。利用氧-乙炔或氧-煤气焰等将工件表面快速加热到淬火温度,随即喷水冷却的方法称为火焰加热表面淬火。感应加热表面淬火工艺是采用电磁感应的原理,在工件表面产生涡流,使工件表面迅速加热而实现表面淬火。

(2) 钢的化学热处理是将钢铁零件置于一定温度的化学活性介质中,以改变钢的表层化学成分的一种热处理工艺。可以通过化学热处理,向钢的表层渗入一种或几种合金元素,从而使钢零件表面具有某些特殊的机械性能或物理、化学性能。化学热处理的种类很多,根据渗入元素的不同,可分为渗碳、氮化、碳氮共渗、渗金属等。渗碳是向零件表面渗入碳原子的过程,它是将工件置于含碳的介质中加热和保温,使活性碳原子渗入钢的表面,以达到提高钢的表面含碳量的一种热处理工艺。渗碳方法可以分为固体渗碳、液体渗碳、气体渗碳三种,应用较广泛的是气体渗碳。氮化是向钢的表面渗入氮原子的过程,其目的是提高钢表面的硬度、耐磨性、耐蚀性及疲劳强度,目前工业中应用比较广泛的是气体氮化、离子氮化。

2. 热处理的缺陷

常见的热处理缺陷有如下三种。

1) 过热与过烧

工件在热处理时,若加热温度过高或保温时间过长,奥氏体晶粒显著增大的现象称为过热。过热一般可用正火来消除,若加热温度超过了材料的固相线,使低熔点共晶和晶界复熔的现象称为过烧,如图1-46所示,过烧属不可逆转的缺陷。

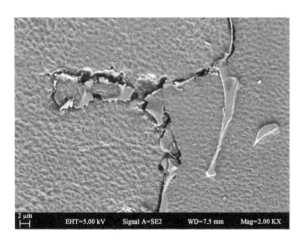

图 1-46 高温合金晶界液化裂纹

2) 氧化和脱碳

氧化是指工件被加热介质中的 O_2、CO_2、H_2O 等氧化后,使其表面形成氧化皮的现象。脱碳是指工件表层的碳被加热介质中的 O_2、CO_2、H_2O 等烧损,使其表层含碳量下降的现象。氧化和脱碳不仅降低了工件的表层硬度和疲劳强度,而且增大了淬火开裂的倾向。

3) 变形与开裂

变形是指零件在热处理过程中形状和尺寸的改变。在热处理中,变形是较难解决的问题,一般是将变形量控制在一定范围内。零件的变形和开裂都是由淬火时的内应力引起的。淬火时的内应力分为热应力和组织应力两种。热应力是由于零件受热不均匀而存在温度差异,各处膨胀或收缩不一致,相互约束而产生的内应力。组织应力是零件在冷却过程中,由于内部组织转变时间不同而引起的。在热处理过程中,零件上的热应力与组织应力是同时存在、相互叠加的。当应力超过一定值后,就可能产生变形,甚至裂纹。为防止淬火变形和开裂,常采取以下措施:正确选择钢材、合理进行结构设计、采用合理的热处理工艺及正确的操作方法等。

1.4.5 切削加工过程及缺陷

切削加工是指使用切削刀具从工件上切除多余的或者预留的金属,使工件达到预定的满足一定尺寸准确度、位置精度及表面质量的一种零件加工方法。常用的金属切削方式有车削、钻削、锤削和磨削等。切削过程中始终存在刀具与工件之间的相对运动,刀具与工件之间的相对运动称为切削运动,分为主运动和进给运动。

主运动是切削加工时最基本的运动,它使刀具与工件产生相对运动,使刀具前的刀面接近工件,从工件上切除金属,因此切削速度高,消耗功率也大。主运动的运动形式可以是旋转运动,也可以是直线运动,可以由工件完成,也可以由刀具完成,如切削时工件的旋转运动是主运动;刨削时工件或刀具的往复运动,以及铣削时铣刀的旋转运动等均是主运动。

进给运动与主运动配合,使刀具与工件之间产生附加的相对运动,从而保证切削连续进行。进给运动可以是连续的,如车削外圆时,车刀沿平行于工件轴线的纵向运动;进给运动也可以是步进的,如刨削工件时的横向移动。在切削过程中,可以有一个或多个进给运动。

对于切削加工,最常见的缺陷是刀痕产生的应力集中[25],图1-47为碳化钨涂层磨削过程中产生的表面裂纹,该裂纹处容易产生应力集中现象,进而容易发生疲劳或断裂的情况。

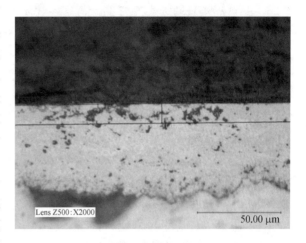

图1-47　碳化钨涂层磨削过程中产生的表面裂纹

思　考　题

1.1　简述应力的定义。

1.2　当作用力的方向是远离部件的方向时,会导致何种应力?

1.3　当作用力平行于分离平面时,会导致何种应力?

1.4　当部件受到扭曲力时,会导致何种应力?

1.5　简述应变的定义。

1.6　部件上的最大弯曲应力和扭曲应力在什么位置?

1.7　在工程学的应力-应变图表中,可承受的最大应力在什么位置?

1.8　简述应力集中系数的定义。

1.9　什么情况会引起局部区域的应力集中? 应力集中会因为什么情况而增加?

1.10　喷气发动机中发生典型低周疲劳的部位是什么?

1.11　简述低周疲劳与高周疲劳的定义。

1.12　涡轮叶片上的热应力是什么导致的?

1.13　接触疲劳通常发生在哪些位置?

1.14　蠕变的三个阶段是什么?

1.15　微振磨损是磨损的类型之一,它通常发生在哪种情况下? 请举例说明。

1.16　气蚀磨损的原因是什么?

1.17　简述减少摩擦磨损与微动磨损的途径。

1.18　在燃气涡轮上常用的材料有哪些? 它们的应用部位大致有哪些?

1.19　叙述测量材料硬度的几种方法。

1.20　叙述蠕变的三个阶段。

1.21 为防止叶片腐蚀,通常采取的措施有哪些?

1.22 铸造过程中的夹砂缺陷会导致什么问题?

1.23 热处理工艺的分类有哪些?简述各种方式的作用。

1.24 对于切削过程中的划痕,在使用过程中会导致什么问题?

参 考 文 献

[1] EZUGWU E O, BONNEY J, YAMANE Y. An overview of the machinability of aeroengine alloys [J]. Journal of Materials Processing Technology, 2003, 134(2): 233 - 253.

[2]《中国航空材料手册》委员会. 中国航空材料手册第 1 卷: 结构钢不锈钢[M]. 2 版. 北京: 中国标准出版社, 2002.

[3] 刘卫东, 张俊. B50A789 钢大规格棒材头部横向冲击吸收能量不合格原因分析 [J]. 理化检验-物理分册, 2020, 56(3): 39 - 42.

[4] 王博臣, 侯玉亮, 夏凉, 等. 基于子结构法与损伤识别的周期性结构脆性断裂相场模拟[J]. 航空学报, 2022, 43(3): 293 - 304.

[5] CUI W C. A state-of-the-art review on fatigue life prediction methods for metal structures [J]. Journal of Marine Science and Technology, 2002, 7(1): 43 - 56.

[6] 温诗铸, 黄平, 田煜, 等. 摩擦学原理[M]. 5 版. 北京: 清华大学出版社, 2018.

[7] XUE W H, GAO S Y, DUAN D L, et al. Study on the high-speed rubbing wear behavior between Ti_6Al_4V blade and nickel-graphite abradable seal coating [J]. Journal of Tribology, 2017, 139(2): 021604.

[8] GALLEGO L, FULLERINGER B, DEYBER S, et al. Multiscale computation of fretting wear at the blade/disk interface [J]. Tribology International, 2010, 43(4): 708 - 718.

[9] 陈光. 航空发动机结构设计分析[M]. 2 版. 北京: 北京航空航天大学出版社, 2014.

[10] 赵晶, 徐啸. 法兰螺栓横向微动磨损试验研究[J]. 机械强度, 2020, 42(4): 831 - 836.

[11] Amy Tikkanen. "空化" 大英百科全书[EB/OL]. https://www.britannica.com/science/cavitation.

[12] 张钰, 陈操, 韩雷, 等. 空心涡轮叶片蠕变/疲劳试验载荷谱改进方法[C]//中国力学大会——2017 暨庆祝中国力学学会成立 60 周年大会论文集(A), 2017: 1602 - 1613.

[13] 姜巨福, 李明星, 王迎. 铝合金挤压铸造技术研究进展[J]. 中国有色金属学报, 2021, 31(9): 2313 - 2329.

[14] 李荣德, 于海朋, 袁晓光. 压铸技术及压铸合金的发展与应用[J]. 机械工程学报, 2003(11): 68 - 73.

[15] 沈功田, 李丽菲, 王珊珊, 等. 铸铁设备无损检测技术进展[J]. 无损检测, 2011, 33

(1)：62-68.

[16] LI X L, TSO S K, GUAN X P, et al. Improving automatic detection of defects in castings by applying wavelet technique[J]. IEEE Transactions on Industrial Electronics, 2006, 53(6)：1927-1934.

[17] NADOT Y, MENDEZ J, RANGANATHAN N. Influence of casting defects on the fatigue limit of nodular cast iron [J]. International Journal of Fatigue, 2004, 26 (3)：311-319.

[18] NICOLETTO G, KONECNA R, FINTOVA S. Characterization of microshrinkage casting defects of Al-Si alloys by X-ray computed tomography and metallography [J]. International Journal of Fatigue, 2012, 41：39-46.

[19] 刘艳雄,张怡俊,纪开盛,等.锻压能耗分析及节能技术研究进展[J].塑性工程学报, 2022,29(1)：1-10.

[20] 王乐安.航空工业中的锻压技术及其发展[J].锻压技术,1994(1)：57-61.

[21] CAO X, JAHAZI M, IMMARIGEON J P, et al. A review of laser welding techniques for magnesium alloys[J]. Journal of Materials Processing Technology, 2006, 171(2)：188-204.

[22] 王家淳.激光焊接技术的发展与展望[J].激光技术,2001(1)：48-54.

[23] 吴言高,李午申,邹宏军,等.焊接数值模拟技术发展现状[J].焊接学报,2002(3)：80,89-92.

[24] 郑振太.大型厚壁结构焊接过程的数值模拟研究与应用[D].天津：天津大学,2007.

[25] LI L, GUILIAN W, JIE L, et al. Dynamic cutting force and stress distribution of carbide insert during asymmetric milling of 508Ⅲ steel[J]. Integrated Ferroelectrics, 2021, 217(1)：163-169.

第 2 章
发动机转动部件——叶片和轮盘的失效分析

2.1 转 子 叶 片

航空发动机转子叶片包括压气机转子叶片和涡轮转子叶片。压气机和涡轮是民航发动机的核心部件,而压气机转子叶片与涡轮转子叶片更是重中之重,其设计、制造与用材水平决定了整个发动机的性能及使用可靠性。

2.1.1 转子叶片的功能要求及结构特点

1. 压气机转子叶片

压气机的主要作用是对流过它的空气进行压缩,提高空气压力,为燃气膨胀做功创造条件。压气机是利用高速旋转的叶片对空气做功,从而提高空气的压力与内能。现代民航发动机大都采用轴流式压气机,从外形上看,轴流式压气机的转子叶片一般具有气动力翼形截面。如图 2-1 所示,压气机转子叶片沿叶高方向设计成具有不同大小的扭转角,以保证流过叶片的空气具有均匀的轴向速度。另外,由叶根至叶尖,气流压力逐渐增大,这样可以起到平衡转子离心力的作用。转子叶片的长度由前到后是逐渐变化的,前面的低压叶片最长,之后的高压叶片逐渐变短。

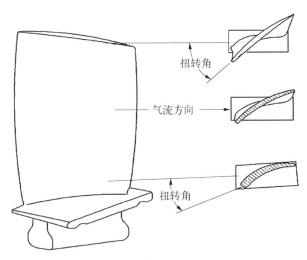

图 2-1 压气机转子叶片示意图

压气机转子叶片与压气机盘之间的连接有销钉锁环、枞树形榫头、燕尾形榫头等多种方式,其中燕尾形榫头较为常见,如图2-2所示,为了减小叶根处的应力集中,榫头与榫槽之间允许有微小的切向活动量。

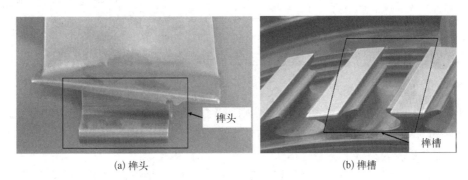

(a) 榫头 (b) 榫槽

图 2-2　压气机转子叶片的燕尾形榫头与榫槽

压气机转子叶片可由铝合金、马氏体型不锈钢或钛合金经锻造或铸造而成。现代高推重比发动机的压气机转子叶片多采用钛合金制成[1]。

2. 涡轮转子叶片

涡轮的作用是利用高速燃气对涡轮转子叶片做功,将高温高压燃气的能量转变为机械能(轴功),驱动涡轮做高速旋转运动,从而带动压气机和发动机附件齿轮箱对外做功。现代民航发动机大多采用多级轴流式涡轮,例如,CFM56-7发动机的涡轮有5级。为了使燃烧室排出的燃气流在整个叶片长度方向上做等量的功,并保证燃气流以均匀的轴向速度进入排气系统,涡轮转子叶片从叶根到叶尖有一个扭转角,叶尖处的扭转角度比叶根处要大。图2-3为典型的涡轮转子叶片和扭转型面。

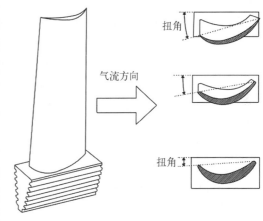

图 2-3　涡轮叶片扭转示意图

涡轮转子叶片在涡轮盘上的固定方法十分重要,因为涡轮盘榫槽或叶片榫头的应力与极限轮缘速度的关系重大。如今,大多数燃气涡轮发动机都采用枞树形榫齿,如图2-3所示。这种榫头和榫槽需要很精确的设计和加工,以保证所有榫齿都能按比例承受载荷。当涡轮静止时,叶片在榫槽内有一定的切向活动量;而当涡轮转动时,离心力将叶根拉紧在盘上。

由于直接位于燃烧室后方,涡轮的进口温度一般在700~1 400℃,涡轮转子叶片不仅要像压气机转子叶片一样承受高速旋转和振动带来的应力,还要承受高温造成的热应力,所以涡轮叶片的材料是保证涡轮性能和使用可靠性的基础,涡轮叶片材料的改进也可以进一步提升发动机的性能。耐高温合金一直是当代材料科学的一个热门领域[2-4],为了满足涡轮叶片的使用要求,各国先后研制出了一系列用于涡轮叶片的耐高温合金,表2-1列出了常见高温合金的工作温度。

表 2 - 1　常见高温合金的工作温度(140 MPa, 100 h)

材　料	GH4133	GH4169	FGH4096	DD403	DD6
工作温度/℃	740	790	800	1 090	1 100

2.1.2　转子叶片的工作环境与受力分析

1. 转子叶片的工作环境

压气机转子叶片和涡轮转子叶片正常工作时均处于绕轴高速旋转的状态下,虽然都承受旋转带来的离心力、气流流动带来的气动力、热负荷等,但是两者的工作环境却有着明显差异,主要表现为以下三点。

(1)压气机直接位于发动机进气道的后方,压气机前几级的转子叶片直接受到由进气道引进的高速空气的冲刷,这些高速气流中夹带的尘土、砂石、冰晶等外来物会对转子叶片造成损伤。这种损伤一方面会导致应力集中,使叶片的疲劳强度下降;另一方面,会破坏叶片的表面完整性和防护层,导致并且加速点腐蚀的出现和应力腐蚀裂纹的萌生。涡轮位于燃烧室的后方,前几级涡轮叶片直接承受来自燃烧室的高温、高压燃气的冲击,因此高温氧化和燃气腐蚀是涡轮叶片最主要的失效形式。

(2)后几级的压气机转子叶片虽然也会受到热应力的影响,但其程度远低于涡轮叶片。伴随着发动机工作时间的增加,涡轮转子叶片随着发动机的开车/停车、加速/减速等状态不断重复"加热—冷却"这一过程,导致拉伸应力和压缩应力在叶片上交替出现,特别是叶片的前后缘,存在很大的温度梯度,随着这种"拉伸—压缩"的反复进行,叶片便会产生热疲劳。因此,热疲劳性能和高温蠕变性能是表征涡轮转子叶片性能的重要指标。

(3)压气机叶片会承受振动带来的载荷,主要的激励源有强迫振动或自激励振动引起的共振、喘振和颤振等。而涡轮转子叶片则主要承受共振带来的载荷,一般情况下,涡轮转子叶片很少出现颤振。

2. 转子叶片的受力分析

下面简析发动机正常工作时,转子叶片所承受的几种主要应力。

1)离心拉应力

正常工作的转子叶片处于高速旋转的状态,在自身质量的作用下会产生离心力,通常采用数值积分的方法计算不同截面上的离心拉应力。如图 2 - 4 所示,将叶片分成 n 段,共有 $n+1$ 个截面,第 i 个截面的面积为 A_i,则第 i 个截面上的应力计算公式为

$$\sigma_i = \frac{\Delta F_1 + \Delta F_2 + \cdots + \Delta F_i}{A_i} \qquad (2-1)$$

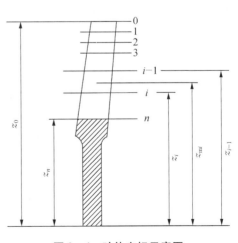

图 2 - 4　叶片坐标示意图

式中，$\Delta F_i = \rho \omega^2 A_{mi} z_{mi} \Delta z_i$ 为该段叶片所受离心力在 z 轴方向上的分量，z_{mi} 为该段叶片的平均坐标，Δz_i 为该段叶片的 z 向高度，ρ 为叶片材料的密度，ω 为转子的角速度，A_{mi} 为该段叶片的平均横截面积。

离心应力在叶尖截面上为零，向叶根方向逐渐增大，在根部截面达到最大值。

2）弯曲应力

无论是高温燃气对涡轮叶片做功，还是压气机叶片对空气做功，气体都会对转子叶片产生很大的横向作用力，从而产生弯矩，还会引起扭转应力。若转子叶片各截面重心的连线不与轴重合，则离心力还将引起离心力弯矩。作用在转子叶片某一截面上的总弯矩，又称合成弯矩，其大小等于作用在该截面上的气体作用力弯矩和离心力弯矩的代数和：

$$M_{xi总} = M_{xi气} + M_{xi离} \tag{2-2}$$

$$M_{yi总} = M_{yi气} + M_{yi离} \tag{2-3}$$

由式（2-2）和式（2-3）可知，若对叶片进行合理的设计，使气体作用力弯矩在不变的情况下，通过改变离心力弯矩使其与气体作用力弯矩方向相反，可达到使总弯矩降低的目的。然而很难实现这样的设计，因为这两个弯矩都随工作状态的变化而变化。离心力弯矩与转速有关，气体作用力弯矩与飞行状态有关，最大值可相差 10 余倍，另外，叶片的加工、装配等环节也会对其产生影响。

3）热应力

构件因为温度变化或温度分布不均而导致其内部产生的应力称为热应力，又称变温应力。它是当温度改变时，构件由于外部约束及内部材料之间的相互约束而产生的拉应力或压应力。

一般不认为热应力是导致压气机叶片失效的主要因素，因为相较于涡轮叶片，压气机叶片的工作温度较低，即使是压气机后几级叶片，工作温度也仅有 300~600℃；另外，由于压气机叶片较薄，叶片内部的温度分布比较均匀，因此不会产生明显的热应力。

而涡轮叶片则恰恰相反，涡轮叶片不仅工作温度更高，而且叶型厚度变化也较大。在高温燃气的作用下，涡轮叶片内部会产生较大的热应力。除此之外，涡轮叶片的温度也会随着发动机的工作状态发生改变，尤其在发动机起停时，叶片上的温度变化更为剧烈。

发动机运转时，叶片内部的温度分布与温度变化难以测量，这给叶片热应力的计算带来了相当大的难度。工程上一般使用如下公式对热应力进行简单估算：

$$\sigma = E\alpha \Delta T \tag{2-4}$$

式中，σ 为构件上一点的热应力；E 为材料的弹性模量；α 为材料的热膨胀系数；ΔT 为受热构件指定部位的温度变化梯度。

热应力极大影响了涡轮叶片的强度，主要体现在以下两点：① 温度升高会使材料的力学性能降低；② 叶片上的某点总应力增大，导致安全裕度降低。

要降低热应力对涡轮叶片的影响，提高涡轮叶片的安全裕度，可采取如下措施：① 在保证叶片的气动性能达到要求的前提下，应尽可能减小叶片的厚度差，有时，将涡轮叶片做成空心的，以使其壁厚尽可能均匀；② 对叶片进行冷却，使其工作温度降低，以减小热应力；

民航发动机失效分析

③ 选用导热性好的叶片材料,使叶片上的温度分布均匀,以降低温差带来的热应力。

4）振动应力

气流等因素带来的激励会引起叶片的振动,使叶片上出现周期性的弯曲应力和扭转应力。大量关于叶片失效分析的结果表明,离心拉力与振动应力的双重作用是导致压气机转子叶片与涡轮转子叶片产生断裂失效的主要原因,后面将有专门的部分对振动应力做出介绍。

5）总应力

在不考虑振动应力和热应力的情况下,叶片各截面上任一点的总应力等于该点所受的离心拉伸应力与弯曲应力的代数和:

$$\sigma_总 = \sigma_离 + \sigma_弯 \qquad (2-5)$$

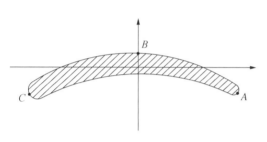

图 2-5　叶片横截面示意图

离心应力在叶片同一横截面上一般是均匀分布的,所以弯曲应力最大且为拉应力的点便是该截面上总应力最大的点。如图 2-5 所示,经过分析与试验得出,叶片上 A、B、C 这三点是总应力最大的点。同时,叶片的疲劳失效一般也都从这三点开始。针对转子叶片拉伸应力和弯曲应力的分析与计算,目前多采用有限元方法和光弹性试验法。

2.1.3　转子叶片的振动类型及其特征

转子叶片在工作时除了承受大的离心载荷外,还会承受振动交变载荷,大部分转子叶片的疲劳断裂失效均与各种类型的振动有关,因此,作为引起叶片疲劳失效的主要原因之一,叶片的振动问题一直是人们关注的重点。

处于工作状态的转子叶片会产生多种形式的振动。按振动的表现形式分类,有强迫振动、颤振、旋转失速和随机振动四种;按激励源划分,有强迫振动和自激振动;按叶片上的应力种类划分,有振动弯曲应力和振动扭转应力。

对于振动的分析,一般从频率、振型、振动应力和激振力这四个方面进行。

（1）频率是描述振动的主要参数,转子叶片的振动频率很广,从数十赫兹到数万赫兹,通常来讲,频率高、振幅小的振动,其危害程度最低。自振频率决定了转子叶片在使用过程中是否会出现振动,转子叶片的自振频率分为静频与动频,静频与叶片的材料、形状和尺寸有关,对于由同种材料根据同一图纸生产而来的叶片,由于公差的影响,其静频可能并不相同。动频是转子叶片在工作状态下的自振频率,受到工作温度、装配情况等因素的影响。振幅是描述振动剧烈程度的参数,振幅越大,振动越激烈,应力也就越大。

（2）振型是指叶片以某阶自振频率进行振动时,叶片各部分振动的相对关系。振型与叶片的材料、形状、尺寸等因素有关,一般可通过测量叶片上某几处的应力来判断,也可通过有限元模拟获得。

（3）振动应力可根据振型来确定其性质和部位,如一弯（B1）振型,叶片上受到的应力为弯曲应力,最大应力出现在一弯振动节线(最大应力部位)附近;又如一扭(T1)振型,叶片受到的是扭转应力,其最大应力出现在一扭振动节线附近。振动应力的大小,可通过理论计算和实际测量的方法来获得。图 2-6 为实测的某发动机一级压气机叶片振型图,图 2-7 为实测的某发动机一级涡轮叶片振型图。

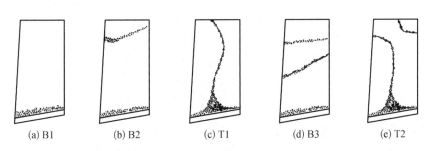

(a) B1　　(b) B2　　(c) T1　　(d) B3　　(e) T2

图 2-6　实测的某发动机一级压气机叶片振型图[5]

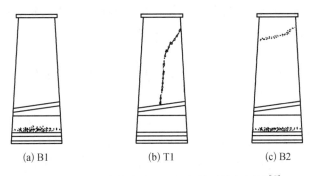

(a) B1　　(b) T1　　(c) B2

图 2-7　实测的某发动机一级涡轮叶片振型图[5]

(4) 使叶片振动的激振力主要有两大类:一是机械激振力,即轮盘的振动传递到了叶片上;二是气体激振力,是气体作用在叶片表面产生的周期性压强变化激起的叶片振动。

1. 尾流激振

发动机的气流通道中存在一些阻碍气流流动的部件,如承力支板等。当气流流过这些"障碍物"时,会改变原本的流动特性,此时叶片受到的气体作用力也会发生改变,这种改变会引起对压气机叶片的激振力。同时,燃烧室出口的流场也不是均匀的,也会给涡轮转子叶片带来类似的激振力。

当激振力中的任何一个谐波频率与邻近叶片的任一振型的自振频率相同时,将会引起共振,此时发动机的转速称为共振转速。值得注意的是,由于叶片制造误差的影响,叶片的自振频率会表现出分散性,表现为自振频率带,因此,叶片的共振不仅发生在某一个频率点上,而且可能发生在一个频率范围内。

2. 颤振

颤振属于自激振动,叶片自激振动的振型和频率都与尾流激振大致相同。颤振与强迫振动的最主要区别是,颤振基本不受激励源振动频率的影响,颤振的频率由叶片本身决定,受叶片材料性质与几何尺寸的影响。

颤振的类型有亚声速失速、亚声速非失速、超声速失速、超声速非失速及堵塞颤振等。叶片颤振的能量来自气流,以补偿振动的阻尼场(材料阻尼和结构阻尼)所消耗的能量。颤振发生的必要条件是气流攻角大于临界攻角,在叶背处发生气流分离,从而引起叶片上作用力的变化。一般采用频率参数 λ 作为判断是否发生颤振的依据,其计算公式为

$$\lambda = \frac{\left(\dfrac{b}{\omega}\right)}{\left(\dfrac{1}{f}\right)} = \frac{bf}{\omega} \tag{2-6}$$

式中,b 为叶型弦长;ω 为相对气流速度;f 为激振频率。

流场不可能突然变化,气流流动状态的改变需要一定时间,该时间以 b/ω 表征。叶片的振动周期为 $1/f$,只有时间 b/ω 小于周期 $1/f$ 时才能发生颤振,两者的比值就成为判断是否发生颤振的依据。一般来说,对于一扭振动,$\lambda \leqslant 1.5 \sim 1.6$ 时将发生颤振;对于一弯振动,$\lambda \leqslant 0.3$ 时将发生颤振。同一个叶片不同截面上的 b 与 ω 是不同的,一般选取 2/3 叶高处截面的 b 与 ω 作为判断标准。

除此之外,形成失速颤振还需要足够大的相对流速和足够大的攻角,上述条件是发生颤振的必要条件而非充分条件。

不同于强迫振动,失速颤振的特点有:

(1) 发动机工作状态改变(流场改变)是发生颤振的主要原因;

(2) 在同一振型下,颤振频率约等于叶片的自振频率,也可能有少量差别;

(3) 颤振很少有高阶振型;

(4) 强迫振动发生在一定的转速下,而颤振发生在一定的转速相似参数 $n/\sqrt{T}$ 下,转速相似参数主要反映了气流攻角的改变,且转速相似参数随着大气温度的改变而改变;

(5) 颤振的发生与转速的倍频无关;

(6) 颤振时,同级叶片的振动频率可能不同,这是叶片的自振频率不同导致的,是判断颤振的重要依据;

(7) 失速颤振多数发生在叶尖部位;

(8) 压气机转子叶片发生颤振的转速为最大转速的 60%~80%;

(9) 进气道气流畸变会诱使颤振发生,但并不是决定因素;

(10) 颤振与喘振是两个不同的概念,前者是叶片的自激振动,后者是指气流的振荡,但是两者都是由于气流失速引起的,颤振经常发生在喘振边界附近;

(11) 颤振常发生在压气机叶片上,在涡轮叶片上很少发生颤振;

(12) 颤振会导致叶片迅速断裂失效,而且往往是一个扇形面内的多个叶片断裂,因此颤振的危害性极大。

3. 旋转失速和随机激励

气流流过压气机静子叶片后会出于某些原因导致气流分离(失速),这一现象

称为旋转失速,一般认为旋转失速是喘振的先兆。当转子叶片交替通过正常区和失速区时,就会受到气流的激振力。旋转失速一般发生在低转速的情况下(最大转速的 45%~70%),虽然其引起的叶片振动只是短时的,但是也可能会导致叶片断裂失效。

各个频率下的随机激励都会引起激振力,这些激振力都会在叶片上引起振动,而当激振力的频率正好等于叶片的自振频率时会引起共振。随机激振力是随时变化的,其引起的叶片振动也是随时变化的,因而称为随机振动。随机振动的激振源是强大的噪声,所以由随机振动引起的叶片疲劳又称为噪声疲劳。噪声越大,激振力越强,也就越容易使叶片受到损伤。

2.1.4　转子叶片的典型失效模式

航空发动机转子叶片数量多,工作条件恶劣,因而发生失效的概率相对较高[6-8]。据统计,转子叶片故障占发动机故障总数的 70% 以上[5]。转子叶片的失效模式主要有外物损伤、变形伸长和断裂失效三种。

(1)外物损伤的主要形式有凹坑、掉块、表层剥落、弯曲变形、裂纹、折断等,这些损伤主要是由于外物(砂石、冰块、飞鸟等)的磨蚀和撞击造成的,其中凹坑、表层脱落等损伤往往又会成为腐蚀和疲劳断裂的初因。外物损伤主要发生在压气机的前几级叶片上,如图 2-8 所示,这部分的叶片直接面对可能裹挟着异物的高速气流。由外物损伤导致的叶片断裂失效时有发生,严重威胁航空安全,因此如何防止转子叶片的外物损伤,至今仍是航空界的热点课题之一[9-12]。

(2)转子叶片的变形伸长会导致叶片与机匣之间发生摩碰,直接威胁发动机的可靠性,图 2-9 展示了某型发动机转子叶片与机匣刮蹭导致的叶尖变形。引起叶片变形伸长失效的主要原因有:① 材料选用不当或热处理工艺不当,导致叶片的屈服强度偏低;② 环境温度过高,导致叶片强度降低;③ 发动机超转,导致离心力过高。由叶片变形伸长导致的发动机故障在工程实践中出现得较少,一般通过检查机匣对应区域是否有磨损,或者叶片是否出现蠕变来判断转子叶片是否发生了变形伸长。

图 2-8　被外物打伤的风扇叶片[13]

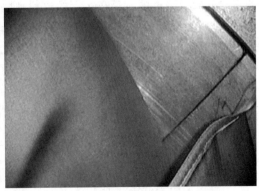

图 2-9　某型发动机转子叶片与机匣
刮蹭后的叶尖变形[14]

（3）转子叶片的断裂失效在三种失效形式中出现的概率最高，同时也是危害性最大的[15,16]。当某个叶片发生断裂时，往往会打坏其他的叶片，导致整台发动机不能正常工作，甚至造成更严重的后果。除了异物撞击造成的叶片断裂外，绝大多数的叶片断裂是由各种类型的疲劳造成的，图2-10为美国联合航空公司（简称美联航）的UA328航班发生的风扇叶片疲劳断裂事故，断裂的发动机叶片打破机匣高速插入了货舱内，神奇地避开了油箱和客舱。引起叶片疲劳断裂失效的原因往往不是单一的，通常是多因素共同作用的结果。因此，转子叶片的疲劳断裂失效是本章分析讨论的重点。

图2-10　美联航波音777-200客机的PW4000发动机风扇叶片断裂事故

1. 转子叶片的低周疲劳断裂失效

工程实践中的转子叶片很少出现低周疲劳断裂失效，但是仍有三种情况会导致低周疲劳断裂失效的发生。

（1）通常情况下，叶片的危险截面上的工作应力低于材料的屈服强度，但是如果叶片的危险截面及附近区域存在一定的材料缺陷，此时叶片的强度便不能满足正常工作的要求。危险截面及其附近的材料缺陷会导致叶片的强度下降，当叶片工作时，缺陷区域的材料由于应力过大而发生塑性变形，随着工作时间的积累，塑性变形区域逐渐扩大，最终导致叶片发生低周疲劳断裂。

（2）因叶片设计时考虑的因素不足或计算使用的强度系数过低，导致叶片危险截面上的工作应力接近或大于叶片材料的屈服强度，并且危险截面处可能会存在材料缺陷，从而导致叶片提前出现低周疲劳断裂失效。

（3）当叶片处于非正常的工况，如颤振、共振、超温、超转等时，也会导致叶片危险截面上的工作应力超过叶片材料的屈服极限，从而导致叶片出现低周疲劳断裂。

叶片的低周疲劳断裂失效一般具有如下特点：

（1）设计因素占主导地位，大部分的叶片低周疲劳断裂都与设计不当有关；

（2）出现的位置较为固定，大部分的低周疲劳断裂都出现在叶片的叶根附近；

（3）断裂面粗糙不光滑，断口形貌接近拉伸断口，图 2 - 11 为 FGH97 高温合金试样因低周疲劳导致的断裂的断口宏观形貌；

（4）断口一般呈多源或线源断裂，在断裂源的周围可能会有微坑（韧窝），扩展区疲劳条带间距较大（微米级以上）；

（5）瞬断区面积所占比例大；

（6）断口上一般不会出现明显的疲劳弧线。

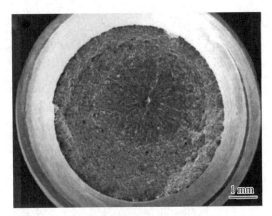

图 2 - 11　FGH97 高温合金试样低周疲劳断口宏观形貌[17]

2. 转子叶片的颤振疲劳断裂失效

颤振的破坏力极强，尤其是对于压气机转子叶片[18-20]。发动机的第一级压气机转子叶片极易发生颤振疲劳断裂失效，涡轮叶片很少发生颤振疲劳断裂失效。

发动机转子叶片发生颤振疲劳断裂失效有如下特点：

（1）发生断裂的叶片可能是一片，也可能是数个叶片同时断裂，且断裂的叶片相连分布在一个扇形区域内；

（2）断裂面多沿着叶片的一弯振型节线分布，距离叶根 10~20 mm；

（3）叶片的工作转速和振型不同于共振转速图上的转速和共振振型；

（4）叶片断裂时，发动机会发出"啸叫"声；

（5）叶片断口的宏观形貌特点符合大应力低周疲劳断裂的典型特征，断面由断裂源、疲劳区、瞬断区组成，其中断裂源不止一个，瞬断区所占面积大。

颤振边界与发动机的共同工作线较为接近是叶片发生颤振的主要原因。当叶片发生颤振时，叶片所受应力会迅速增大，其振动应力最大可达 400 MPa，此时叶片同时承受离心载荷、气体载荷及颤振引起的振动载荷。伴随着颤振的发生，发动机会发出巨大的"啸叫"声。

判断叶片发生的断裂失效是否是由颤振引起的，主要有两种办法，一是判断断裂发生过程中的特征是否符合上述特点；二是将断口与在颤振试验中获得的断口进行比对。

可能发生叶片颤振的工作转速范围比较大，这与叶片机械激振力引起的共振截然不同，后者发生于一些特定的转速下。因此，通过改变发动机的转速或者改变叶片的固有频率，无法减小发动机叶片发生颤振断裂失效的概率，有如下几个方法可以减少叶片的颤振断裂失效。

（1）改进压气机设计，使流场稳定，具体的措施有：改善进气道气流、优化导向器出口角、调整叶片部分扭角、合理使用放气活门等。

（2）增大叶片的阻尼，使颤振不能发生。

（3）改进叶型，由式（2-6）可知，增大叶型弦长 b，可使频率参数 λ 变大，从而减少颤振的发生。

（4）采用错频叶片转子。叶片的颤振从本质上说是同级叶片中出现了同频（同相位）振动，因此增大同级叶片的频差（错频），相当于增加叶片与气流之间的耦合效应，也增加了叶片与轮盘间的弹性耦合效应。也就是说，耦合效应越好，叶片发生颤振所需要的外部激励的能量也就越多；反之，当能量一定时，耦合效应越大，叶片越不易振动。

3. 转子叶片扭转共振疲劳断裂失效

叶片扭转共振疲劳断裂失效是叶片的另一种失效形式，与颤振疲劳断裂失效多发于压气机叶片不同，扭转共振疲劳断裂失效不仅会发生于压气机叶片，也会发生于涡轮叶片，其失效特点是沿扭转共振节线的掉角断裂。扭转共振疲劳断裂失效一般是高周疲劳断裂失效，具有如下几个特征。

（1）具体的断裂失效表现为叶片发生掉角断裂，且断面位于扭转共振节线附近，如图2-12所示。

（2）叶片断面上可以观察到非常细密清晰的疲劳弧线，如图2-13所示。

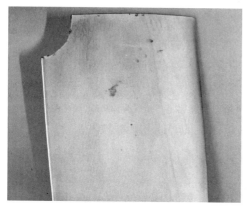

图2-12　扭转共振导致的叶片掉角[21]　　　　图2-13　断面上的疲劳弧线[22]

（3）断面一般从叶背面向叶盆面扩展，疲劳区面积约占断口面积的80%，断口的宏观形貌如图2-14所示。

图2-14　断口的宏观形貌[21]

（4）所有的扭转共振疲劳断裂失效都起源于点蚀坑或外物导致的损伤处，如图2-15所示。

叶片发生扭转共振与叶片表面存在损伤(点蚀坑与外物损伤)是叶片发生扭转共振断裂失效的两个必要条件。至于哪个条件是导致断裂失效发生的主要原因,可通过对叶片进行剩余疲劳强度测试来确定。叶片的剩余疲劳强度是指对已经在使用中受到损伤的叶片进行疲劳试验得到的叶片强度,它可以反映叶片抵抗损伤的能力,也可以用来表征这些损伤对叶片强度带来的负面影响,是估算叶片剩余寿命及评定叶片可靠性的关键。

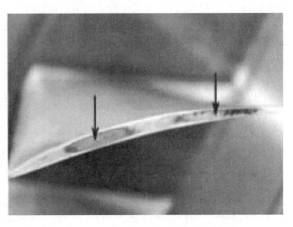

图 2-15　叶尖上的磨损[21]

4. 转子叶片的弯曲振动疲劳断裂失效

弯曲振动疲劳断裂失效是转子叶片最常见的失效形式,通常属于高周疲劳断裂。断裂循环次数 N 与叶片所处的位置有关,一般来说,压气机叶片的断裂循环次数 N 为 $10^6 \sim 10^7$,涡轮叶片为 $10^5 \sim 10^{6[5]}$。断裂位置则与振型密切相关,例如,对于一阶弯曲振动导致的断裂,断面一般位于距叶根 1/4 的叶片总高度上。

叶片弯曲振动疲劳断裂的疲劳源多位于叶片边缘(进气边或排气边)或叶背的中间,如图 2-5 所示的 A、B、C 三点,从外表面向叶片内部扩展,大多呈单源特征。图 2-16 展示了某镍基铸造叶片因弯曲振动疲劳导致的断裂断口形貌,图(a)为断口宏观形貌,图(b)为起源区形貌,图(c)为扩展区疲劳特征。由图可见,断口较为平坦,起源区未见冶金缺陷;断裂起源于排气边附近的叶盆侧面;扩展区有明显的疲劳扩展弧线,疲劳条带细密。因此,可根据断口的特征(断裂部位、断裂源位置、断裂走向等)大致判断断裂是否属于弯曲振动疲劳断裂及导致断裂的振型。

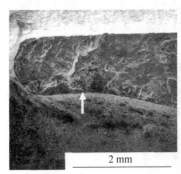
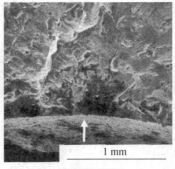

(a) 断口宏观形貌　　　　　(b) 起源区形貌　　　　　(c) 扩展区疲劳特征

图 2-16　弯曲振动疲劳断裂断口形貌[23]

在转子叶片的各阶振型中,一阶弯曲振动最常见,危害性也最大。这是由于一阶振动出现在叶根附近,这恰恰也是整个叶片中离心拉应力最大的部位。另外,叶片如果发生由一阶弯曲振动引起的断裂,一般断裂部分的体积也很大(3/4 个叶片),将对发动机的其他部分造成严重的损伤,甚至对整架飞机的安全产生危害。因此,应当避免在发动机工作状态下出现剧烈的振动,这是在设计之初就要考虑的问题。然而由于发动机的零件众多、结构复杂,加上制造装配过程中出现的偏差,发动机有可能在某个过渡转速下发生共振,但是要极力避免叶片在这一过渡转速下发生一阶弯曲共振,主要的方法有控制叶片静频、增加阻尼等,另外,提升制造与装配工艺也可以提升叶片的疲劳抗力。

5. 转子叶片的高温疲劳断裂失效与热损伤疲劳断裂失效

1)高温疲劳断裂失效

高温疲劳断裂失效是指因蠕变和疲劳发生作用导致的断裂失效。在发动机中,后几级的压气机叶片与涡轮叶片处于高温工作环境中,叶片承受了较高的热应力与振动应力,易出现蠕变损伤与疲劳损伤。图2-17展示了涡轮转子叶片高温疲劳断裂失效的宏观形貌图,图2-18为断口的微观形貌图。

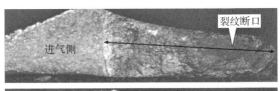
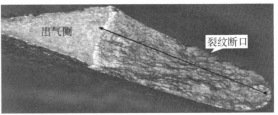

图2-17 断口宏观形貌[24]

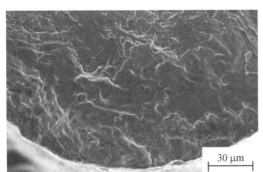

(a)起源区沿晶形貌

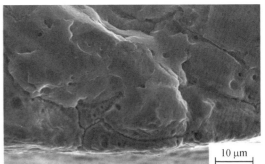

(b)晶面磨损及高温氧化形貌

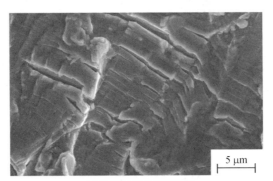

(c)扩展区疲劳条带形貌

图2-18 断口微观形貌[24]

温度的高低、交变应力的大小和交变的频率都会影响断口形貌。首先,高温疲劳断裂失效出现的先决条件是温度大于或等于叶片材料的临界蠕变温度,低于此温度时,疲劳裂纹以穿晶方式萌生,属热机械疲劳范畴。其次是应力循环的波形及其幅值,如果应力呈连续的高频循环,其最大应力低于蠕变临界值时,出现的沿晶开裂主要归因于晶界氧化;如果循环应力的波形呈方形且频率较低,其最大应力高于临界值时,所出现的沿晶开裂属于蠕变与疲劳交互作用下引起的高温疲劳断裂失效。综上可知,必须同时出现如下三个条件,才能将转子叶片出现的疲劳断裂失效判断为高温疲劳断裂失效:

图 2-19　瞬断区沿晶断裂微观形貌[25]

(1) 叶片断口的疲劳起源区符合沿晶断裂特征,如图 2-19 所示;

(2) 叶片断裂处温度大于或等于材料的临界蠕变温度($0.3T_m \sim 0.5T_m$);

(3) 叶片断裂处只承受波形为方形的离心拉应力而无高频振动弯曲应力,其应力水平大于材料在该温度下的蠕变极限或疲劳极限。

2)热损伤疲劳断裂失效

叶片在设计过程中,抵抗蠕变与疲劳作用的能力是重要的设计指标,因此叶片一般很少出现高温疲劳断裂失效,这一点也在国内外长期的发动机使用实践中得到了验证。高温会引起另一种常见的损伤形式——热损伤,热损伤同样也会引起叶片断裂失效,这种形式的断裂在涡轮叶片中较为常见。

发动机叶片的热损伤是指工作中的发动机出现不正常的工况(喘振、进气道畸变、燃油调节不良、喷嘴雾化不良及操作失误等),导致短时间内超温,从而引起叶片过热或过烧的现象。

叶片发生热损伤疲劳断裂失效的根本原因是叶片承受了设计值以上的温度,即超温运转。根据超过规定温度的程度,超温运转分为过热超温和过烧超温,两者的界限是工作温度是否超过了叶片材料的固相线:若工作温度高于设计值,但未超过材料的固相线,则为过热超温;若工作温度超过了材料的固相线,则为过烧超温。

另外,叶片超温还可以按时间长短分为短期超温和长期超温。短期超温指时间在几秒到几分钟之内的超温,可以是过热超温,也可以是过烧超温,它对叶片的损伤大都局限于叶片的进气边,产生的主要原因是发动机发生喘振、进气道畸变或操作失误等。长期超温指超温时间达到几十分钟及以上,表现为整个叶片的横断面上均出现过热损伤,产生原因主要是发动机温度裕度不足、燃油喷嘴雾化不良或燃油调节器故障等。

6. 转子叶片的微动损伤疲劳断裂失效

微动损伤引起的转子叶片疲劳断裂失效有两种情况。第一种情况,转子叶片与轮盘的榫头连接处往往存在一定的间隙(补偿高温产生的膨胀量,降低其热应力),这就导致

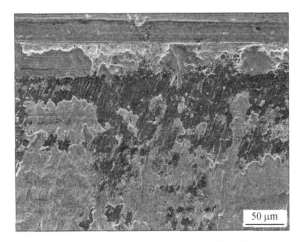

图 2‐20　叶片榫头接触痕迹边缘存在纵向摩擦痕迹[26]

了结合面之间可能发生微小滑动,极易出现微动损伤,这是转子叶片因微动损伤而导致疲劳断裂失效的主要情形,图2‐20展示了某钛合金压气机叶片叶盆侧榫头表面的接触损伤痕迹。

还有一种叶片微动磨损是带冠叶片的叶冠发生磨损,导致叶冠之间的间隙增大,致使叶片所受的振动应力、扭转应力也相应增大,进而导致叶片在危险截面处发生疲劳断裂。

为了降低和防止接触面之间的微动损伤,可采取如下措施:

(1) 对叶片与盘的制造材料进行优化,使两者的线膨胀系数尽可能接近或尽可能地低;

(2) 在可能的接触表面制造残余应力,如采用喷丸、冷滚压等工艺处理材料表面;

(3) 减小材料的摩擦系数,可在接触面上镀上一层摩擦系数低的材料或涂以干膜润滑等;

(4) 根据材料的线膨胀系数,正确地控制装配间隙。

7. 转子叶片腐蚀损伤疲劳断裂失效

转子叶片在其工作环境中极易受到腐蚀(化学腐蚀、电化学腐蚀等),主要的腐蚀损伤形式有点腐蚀、晶间腐蚀、应力腐蚀、剥蚀和高温腐蚀等。这些腐蚀损伤会降低叶片的疲劳强度,若上述腐蚀发生在叶片的危险截面附近,则极易萌生裂纹,成为疲劳断裂的源头。图2‐21展示了某型发动机压气机叶片进气边的腐蚀坑。

1) 点腐蚀

点腐蚀主要是由叶片表面损伤引起的,压气机的前几级叶片容易受到外物(砂石、冰粒等)损伤,这些损伤不仅破坏了叶片表面的涂层,使叶片完整性受损,还会导致腐蚀介质(如氯离子、硫离子等)滞留在这些外物损伤坑内,从而导致点腐蚀的发生。当点腐蚀发生之后,随着发动机工作时数的增加,点蚀坑会逐渐加深,进而影响转子叶片的疲劳寿命。图2‐22展示了点腐蚀导致的转子叶片断裂的断口形貌,图2‐23展示了断裂叶片进气边的腐蚀情况。除此之外,环境也会对叶片点腐蚀造成影响,例如,长年在沿海地区使用的转子叶片更易受到点腐蚀,因为沿海地区空气湿度大,空气中的氯离子丰富,这些因素

图 2‐21　某发动机压气机叶片进气边的腐蚀坑

图 2‐22　叶片断口形貌[27]

都会加快点腐蚀的速度。为了提高叶片的使用可靠性，对经一次使用寿命的叶片，可用抛光法将点蚀坑清除，这种方法可以将叶片的疲劳强度恢复到接近新叶片的水平。

2）晶间腐蚀

受晶间腐蚀损伤的叶片有三种典型形貌：① 点蚀坑底部出现沿晶开裂；② 叶片表面出现均匀的沿晶裂纹；③ 出现沿着拉长的晶粒边界开裂的裂纹。

晶间腐蚀损伤叶片的宏观表现为，叶片表面会出现沿晶剥落掉块，这会破坏叶型，使叶片的力学性能降低，极易

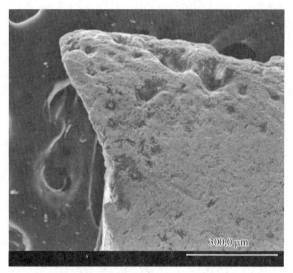

图 2-23　断裂叶片进气边腐蚀情况[27]

导致疲劳断裂失效，尤其在点蚀坑底部出现的沿晶开裂对疲劳性能的影响最为明显。

3）应力腐蚀

由于应力腐蚀是在拉应力、环境及材料的敏感性这三种因素处于特定组合条件下出现的脆性断裂，应力腐蚀是所有腐蚀损伤中危害性最大的一种。

由应力腐蚀引起的断裂失效，其断裂形式大多是沿晶脆断，有时也会出现穿晶解理脆断，或者沿晶与穿晶混合断裂。因此，断口的宏观特征表现为断面平坦且与主应力垂直，无宏观塑性变形，无剪切唇，断面灰暗，断裂起源于表面，断口上有腐蚀产物。

应当注意的是，无论是压气机转子叶片还是涡轮转子叶片，完全由应力腐蚀损伤导致的断裂失效是罕见的。另外，应力腐蚀是一种局部性的腐蚀，其导致的裂纹往往深浅不一、十分细小且被腐蚀产物覆盖，从外观上难以发现，对于转子叶片来说，即使交变载荷不大，应力腐蚀裂纹也会很快发展成为疲劳断裂失效，因此转子叶片的应力腐蚀损伤危害性极大。

由于应力腐蚀损伤与材料的应力腐蚀敏感性有关，且应力腐蚀裂纹的深浅不一，一旦发现叶片出现应力腐蚀损伤，一般不宜采用表面修磨清除的方法，而应将其报废更换。

4）高温腐蚀

转子叶片的高温腐蚀是涡轮转子叶片中一种较为常见的腐蚀损伤形式。高温腐蚀可以分为四种：高温氧化、热腐蚀、碳化和烧蚀。在这几种高温腐蚀损伤中，以热腐蚀在涡轮转子叶片中较为常见。热腐蚀主要发生在涡轮叶片的进气边和叶盆面上，以不规则的"瘤"状分布为主，也有掉块，如图 2-24 所示。

涡轮转子叶片易受到热腐蚀损伤，主要原因如下。

（1）从燃烧室排出的高温燃气中含有 $CaSO_4$、Na_2SO_4 等硫酸盐类腐蚀性物质，这些物质会在高温作用下以熔融状态附着在叶片的进气边与叶盆面上，与叶片涂层发生反应，使涂层受到破坏而剥落掉块。

(a) TP347耐热钢　　　　　　　　(b) 超高速激光熔覆Inconel 625合金涂层

图 2‐24　涡轮叶片受热腐蚀形貌[28]

（2）在燃气流的冲刷作用下，硫酸盐类腐蚀性物质会直接与叶片基体材料发生反应，形成硫化物与氧化物，随着发动机工作时间的增加，腐蚀越来越严重，最终导致叶片失效。

可采取如下措施预防涡轮转子叶片出现热腐蚀损伤失效：

（1）改善叶片的表面状态，如利用喷丸工艺处理叶片表面，以增强防护涂层的结合力；

（2）改进防护涂层工艺，利用多元涂层取代单元或双元涂层；

（3）采取叶片冷却措施，降低叶片的工作环境温度，如采用空心涡轮叶片等；

（4）定期去除叶片上的腐蚀性附着物，如定期水洗发动机等。

8. 转子叶片榫头部位失效的基本模式

转子叶片榫头部位的失效模式可大致分成以下三类：① 微动损伤疲劳断裂；② 榫头槽底蚀坑；③ 局部应力增大导致的疲劳断裂。

转子叶片的微动损伤疲劳断裂失效已在前面介绍过，此处不再展开。转子叶片安装槽底很少出现点蚀，工程实际中，在两起叶片榫头根部槽底点蚀现象中均未检测到氯离子、硫离子等，且点蚀坑底表面光滑、完整，未发现点蚀坑底的开裂现象，甚至未见晶界有弱化现象，所以该点蚀很可能是由装配过程中残留的电解液引起的[5]。接触状态不良导致的局部应力增大会引起叶片榫头部位的疲劳断裂失效，由于是从榫头处断裂，甚至会连同盘的榫头一起飞出，碎片的质量大、速度高，极易造成重大事故。

2.1.5　预防叶片失效的主要措施

预防叶片失效是一项贯穿始终的工作，包括从设计、材料、制造、使用维护等方面来预防叶片失效。其中，使用维护方面主要是尽量保证叶片工作在许用范围内，并且按照规范进行维护与修理，本章不展开叙述。选材方面，受到材料性能的限制，一般会根据需求选取适合的材料，如选取耐高温、耐腐蚀的材料制造涡轮叶片等。除此之外，可以通过设计与制造两个方面来预防叶片失效，提高叶片使用可靠性，接下来将从这两个方面进行介绍。

1. 对叶片进行合理的设计

设计上出现问题大多是因为对生产、制造和使用条件的复杂性考虑不周，或者是受当时设计水平的限制而导致的，缺乏在复杂结构或复杂应用条件下对叶片受力（包括环境）状态的完善分析，使叶片实际承受的外载荷超过叶片本身所能承受的抗力而导致叶片失效。因此,在叶片的设计过程中应考虑以下情况。

(1) 对几何形状复杂的叶片进行精确的力学分析,防止造成局部应力过高。由于现代涡轮发动机的涡轮前燃气温度日益升高,目前的材料(镍基高温合金)难以满足要求,且复合材料、陶瓷叶片目前还难以在工程中大规模使用,目前提升叶片使用温度的主流方法是叶片内部通入冷却气体和在叶片表面使用高温涂层,这就要求叶片内腔的几何形状较为复杂,从而可能导致叶片的名义应力增大,应力集中区域增多,对设计的要求就相当苛刻。因此,应尽可能减小叶片所承受的应力。

一般可用古德曼(Goodman)准则表达受力学因素控制的零部件的安全系数,例如,对于叶片的安全系数,采用 Goodman 准则,其表达式如下:

$$n = \frac{1}{K_f \dfrac{\sigma_a}{\sigma_{-1}} + \dfrac{\sigma_m}{\sigma_{0.2}}} \qquad (2-7)$$

式中,n 为安全系数;K_f 为弯曲应力集中系数;σ_a 为振动弯曲应力(MPa);σ_m 为离心应力(MPa);σ_{-1} 为叶片使用温度下的疲劳强度(MPa);$\sigma_{0.2}$ 为叶片使用温度下的屈服强度(MPa)。由式(2-7)可知,当叶片强度一定时,要想提高叶片的安全系数,就要尽量降低叶片的振动弯曲应力和离心应力。

(2) 深入系统地分析叶片自振频率分散带与系统某一振动频率可能干涉的情况,避免因共振而造成超载断裂失效。

(3) 综合分析叶片工作温度范围内所承受的载荷类型、大小与叶片材料力学性能之间的关系,避免指标不匹配造成的超载失效。尤其是对于定向凝固叶片,要特别注意所受载荷与横向性能的关系。

(4) 对于钛合金制造的叶片,在设计时要考虑其损伤容限及制造过程中的微小加工缺陷对叶片抗力的影响。

2. 提高叶片的制造质量

总的来说,因制造环节失误导致叶片失效的情况要多于因设计失误而导致叶片失效的情况。并且前面提及的改进叶片抗力的方法都要在制造这个环节加以控制,其中控制叶片的表面质量与冶金质量最为重要。

提高叶片表面完整性对于预防叶片的早期失效极为重要。提升叶片表面完整性最有效和最实际的工程方法是表面喷丸强化。喷丸强化的原理是将高速弹丸流喷射到零件表面,使零件表层发生塑性变形,从而形成一定厚度的强化层,强化层内形成较高的残余应力,由于零件表面压应力的存在,零件承受载荷时,可以抵消一部分应力,从而提高零件的疲劳强度。喷丸强化具有以下几个特点。

(1) 应力集中表面的喷丸强化效果比光滑表面更好。

(2) 喷丸强化对疲劳极限的提高幅值随温度的升高而下降。

(3) 喷丸使材料的表层产生以下两种主要变化:① 引入残余压应力场;② 循环塑性变形导致表层材料的组织结构变化(如位错密度增大或减小、亚晶粒变化、相转变等)。残余压应力场的存在是改变室温、中温疲劳强度和应力腐蚀抗力的主要强化因素,而组织结构的变化是影响材料高温疲劳性能的主要因素。

（4）大量金属材料的疲劳断口观察结果表明，凡是经过合理的表面喷丸强化处理的试样，其疲劳裂纹均萌生于亚表面（即表皮下）。而未经表面强化处理的试样，其疲劳裂纹绝大多数情况下萌生于外表面。裂纹萌生位置的不同，疲劳裂纹表现出极大差异。

对于压气机低温端转子叶片，残余应力强化和组织强化同时起作用；对于压气机高温端转子叶片和涡轮转子叶片，主要的强化机制是组织强化。此外，喷丸强化工艺也常用于轮盘、轴等零件，可提高其疲劳寿命。

2.2 压气机盘和涡轮盘

2.2.1 压气机盘与涡轮盘的功能要求及结构特点

压气机盘、涡轮盘及与盘连成一体的鼓筒、封严篦齿等统称为盘类零件。图 2 - 25 所示的剖面图中，左端为压气机盘，右端为涡轮盘。

图 2 - 25　发动机高压转子剖面图

轮盘的结构形式与转子的结构形式相关联。转子的结构形式有三种：鼓式、盘式和鼓盘混合式，如图 2 - 26 所示。不同形式的转子有着不同的结构特点，具体如下。

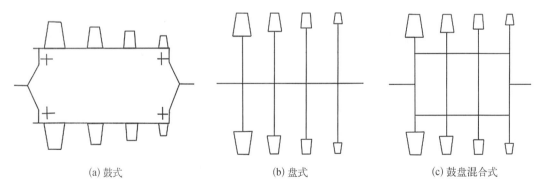

(a) 鼓式　　　　　　　(b) 盘式　　　　　　　(c) 鼓盘混合式

图 2 - 26　轴流压气机转子基本结构

（1）鼓式转子为圆柱形或圆锥形鼓筒，利用安装边和螺栓与轴相连接。在鼓筒外壁面有安装工作叶片的环形槽或纵向燕尾槽。在工作过程中，鼓筒承受和传递载荷。通常情况下，鼓式转子用于低压压气机、风扇和高压压气机，这些工作部位的温度相对较低。

（2）盘式转子由一根轴或若干个轮盘组成，用轴将各级轮盘连在一起，盘缘有不同形式的榫槽,用以安装叶片。工作过程中,轴传递扭矩,叶片的载荷由轮盘承受,多用于级数少的涡轮转子。

(3) 鼓盘混合式转子由盘、鼓筒和轴组成。按盘、鼓和轴的连接种类,又可分为两种:可拆卸式和不可拆卸式。鼓盘混合式转子兼顾鼓式转子和盘式转子的优点,具有良好的刚性和较高的强度,并且广泛应用于压气机和涡轮中。

轮盘的工作条件极为严酷,需要承受多种载荷的作用,这些零件都在高速旋转状态下工作,因此会承受较高的离心负荷和振动负荷。此外,在高压端还要承受热负荷(后几级压气机盘和涡轮盘),以及环境介质的腐蚀与氧化作用。

轮盘一旦发生断裂失效,大多会造成非包容性破坏,后果往往是灾难性的,因此盘类零件是现代民航发动机的关键件。深入分析和研究盘类零件的失效模式、失效机制,总结出相关的规律,采取有针对性的预防措施,对于提高航空发动机的可靠性和安全性有着十分重要的意义。

2.2.2 轮盘的载荷及载荷谱

1. 轮盘承受的载荷

在所有盘类零件中,压气机盘与涡轮盘所承受的载荷最大,也是承受载荷最为复杂的零件。压气机盘与涡轮盘在工作时,主要承受如下几种载荷。

1) 轮盘旋转产生的离心载荷

发动机工作时,轮盘要承受因自身高速旋转而产生的离心载荷,该离心力可表示为

$$dc = dmr\omega^2 = \rho r^2 \omega^2 h dr d\theta \qquad (2-8)$$

式中,ρ 为轮盘材料密度;ω 为轮盘旋转的角速度;h 为轮盘半径为 r 处的厚度。

在已知轮盘结构材料的基础上,由式(2-8)可知,离心力与转速的平方成正比。在轮盘本身离心载荷的作用下,轮缘处的周向应力 σ_t 和径向应力 σ_r 比较小,而在轮盘盘心处的周向应力和径向应力最大;对于开有中心孔的轮盘,中心孔处的周向应力又比实心盘大得多。因此,盘中心孔及附近的沟、槽和孔等边缘处往往是应力导致开裂的关键部位。

2) 轮盘外载荷

在轮盘高速旋转时,与轮盘相连的转子叶片、锁片、挡板、螺栓、螺帽及销等部件产生的离心负荷也加在轮盘上,这些外加载荷对轮盘的强度均有重要影响。另外,由叶片离心力和气体力所产生的合力及合力矩也会影响轮盘的强度,由于这些力或力矩是通过叶片榫头传递给轮盘的,对轮盘强度的影响主要表现在轮盘的榫槽附近。

3) 热负荷

热负荷又称热应力。热负荷对轮盘强度的影响仅次于离心应力。涡轮盘和高压压气机后几级轮盘在高温环境下工作,使得材料的抗力降低。并且温度在沿轮盘半径方向上分布不均匀,导致轮盘不同半径处的膨胀变形也不相同,因而会产生很大的热应力。轮盘上的温度分布较为复杂,主要取决于材料、冷却方式、发动机工作状态等因素。

4) 协调负荷

鼓筒、封严篦齿等零件与盘相连,一起高速旋转,通常情况下鼓筒的变形大于轮盘,轮

盘因限制鼓筒的变形而承担的负荷称为协调负荷。盘与鼓筒之间各自的自由变形的差值大小影响协调负荷的大小,也就是说与其相互之间的连接半径有关。两者的连接半径与"恰当半径"(该半径上,两者各自的变形相同,不产生协调负荷)的差值越大,则加给盘的协调负荷越大。

5) 压差

发动机的气流通道中气流压力分布不均,这就导致轮盘前后存在由气体力造成的压差。不开偏心孔(减压孔)的轮盘产生压差,应予以高度重视。

6) 扭矩

压气机的转动是靠涡轮转子产生的功率带动的,在传递功率的旋转零件上存在扭矩的作用,该扭矩随着传递功率的增大而增大。鼓盘混合式转子和盘式转子的应力较小,可不考虑。对于涡轮盘与轴连接的传扭,通常有销钉连接传扭、紧度螺栓连接传扭、一般螺栓连接摩擦传扭等方式,这些情况下,扭矩产生的剪切应力均会对销钉或螺栓孔处产生不利影响。

7) 轴向力

压气机转子前后压力不一致,转子后面的压力高于前面,故产生向前的轴向力。涡轮转子与之相反,涡轮转子后面的压力低于前面,从而产生向后的轴向力,该轴向力随着转子直径的增大而增大。

8) 盘与轴的过盈配合

盘与轴的过盈配合使盘产生装配应力,过盈配合量、盘与轴的尺寸、材料及盘上受到的载荷等因素均会对装配应力的大小产生影响,装配应力会导致盘的应力腐蚀失效。

9) 振动载荷

引起振动载荷的主要因素有:① 通过叶片传来的周期性不均匀气体力;② 盘表面所受的周期性不均匀气体力;③ 通过相连的轴、连接环或其他零件传给盘的激振力,典型的有转子不平衡力、封严篦齿环引起的激振力等;④ 多转子涡轮叶片之间存在的复杂干扰力。

以上因素都会引起盘、片系统的振动。有关盘的振动及其特征在下面予以介绍。

2. 轮盘的载荷谱

前面分析了轮盘所承受的载荷,这些载荷使轮盘产生应力,从而造成轮盘变形过大、应力断裂和振动等强度问题。通常情况下,轮盘载荷是随着发动机工作的时间历程而变化的,轮盘的这种"载荷-时间历程"称为轮盘的载荷谱。载荷谱的变化必然引起应力大小和方向(拉与压)的变化,从而在轮盘的关键部位产生高/低周疲劳或者低周疲劳与蠕变的交互作用。

离心应力和热应力是引起轮盘低周疲劳的主要应力,所以轮盘载荷谱主要为转速谱(轮盘的"转速-时间历程")和温度谱(轮盘的"温度-时间历程")。风扇、低压压气机和前几级高压压气机的温度或温度梯度相对较小,所以主要考虑转速谱。涡轮盘和后几级高压压气机的温度或温度梯度相对较大,因此还需考虑温度谱。

1）转速谱

载荷谱中最为重要的是转速谱,轮盘转速谱可以根据具体的飞行任务来确定。由转速谱引起的应力变化的频率一般都很低,也称为低频应力循环。转速谱一般由三部分组成:

（1）从起动到中间或中间转速以上,再回到停车的循环,称低频循环(low frequency cycle, LFC);

（2）从慢车到中间或中间转速以上,再回到慢车的循环,称全油门循环(full throttle cycle, FTC);

（3）从巡航到中间或中间转速以上,再回到巡航的循环,称部分油门循环(partial throttle cycle, PTC)。

任一转速谱都可处理成这三种循环的组合,即任一转速谱都可分为一个主循环(LCFC)和若干次循环(FTC 和 PTC)的组合。

发动机轮盘转速谱可以是设计任务循环,或者是经过简化的三循环谱,两者的差别在于设计任务循环更加符合实际情况,但使用较为麻烦,而三循环谱相对简单。图 2-27 为典型的设计任务循环,用于发动机轮盘寿命的分析和评定,以及发动机寿命的考核。通常状况下,由转速谱循环造成的轮盘低周疲劳损伤(即寿命)约占总损伤(总寿命)的 70%。

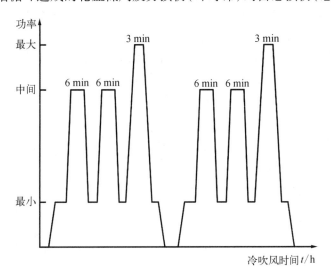

图 2-27　发动机典型设计任务循环

2）温度谱

轮盘的强度和低周疲劳寿命受到轮盘上不均匀温度场的影响。飞机在起飞加速阶段和减速至慢车或停车阶段时,轮盘上的温度场分布相反,热应力的方向也相反,故造成低周疲劳损伤。

典型的温度谱由过渡区、稳定区和反向温度区三部分构成。在过渡区中,轮缘温度升高速率要高于轮盘中心孔,通常在达到最大转速后的 1~3 min 内,轮盘上出现最大温差。当发动机处于慢车状态及发动机暖机时间短,或者直接加速至高速转动状态时,盘上的温差会更大。在稳定区,轮盘温差较小,轮缘温度稳定。反向温度区是由于轮盘"热透"后,发动机减速并持续一段时间,导致轮缘温度低于轮盘中心孔处的温度,从而形成很大的反向温差。轮盘典型温度谱如图 2-28 所示。

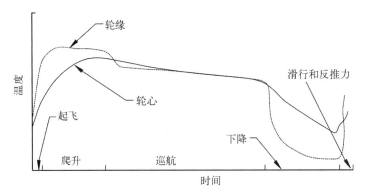

图 2-28　轮盘典型温度谱

3. 载荷谱对轮盘关键部位寿命和强度的影响

1)轮盘关键部位的应力变化

在载荷谱的作用下,轮盘的关键部位(如轮盘盘缘榫槽、辐板偏心孔、中心孔和其他几何不连续部位)往往表现出不同的应力-应变循环特征,在失效分析中有必要对这些特征进行分析。

图 2-29 和图 2-30 为动机在加速和停车过程中,轮盘应力的周(切)向分布示意图。在加速过程中,离心应力在中心处达最大,在轮缘处最小,而在此瞬态过程中,盘中心孔处的热应力为拉伸应力,轮缘为压应力。进入稳定状态后,离心应力基本不变,但热应力相

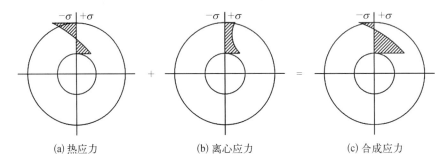

图 2-29　发动机在加速过程中轮盘应力沿周(切)向分布示意图

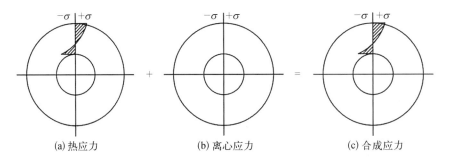

图 2-30　发动机在停车过程中轮盘应力沿周(切)向分布示意图

对减小。在停车过程中,转速趋于零,因而离心应力趋于零;而在此稳定过程中,热应力又达到较大值,且中心处为压应力,而轮缘为拉应力。

2)轮盘关键部位的应力-应变循环特征

(1)盘中心孔部位的应力-应变循环特征。在发动机起动加速过程中,盘中心处的离心应力和热应力均为拉伸应力(周向应力),两者叠加后应力数值变大,另外中心孔处还存在应力集中,多种应力的叠加很可能超过材料屈服极限,进而产生较大塑性区。当发动机处于停车过程时,转速降低并趋于零,已产生的塑性变形不能恢复,而塑性区周围的区域却处于弹性状态,它们对塑性区材料形成挤压,造成挤压应力,加之热应力(此时也为压应力)的存在,两者叠加在轮盘中产生较高的压应力,形成反向屈服,如图2-31所示。

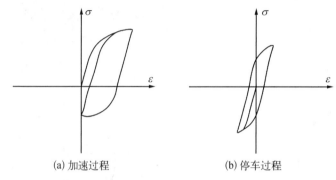

(a)加速过程   (b)停车过程

图 2-31 发动机加速和停车过程中涡轮盘中心孔处的应力-应变循环特征

(2)轮缘槽底处的应力-应变循环特征。轮缘部位由自身质量产生的离心力较小,而与盘相连的叶片产生的离心力较大,其热应力与盘中心孔处差不多。起动加速时,轮缘周向热应力为压应力,而在停车时为拉应力,加上该部位的应力集中,其应力-应变循环特征和图2-31相似。

对于温度较低的轮盘,热负荷很低,主要考虑离心载荷。引起低周疲劳的关键部位主要在轮盘中心孔或盘与轴颈的转接处。

(3)榫齿的应力-应变循环特征。榫齿主要承受离心负荷,并在榫齿根部产生弯曲应力。榫齿处的温度高,温度变化范围大,产生较高的热应力,而且高温材料的疲劳性能降低,并容易产生蠕变。在低周疲劳和蠕变交互作用下,导致榫齿发生早期的低周疲劳断裂失效。

2.2.3 轮盘的振动

出于减重的目的,航空发动机上压气机盘和涡轮盘都做得很薄,因而容易引起振动。

1. 轮盘的振动形式

轮盘的振动一般可以分为以下三类。

1)第一类振动

该振动形式为中心对称,全部节线都是同心圆,又称为伞形振动或节圆振动。第一类振动有两种情况:中心固定和周边固定,如图2-32所示。该振动有许多振型,每一振型对应一个确定的节圆数,节圆数比振型阶次数少 1。例如,最为简单的中心固定的零节圆一阶振动称为零节径/零节圆振动,用符号表示为 0/0;中心固定的二阶振动称为零节径/一节圆振动,用符号表示为 1/0;中心固定的三阶振动称为零节径/二节圆振动,用符号表示为 2/0。第一类振动应力相对较低,但由于最终发生破坏时盘缘容易被甩出,其危险性较大。

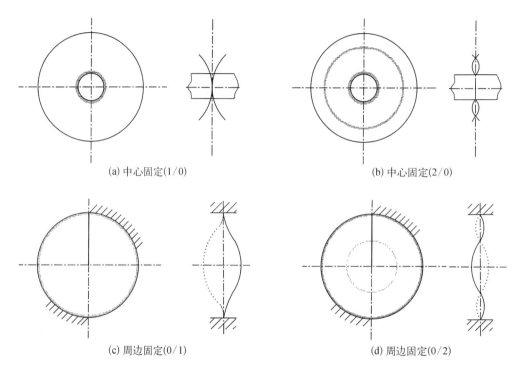

(a) 中心固定(1/0)   (b) 中心固定(2/0)

(c) 周边固定(0/1)   (d) 周边固定(0/2)

图 2-32 轮盘的伞形振动

2)第二类振动

该振动又称为扇形振动或节径型振动,振动形式有两种:中心固定和周边固定,如图 2-33 所示。第二类振动中的振动节线是直线且沿圆盘径向分布,该节线称为节径。在实际情况中,第二类振动最容易引起轮盘断裂失效。

3)第三类振动:复合振动

该振动由两类振动组合而成:伞形振动和扇形振动,如图 2-34 所示。相较于前两类振动,第三类振动的自振频率很高,实际情况中对发动机上轮盘的危害性较小。

2. 轮盘的自振频率及其影响因素

1)轮盘的自振频率

轮盘的自振频率通常可以用等厚薄圆盘的经典频率计算式来计算(误差在 10% 以内),即

$$f_{0/1} = \frac{a_i h_c}{2\pi R}\sqrt{\frac{gE}{12(1-\nu^2)}} \tag{2-9}$$

式中，a_i 为振动系数；h_c 为盘的平均厚度；R 为轮盘半径；E 为材料弹性模量；g 为重力加速度；ν 为泊松比。

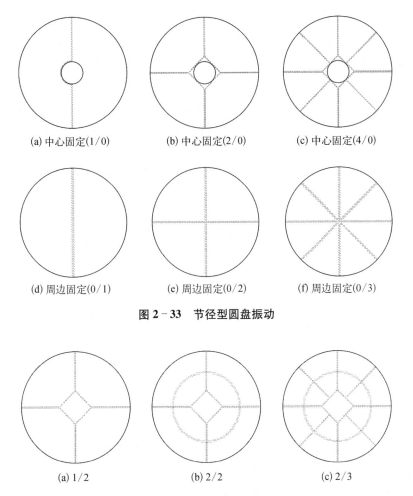

(a) 中心固定(1/0)   (b) 中心固定(2/0)   (c) 中心固定(4/0)

(d) 周边固定(0/1)   (e) 周边固定(0/2)   (f) 周边固定(0/3)

图 2-33　节径型圆盘振动

(a) 1/2   (b) 2/2   (c) 2/3

图 2-34　具有节圆和节径的复合振动

2）影响轮盘自振频率的因素

影响轮盘自振频率的因素主要有：叶片、离心力和温度。

（1）叶片的影响。民航发动机轮盘具有中心孔、辐板厚度不一致等特点，叶片、带加强边等其他特殊结构安装于外缘，这些结构特点均会影响盘的自振频率，其中叶片对自振频率的影响最大。带叶片的薄盘振动是盘和叶片的耦合振动，其振动特性与单个盘的振动特性不同。当盘和叶片耦合振动时，振动情况有别于单个叶片或盘的振动，振动的节圆可能移动到轮盘之外，此类情况应把盘和叶片作为整体考虑。

（2）离心力的影响。当发动机工作时，压气机和涡轮盘承受较大的离心力（叶片和盘本身的惯性力）。轮盘在离心力场中振动需要克服离心力，故该过程产生相应的做功，所以轮盘上的势能由两部分组成：变形能和离心力场的势能，相当于盘的刚性增加，因此自振频率随转速的增大而升高。通常情况下,角速度等于零时的振动频率称为静频,旋转轮盘的振动频率称为动频。动频的计算可采用能量法,计算公式为

$$f_d^2 = f_0^2 + B\left(\frac{n}{60}\right)^2 \tag{2-10}$$

式中,f_d 为动频;f_0 为静频;n 为转速;B 为离心力影响系数,对于不同的边界和阶次,B 的值是不同的。

（3）温度的影响。当发动机处于工作状态时,位置靠后的几级压气机盘和涡轮盘,尤其是涡轮盘的温度很高,随着温度升高,材料的弹性模量会下降。此外,轮盘径向上的温度呈现出不均匀的分布特点,从而产生内应力。因此,轮盘的自振频率会受温度的影响。通常情况下,对于轮心温度低、轮缘温度高的盘,其自振频率低于常温下温度均布的盘。

3. 引起轮盘振动的激振力

引起轮盘振动的激振力在 2.2.2 节中已作相关介绍。

盘面气体压力的变化能够引起盘的共振和盘的自激振动,相关原理类似于叶片的颤振。从叶片传来的激振力,大多是由于周向通道内的气体压力分布不均引起的,例如,在全部火焰筒中有一个气流情况特殊,致使其产生不同的总压损失,从而造成周向流场不均匀,则此火焰筒出口处的涡轮叶片都会突然承受一个比平均值大或小的气体轴向力的作用,这种力对观察者来说是不变的。当 $n = 60f_d/m$ 时,出现"驻波"现象,可能会导致盘的破坏。

多转子发动机涡轮叶片之间有复杂的干扰力,由于各级转子之间的转速有变化,将带来频谱广泛的激振力,叶片和盘都会受到影响。

4. 轮盘的行波振动

1）行波振动

轮盘振动时,会出现两类扇形振动:一类是节径线相对于盘静止不动;另一类是节径线相对于盘产生转动,也称为轮盘的"行波振动"。

旋转轮盘的行波分为顺行波、逆行波和驻波三种,如图 2-35 所示。图中 ω 为轮盘角速率,Ω 为轮盘上的行波转速。当 ω 与 Ω 转向相同时,称为顺行波振动;当两者转速相等时,称为协调顺行波振动;当两者转向相反时,称为逆行波振动;当两者转向相反且转速相等时,称为驻波振动。

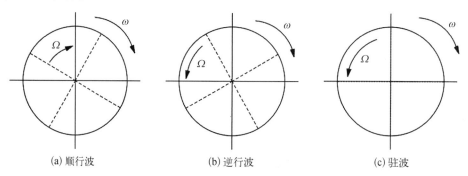

(a) 顺行波　　　　　　　　(b) 逆行波　　　　　　　　(c) 驻波

图 2-35　旋转轮盘的行波

轮盘的扇形振动是由转向相反、转速相等的具有相同频率和相同振幅的两个下弦波叠加合成的。当只有一个波被激起时,轮盘上即出现行波振动,其频率为

$$f_V = f_d \pm K \tag{2-11}$$

式中,$f_V = \Omega_V/2\pi$,为轮盘行波振动频率,Ω_V 为行波相对于地面的绝对角速度;$f_d = p/2\pi$,为旋转轮盘的动频率,p 为振动的圆频率;K 为节经线的数目。式(2-11)右端两项,如果符号相同,则 f_V 为顺行波频率;若符号相反,则 f_V 为逆行波频率。

轮盘行波振动有别于扇形静振动。行波振动过程中,每一波在盘上旋转一周,盘上各质点都先后振动一次,所以同一半径圆环上的各点振幅几乎相等,盘上各质点都将随时间的变化,分别出现波峰、波谷和节径位置,盘上各点所受的交变应力幅和应力值都相等。在扇形静振动时,同一半径圆环上的各点振幅值各不相等,当盘上节径线确定后,盘上处于波峰、波谷上各质点的振幅不相同,其振动应力幅和应力值也不相等。

2)驻波与临界转速

驻波的临界转速是指旋转轮盘发生相对地面不转动的波形时的转速。该时刻,轮盘的行波振动频率为零,即 $f_V = 0$ 时,轮盘出现相对于地面静止不动的峰谷变形,即

$$n_{cr} = \frac{f_d}{K} \tag{2-12}$$

式中,f_d 为旋转轮盘的动频率,$f_d = p/2\pi = \sqrt{f^2 + Bn^2}$,将其代入式(2-12)则得出临界转速:

$$n_{cr} = \frac{f^2}{\sqrt{K^2 - B}} \tag{2-13}$$

式中,f 为轮盘不旋转时扇形振动的自频率;B 为轮盘转动时的影响系数。由试验得出,B 恒大于1,所以当 $K = 1$ 时,轮盘没有驻波临界转速,所以不会产生驻波。也就是说,具有一个节径线的扇形振动,不可能出现驻波振动现象。

当轮盘出现驻波振动时,相对于地面的振动形态不变,极易造成激振能量的聚集,使盘面振幅增大,振动应力增大,从而导致轮盘振动疲劳断裂。因此,发动机轮盘的驻波振动现象是十分危险的,必须设法避免和消除。

3)行波振动的共振特性

轮盘发生共振的条件是激振频率与轮盘的行波振动频率相等,此时轮盘的转速称为共振转速。已知激振频率为 $f_{BB} = Zn$,其中 n 为轮盘的转速,Z 为激振力源的结构系数,该系数为正整数。共振时,$f_V = f_{BB}$,得出轮盘的共振转速为

$$n_{res} = \frac{f}{\sqrt{(Z^2 \pm K^2) - B}} \tag{2-14}$$

当 $Z = 0$ 时,此时轮盘的共振转速与驻波时的驻波临界转速相等,$Z = 0$ 表示激振力等于零,说明没有交变力存在。但只要有恒定的方向不变的作用力存在,便可引发轮盘的驻波振动现象。在发动机运行过程中,此类恒定力经常存在,其振动幅值大于一般交变的激

振力的幅值,因此驻波振动易于发生,也最为危险。

2.2.4 轮盘的失效模式

轮盘的失效模式众多,本节只对具有典型意义的轮盘失效模式、失效原因及机制进行分析探讨。

1. 轮盘的弹性变形失效

对于轮盘结构,弹性变形失效是指所承受的工作载荷和工作温度引起的弹性变形过大,已经影响轮盘正常执行预定功能的能力。

轮盘出现弹性变形失效的情况较少,通常情况下,弹性变形失效出现在对配合间隙要求严格的部位,如轮盘榫槽与叶片榫齿相配合的接触处。由于多数发动机的轮盘和叶片的制造材料不相同,材料的弹性模量和线膨胀系数也不同。当轮盘榫槽与叶片榫齿材料不匹配时,受工作载荷与温度的影响,两者产生的弹性变形量超过它们之间配合间隙的规定范围,就会在轮盘榫槽与叶片榫齿之间产生一定的附加应力,导致在相互接触的配合面上出现擦伤或磨损,严重时会导致失效。

判断是否发生弹性变形失效较为困难,其原因在于,即使轮盘发生了弹性变形失效,在对其进行拆解分析和尺寸测量时,弹性变形也会恢复至初始状态,因此无法确定该部位是否发生过弹性变形及弹性变形的程度。通常从以下几个方面判断是否为弹性变形失效:

(1) 观察轮盘与其他零件相互配合接触的表面上是否存在擦伤或磨损,分析其特征;

(2) 分析计算相配合接触的两种材料在不同温度下的线膨胀系数是否满足相互配合的间隙要求,弹性变形是否超出间隙要求;

(3) 在设计时是否考虑了弹性变形(包括热膨胀变形)的影响。

由外力和温度变化引起的弹性变形失效,通常是设计考虑不周、计算错误或选材不当所致的,因此改进设计是防止出现弹性变形失效的主要措施。

2. 轮盘的塑性变形失效

塑性变形失效是指轮盘所承受的机械载荷或热载荷引起的塑性变形过大,导致轮盘失去正常执行功能的能力。

在发动机运行过程中,轮盘出现塑性变形失效的表现形式主要有两种:轮盘径向伸长变形失效和轮盘辐板屈曲变形失效。

1) 轮盘径向伸长变形失效

塑性伸长和蠕变伸长统称为轮盘径向伸长变形。塑性伸长又称短期伸长变形,是由于短时间内超转或超温而引起的塑性伸长变形;蠕变伸长又称长期伸长变形,是由于长时间工作积累而出现的伸长变形。无论是单一变形模式还是多种变形模式的叠加,总伸长变形量一旦超出规定值即为径向伸长变形失效。该失效模式将引起发动机气动损失,或使轮盘上工作叶片的叶尖与静止机匣内表面相接触而磨损,甚至折断叶片,破坏发动机或引起发动机失火(如钛合金叶片),从而造成安全事故。轮盘径向伸长变形失效的主要特征如下。

（1）轮盘外径明显增大，通常情况下轮盘前后端面外径伸长变形不一致，前端面大，后端面小。

（2）轮盘中心孔变为扩散性的，即进气端面孔径明显大于排气端面孔径。

（3）轮盘中心孔径与轮缘外径相比，两者变化不相同，中心孔径变化大，而轮缘外径变化小，因此轮盘辐板受压，导致轮盘辐板上的冷却孔被压缩成椭圆形，孔边出现皱纹。

（4）在转子分解时，盘与轴有可能自行脱开。

（5）转盘榫齿出现伸长变形，其他部分直径不变。

引起轮盘径向伸长变形的情况有如下几种。

（1）轮盘径向当量工作应力超过材料在工作温度下的屈服强度（$\sigma_{0.2}$），轮盘在弹塑性状态下工作，使轮盘出现径向伸长变形失效。

（2）选材不当或热处理工艺不当。在工作温度下，轮盘所承受的径向应力超过材料的屈服极限，导致塑性变形区相对增大，从而引起轮盘径向伸长变形失效。

（3）轮盘超温，导致外径伸长变形失效。轮盘超温有两种情况，一是燃油系统出现故障，二是轮盘冷却系统出现故障。超温导致强度降低，易出现轮盘外径伸长变形失效。

2）轮盘辐板屈曲变形失效

发动机的轮盘由轮缘、辐板和中心轮毂三部分组成。较大的径向压力会导致轮缘中心面相对于轮毂中心面出现高于规定值的轴向变形失效，即辐板屈曲变形失效。该失效模式会改变转子与静子之间的间隙大小，破坏转子平衡，影响发动机工作效率。

引起轮盘辐板屈曲变形失效的主要因素有如下几种。

（1）当发动机处于最大功率状态时迅速停车，或由高转速状态变为慢车停留状态时，轮盘中心孔部位的温度比轮缘部位温度高，因而轮盘上产生反向温度场。受此影响，轮盘外缘要收缩，而内部阻止其收缩，辐板处没有或者只有很小的离心力来补偿，因而在辐板上产生径向压力，使得辐板发生失稳屈曲变形。

（2）轮盘中心孔部位承受过大的压力，导致局部进入弹塑性状态而产生永久变形，当压力卸载后，外缘弹性变形恢复，往里收缩，内缘的残余变形会阻止外缘的变形恢复，从而在辐板产生径向压力，使辐板发生屈曲变形失效。

（3）轮盘的不对称性、轮盘前后的压差，以及轮盘上的附件，这些因素并不会直接导致轮盘的屈曲变形失效，但它们所产生的力矩会导致轮盘发生变形，当其与前述两种失效因素叠加时，就会导致轮盘屈曲变形失效。

轮盘塑性变形失效易于判断，主要特点是出现明显的塑性变形，将失效件与正常件进行对比即可判定，具体失效原因可通过对其硬度、力学性能进行测定和组织分析得出。

3. 轮盘的低周疲劳断裂失效

在工程零件设计中，通常将 $N_f < 10^4$ 的疲劳断裂失效称为低周疲劳断裂失效，其中 N_f 称为疲劳寿命。一般根据零件的具体使用情况来界定循环次数及高低周疲劳，例如，轮盘在一个飞行循环（即发动机起动—高速运转—停车）中，其工作温度和应力（包括热应力）也随着飞行状态变化。随着循环次数的增加，载荷会在轮盘的薄弱部位（应力集中处）产生塑性变形，如轮盘榫槽槽底、榫齿齿根、通气孔、螺栓孔、销钉孔、中心孔及其他截面突变的转向处等，出现短寿命的低周疲劳断裂失效。

由于轮盘的低周疲劳断裂失效大都是非包容性的,其后果十分严重。因此,各国都十分重视对轮盘低周疲劳断裂机制、影响因素及预防措施的研究。

轮盘承受的上述循环载荷为正常的不可避免的工作循环,该循环又称为主循环。这种循环的频率较低,应力较高,因此这种交变高应力作用下出现的短寿命失效一般称为轮盘的低周疲劳断裂失效。这种失效模式有别于非正常振动(如共振)引起的高频循环应力导致的疲劳断裂失效。实际情况中,出现非正常振动的高频振动应力加上正常工作应力的这种情况也属于低周疲劳断裂失效。低周疲劳断口除具有疲劳断裂的一般特征外,还具有如下特点:

(1)具有多个疲劳源点,且往往为线源,起源区间的放射状棱线多且台阶的高差大;

(2)瞬断区的面积占比较大,往往远大于疲劳裂纹稳定扩展区面积(一些断裂韧度较差材料的高周疲劳断口也是如此);

(3)疲劳弧线间距大,稳定扩展区的棱线粗且短;

(4)与高周疲劳断口相比,整个断口高低不平,尤其是起源区断口与高周疲劳起源区差别较大。

FGH96粉末高温合金广泛用于航空发动机涡轮盘的制造,该合金材料具有众多优点,如晶粒细小、组织均匀、强度高、低周疲劳性能好、裂纹扩展速率低等。图2-36所示为由FGH96粉末高温合金试验件进行低周疲劳试验的断口形貌图。

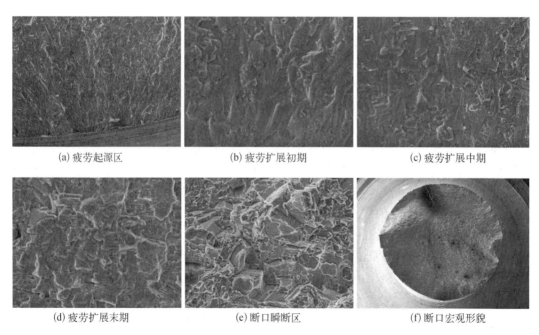

(a)疲劳起源区	(b)疲劳扩展初期	(c)疲劳扩展中期
(d)疲劳扩展末期	(e)断口瞬断区	(f)断口宏观形貌

图2-36　FGH96合金低周疲劳试验断口形貌[29]

4. 涡轮盘榫槽槽底的应力腐蚀开裂

涡轮盘榫槽作为涡轮盘的薄弱部位之一,其槽底裂纹是常见的多发性故障,常见裂纹走向及分布如图2-37所示。图2-37中的1号裂纹是轮盘前端面槽底转角处的裂纹,起始于加工拉刀接口处,沿径向扩展,是最为常见的槽底裂纹;2 号裂纹是轮盘后端面槽底转角处的裂纹,也起始于加工拉刀转角处,沿径向扩展,这种槽底裂纹较为少见;3 号裂纹处于槽底中间,起始于槽底安放锁片处,沿径向与轴向两个方向扩展,这种裂纹较为普遍;4 号裂纹是贯穿槽底后端面的裂纹,是前三种裂纹沿轴向扩展的结果。

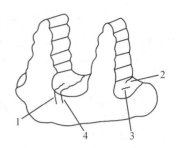

图 2-37　涡轮盘槽底裂纹的走向与分布示意图

5. 轮盘榫齿断裂失效

轮盘榫齿是最容易出现断裂失效的部位,发生轮盘榫齿断裂失效的后果是叶片高速脱离并破坏转子平衡,引发较为严重的飞行事故。轮盘榫齿一般分为两类:一类多用于涡轮盘的枞树形榫齿结构,另一类多用于压气机盘的盘燕尾形榫齿结构。根据受力情况、结构材质和环境介质等因素的不同,榫齿断裂失效主要有两种失效机制。

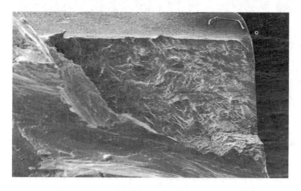

图 2-38　榫齿机械疲劳断口低倍形貌[30]

1）高周疲劳断裂

榫齿断裂失效大都属于高周疲劳性质的失效,其断口形貌如图 2-38 所示,断口处有清晰的疲劳弧线,但没有关于腐蚀损伤的特征。

弯曲应力是导致轮盘榫齿齿根处出现高周疲劳断裂失效的主要原因,叶片质量离心力引起的稳态最大弯曲应力和叶片受激产生一弯谐振而引起轮盘榫齿出现的附加弯曲应力是影响弯曲应力幅值的主要因素。在工作温度下,仅当两者叠加值高于材料的疲劳极限时,才有可能导致断裂失效。

2）腐蚀疲劳断裂失效

如图 2-39 所示为榫齿腐蚀疲劳断裂起源区形貌,断口上有疲劳条带(图 2-40),并且扩展区为沿晶与穿晶混合断裂。

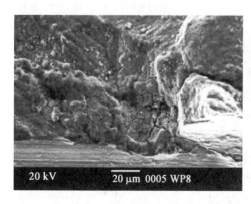

图 2-39　榫齿腐蚀疲劳断裂起源区形貌[30]

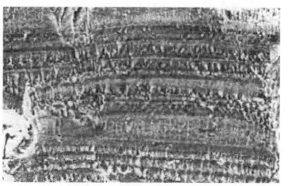

图 2-40　榫齿腐蚀疲劳断裂扩展区形貌[30]

轮盘榫齿的腐蚀断裂失效主要与轮盘材质有关。例如,GH2036合金制造的涡轮盘易出现这种模式的断裂失效,而GH2132、GH4133和GH4169等合金制造的涡轮盘榫齿则很少出现腐蚀疲劳断裂失效[5]。

6. 涡轮盘外缘封严篦齿裂纹

现代航空发动机中,为了获得良好的涡轮转子级间封严效果,并构成冷却空气通道等,通常会在涡轮转子结构中采用篦齿封严盘。涡轮盘外缘封严篦齿所受到的离心力较小,主要承受热应力。长时间工作后,封严篦齿会出现裂纹,裂纹方向由篦齿外端部表面向盘件方向扩展,也有可能在同一圈体上出现多条近似平行的裂纹。封严篦齿典型断口的低倍形貌如图2-41所示,封严篦齿裂纹主要是在热应力作用下引起的疲劳破坏。

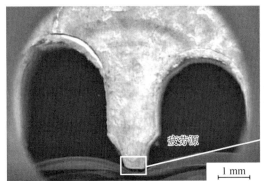

图 2-41　封严篦齿断口低倍形貌[31]

封严篦齿开裂导致高温燃气外泄,降低发动机的工作效率。可采用减小篦齿内外壁厚的设计方式,降低内外温差,或通过调整冷却气路来降低温差,还可以在篦齿上加工几条缺口槽,用于减小热应力。

7. 轮盘的振动疲劳断裂

随着设计水平的提高,因设计问题而引发典型的低阶次振动疲劳破坏事件的可能性大大降低。但受制造工艺、装配工艺、使用维护过程中可能发生的偏离设计等情况的影响,轮盘的高阶次振动失效仍然比较常见。

轮盘在正常工作应力下运转时,往往会发生某一种高阶次振动的叠加,可能会导致轮盘的高周疲劳断裂失效。疲劳失效的原因有很多,由振动引起的疲劳失效称为振动疲劳失效,该情况下的失效需要结合以下几个特点进行综合分析,才能做出比较准确的判断。

(1)根据失效轮盘的断口特征分析是否出现振动。通常情况下,振动引起的轮盘疲劳断裂失效具有大应力高周疲劳特征,原因是轮盘运转过程中振动应力的频率比发动机"起动—运转—停车"的循环应力的频率高,相当于在一个幅值较高、频率很低的平均应力上叠加一个幅值相对较小、但频率很高的交变应力,由此引起的轮盘高频振动应力作用所留下的断裂特征(一般表现为在弧线间出现间距不等的疲劳弧线),与只承受"起动—运转—停车"低频循环应力引起的疲劳断裂失效特征有着明显的差别。

(2)轮盘的断裂与相应的振型具有一致性,断裂起始处位于轮盘某一振型的大应力区(振动节线附近)内,且裂纹沿着与振动应力相垂直的方向扩展,即轮盘的断裂与其相对应的振型有很高的一致性。

（3）轮盘的断裂具有明显的规律,往往会以同一模式在同一部位多次出现。

（4）轮盘断裂起始部位的静强度计算当量值一般低于材料的屈服极限,或低于材料的疲劳强度极限中值。

（5）轮盘疲劳断裂失效的寿命远低于按断裂起始处最大应力值计算出的疲劳寿命。

（6）断裂失效轮盘的材质符合相关技术标准要求,且断裂起源区没有明显的冶金缺陷、加工刀痕及其他损伤痕迹。

在确定是由于振动引起轮盘失效的前提下,还需找出引起轮盘振动的条件,这项工作极其复杂,不仅要确定轮盘的振型、相应的静频与动频、振动应力,还要确定激振力的来源与频率。受轮盘加工误差的影响,轮盘固有频率所在的频带较宽,动频又随叶片的状况、盘片固装状况、温度的变化等变化,因此可能仅有某几台发动机的轮盘出现振动,绝大多数发动机轮盘不出现振动。由于轮盘材料的疲劳性能分散性很大,当某一轮盘出现振动时,不一定导致疲劳断裂失效。只有当轮盘出现了振动,且其疲劳性能又处于下限时,才有可能导致轮盘出现振动疲劳断裂失效。

2.2.5　预防轮盘失效的主要措施

1. 设计阶段

为预防轮盘失效,在设计阶段采取的主要措施有:减少轮盘上的孔和沟槽数目,以达到减小局部应力集中的目的,重点预防高应力区出现小孔;在设计阶段注意改善关键部位裂纹的可检测性;控制轮盘振动应力,防止出现非正常振动,不在共振转速下停留时间过长。

2. 合理选取制造材料

材料是保证轮盘功能和使用可靠性的前提与物质基础,首先要综合考虑材料的有关性能,其力学性能应满足轮盘的静强度设计要求;其次,要有好的抗疲劳性能和较大的临界裂纹尺寸,疲劳裂纹扩展速率要小,疲劳裂纹扩展门槛值要大;再次,缺口敏感性要小,断裂韧性要高;最后,要具有良好的抗腐蚀性能和足够高的应力腐蚀断裂韧度值。以上各项要求之间可能互有矛盾,应综合考虑,选择最佳组合值。

3. 严格控制加工制造质量

在长期的发动机研制过程中,常常因加工制造的质量问题导致轮盘失效。因此,在生产制造过程中,应当严格执行加工工艺规范,尤其要严格控制轮盘热加工工艺(包括冶炼、锻、铸、焊、热处理、表面处理等),以保证轮盘和组织结构的均匀性、一致性和稳定性,减小力学性能数据的离散系数。此外,喷丸强化工艺也是预防轮盘失效的主要措施。

思　考　题

2.1　转子叶片工作过程中主要受到什么力的作用? 如何减少热应力?

2.2　压气机转子叶片与涡轮转子叶片的工作环境有何差异?

2.3　利用转子叶片受到的离心力弯矩平衡其气动力弯矩较为困难,试简述其原因。

2.4 影响叶片振动的因素有哪些？一般从哪几个方面进行转子叶片的振动分析？

2.5 转子叶片的典型失效模式有哪些？

2.6 叶片在何情况下会出现低周疲劳断裂失效？

2.7 压气机转子叶片发生颤振疲劳断裂失效的特点有哪些？如何预防颤振疲劳断裂失效的发生？

2.8 预防叶片失效的主要技术措施有哪些？

2.9 轮盘承受的载荷主要有哪些？至少列出五种。

2.10 绘制发动机加速和停车过程中，轮盘应力沿周向分布的示意图。

2.11 轮盘的振动可分为哪几类？各有何特点？

2.12 轮盘的自振频率通常受到哪些因素的影响？

2.13 轮盘的主要失效模式有哪些？

2.14 描述轮盘径向伸长变形失效的主要特征。

2.15 引起轮盘辐板屈曲变形失效的因素主要有哪些？

2.16 轮盘的振动疲劳断裂失效有哪些主要特征？

2.17 预防轮盘失效的技术措施有哪些？

参 考 文 献

[1]《航空发动机设计手册》总编委会.航空发动机设计手册第8册：压气机[M].北京：航空工业出版社,2001.

[2] 李艳明,迟庆新,刘欢,等.DSM11镍基高温合金表面三种涂层高温性能[J].航空动力学报,2021,36(7)：1499-1508.

[3] 王博,刘洋,王福德,等.航空发动机及燃气轮机涡轮叶片热障涂层技术研究及应用[J].航空发动机,2021,47(S1)：25-31.

[4] 张佩宇,周鑫,李应红.单晶涡轮叶片高能束修复研究进展[J].航空学报,2022,43(4)：154-178.

[5] 陶春虎.航空发动机转动部件的失效与预防[M].北京：国防工业出版社,2000.

[6] KUMAR M S, SUJATA M, VENKATASWAMY M A, et al. Coating failure in compressor rotor blades of an aeroengine[J]. Engineering Failure Analysis, 2006, 14(5)：913-919.

[7] 李彦,都建京,陈星,等.高压压气机转子叶片断裂分析[J].失效分析与预防,2019,14(3)：188-192.

[8] MISHRA R K, NANDI V, BHAT R R. Failure analysis of high-pressure compressor blade in an aero gas turbine engine[J]. Journal of Failure Analysis and Prevention, 2018, 18(3)：465-470.

[9] LI C W, MIAO Z, YANG B Y, et al. Study on foreign object damage law of titanium alloy blade of an aero-engine impacted by sandstone[J]. Strength of Materials, 2022, 54(2)：292-301.

［10］杨百愚,柴桥,李春旺,等.外物撞击航空发动机转子叶片速度估算[J].航空动力学报,2017,32(12)：2842-2847.

［11］柴桥,李均盛,杨百愚,等.外物形状对航空发动机压气机转子叶片撞击损伤的影响[J].应用力学学报,2014,31(6)：825-829,989.

［12］YUPU G, ZHENHUA Z, WEI C, et al. Foreign object damage to fan rotor blades of aeroengine part Ⅱ: numerical simulation of bird impact [J]. Chinese Journal of Aeronautics, 2008, 21(4)：328-334.

［13］航空发动机碳纤维叶片的秘诀：钛碳合[EB/OL]. 2020-01-12. https://m.thepaper.cn/baijiahao-5502254.

［14］柴象海,史同承,王少辉,等.航空发动机风扇叶片与机匣刮蹭分析及结构设计[J].航空动力学报,2019, 34(9)：1879-1887.

［15］马劲夫.航空发动机压气机叶片的断裂失效分析[D].南京：南京理工大学,2021.

［16］FANG Z W, YUN T Q. Qualitative calculation of fatigue life for turbine rotor blade [J]. Applied Mechanics and Materials, 2013, 477-478：63-66.

［17］张莹,张义文,张娜,等.粉末冶金高温合金FGH97的低周疲劳断裂特征[J].金属学报,2010,46(4)：444-450.

［18］陈予恕,张华彪.航空发动机整机动力学研究进展与展望[J].航空学报,2011,32(8)：1371-1391.

［19］HAI S, LIN Y, HONGXIN L. Sensitive flutter parameters analysis with respect to flutter-free design of compressor blade[J]. Procedia Engineering, 2015(99)：39-45.

［20］HAN G, CHEN Y, WANG X. Flutter analysis of bending-torsion coupling of aero-engine compressor blade with assembled clearance[J]. Applied Mathematical Modelling, 2015, 39(9)：2539-2553.

［21］孙智君,刘荣,刘国良.压气机转子叶片掉块断裂分析[J].理化检验(物理分册),2016,52(12)：878-883.

［22］李鸿,岳宝成,王征宇,等.某型飞机主起落架疲劳断口定量分析[J].教练机,2017(4)：59-64.

［23］郑媛,孙智君,闫达,等.整体叶盘叶片裂纹分析[C]//2013年全国失效分析学术会议论文集,2013：283-287.

［24］王影,王宇宁,刘春立,等.高温合金涡轮转子叶片裂纹形成机理[J].宇航材料工艺,2021,51(6)：89-93.

［25］卢文海,刘丽玉,白明远.发动机燃气涡轮叶片断裂分析[J].失效分析与预防,2010,5(4)：252-256.

［26］何玉怀,刘昌奎,张兵.TC11钛合金转子叶片断裂分析[J].中国有色金属学报,2010,20(S1)：365-368.

［27］姜涛,李春光,张兵.发动机压气机转子叶片断裂失效分析[J].装备环境工程,2011,8(3)：18-22.

［28］张兰,孙锦余,黄新河,等.生物质锅炉超高速激光熔覆Inconel 625涂层抗高温腐蚀

性能[J].洁净煤技术,2022,28(6):65-71.

[29] 张春兰,陈玉龙,胡博,等.FGH96合金轮盘超速预过载对材料性能的影响[J].燃气
涡轮试验与研究,2020,33(5):5,48-53.

[30] 赵爱国,杨健.高压涡轮盘榫齿裂纹分析[J].机械强度,2006,28(4):624-627.

[31] 刘丽玉,张银东,高翔宇,等.TC17 钛合金压气机鼓筒篦齿裂纹分析研究[J].失效分
析与预防,2019,14(5):315-320.

第 3 章
发动机转动部件——轴、轴承和齿轮的失效分析

3.1　轴

　　轴是穿在轴承、车轮或齿轮中间的圆柱形部件(也有少部分轴是方形的),是支撑转动部件并与之一起转动,从而传递扭矩或者弯矩的机械部件,是主要承力零件之一。飞机在飞行过程中,航空发动机轴类部件承受的载荷非常复杂,会受到扭矩、轴向力、弯矩,以及高温环境造成的热负荷等多种载荷的耦合作用。因此,一旦轴类部件发生失效,往往会造发动机空中停车,甚至造成机毁人亡的严重后果。

3.1.1　轴的功能要求及结构特点

　　对于航空发动机而言,主轴是最为关键的承力部件,由于长时间工作在高温、高压等极端环境下,经过一定时间后,主轴很可能会因为应力腐蚀而产生裂纹,甚至发生断裂。主轴包括压气机轴和涡轮轴,它们分别带动压气机叶片和涡轮叶片做旋转运动,承载叶片高速旋转产生的扭矩,并将涡轮产生的动力和功率通过主轴传递给压气机。在主轴上往往会有孔、槽、键等特殊设计,这些部位很容易产生局部应力集中,影响零部件的疲劳寿命。

3.1.2　轴的工作环境与受力分析

　　1. 轴的工作环境

　　轴的工作环境极其复杂,大多工作在布满灰尘和各种润滑剂所覆盖的环境中,并且轴也会受到多种形式的载荷的综合作用,容易发生断裂、疲劳、腐蚀和磨损等形式的失效。尤其是航空发动机主轴,其工作条件恶劣,除了要承受各种载荷外,还要长时间工作在高温、高压的环境中,对轴的性能提出了更加苛刻的要求。航空发动机的压气机轴和涡轮轴是发动机结构中最重要的轴类零件,属断裂关键件,安装在其上的形状复杂的叶片会受到流体力学的影响,随着飞行马赫数等参数的变化,涡轮和压气机叶片所做的功是变化的,轴所受到的扭矩和弯矩也是变化的,很容易发生疲劳断裂失效。

　　2. 轴的受力分析

　　轴是机械系统中最为主要的承力部件之一,在设计时,就要考虑其所承受的各种复合载荷、强度、刚度及其他特殊要求。在航空发动机轴系中,轴的受力主要考虑其在使用过程中所承受的扭矩、弯矩、轴向力(拉伸和压缩),以及温度负荷与其之间的复合载荷等。

在发动机工作过程中,主轴会受到叶片因旋转而产生的扭矩的作用,其中对于双转子或多转子发动机而言,静子叶片和转子叶片所产生的扭矩方向是相反的,可以抵消一部分扭矩,减少对轴的作用。弯矩是受力构件界面上的一种内力矩,是垂直于横截面内力系的合力偶矩,通俗地讲就是弯曲所需的力矩。轴向拉压所产生的应力可能只占到轴总应力的很少一部分,发动机主轴所承受的轴向力主要有压气机和涡轮叶片前后气体压差引起的动量变化产生的轴向力、飞机起飞和着陆过程中产生的轴向惯性力及在装配零部件时产生的轴向预紧力等。航空发动机主轴除了承受上述几种载荷外,由于发动机各单元体之间的温差较大,轴类部件受热不均匀,容易产生热应力,从而造成蠕变失效。

如图 3 - 1 所示,为轴受纯拉伸、扭转和压缩时的应力及塑性/脆性材料受到过载时的断裂特征示意图。由图 3 - 1(a)可知,在只有轴向拉伸载荷作用时,轴内任意一点分布有沿着轴向的拉应力 σ_1、垂直于轴向的压应力 σ_3,以及与主轴方向呈 45°的最大剪切应力 τ_{max}。当轴上同时受到多个轴向载荷作用时,最大的轴向拉伸载荷 P_{max} 所对应的横截面称之为危险截面,作用在该截面上的正应力 σ_{1max} 称为最大正应力,满足:

$$\sigma_{1max} = \frac{P_{max}}{A} \tag{3-1}$$

式中,A 为危险截面面积。

当拉伸载荷作用于塑性材料时,会在轴件上产生切应力,使其发生变形(伸长或颈缩),直至断裂,裂纹由轴心部位向外表面延伸,最终以锥形剪切唇的形式向轴的 45°方向

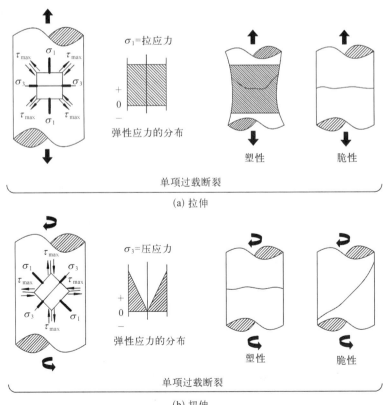

(a) 拉伸

(b) 扭伸

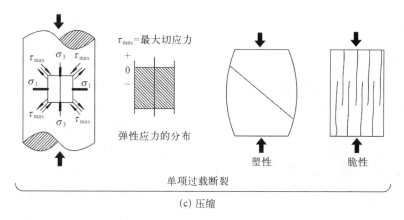

τ_{max}=最大切应力

弹性应力的分布

塑性　　脆性

单项过载断裂

(c) 压缩

图 3 - 1　轴受纯拉伸、扭转和压缩时的应力及塑性/脆性材料受到过载时的断裂特征示意图[1]

扩展断开,其断口如图 3 - 2 所示,为三种不同规格的 45 号钢的拉伸断口。塑性材料在发生断裂后,其断面会收缩,一般将断面收缩率或者伸长率作为材料的塑性评价指标。

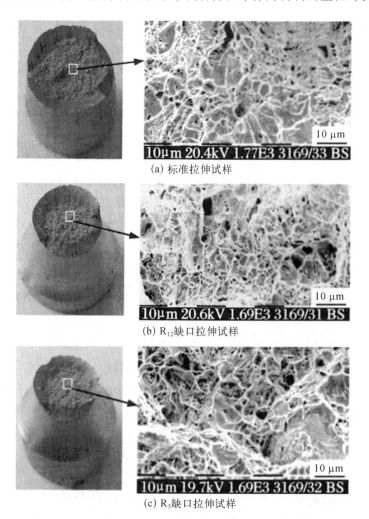

(a) 标准拉伸试样

(b) R_{12}缺口拉伸试样

(c) R_5缺口拉伸试样

图 3 - 2　塑性材料的拉伸断口[2]

图 3-3　脆性材料的拉伸断口

当过大的单向拉伸载荷作用于脆性材料时,断裂方向大致会与拉伸应力相垂直,并且少部分区域会发生永久变形,发生变形的程度很小,断面收缩率很小。往往发生断裂的断口是材料组织中最为薄弱的地方,断口表面一般比较粗糙,如图 3-3 所示。有时断裂是沿着不同位向的晶界(晶粒间界)发生的,属于低能吸收过程的断裂,即沿晶断裂。

当轴受到扭矩作用时,轴上各点均处会受到纯剪切应力作用,类似于拉伸时的危险截面,最大扭矩时的应力所对应的截面即为受到扭转时的危险截面,在该截面上任一点处的切应力都是最大的。最大剪切应力 $\tau_{\max}$ 的计算公式为

$$\tau_{\max} = \frac{T_{n\,\max}}{W_n} \tag{3-2}$$

式中, $T_{n\,\max}$ 表示危险截面所对应的最大扭矩; W_n 表示抗扭截面模量或截面抵抗矩,对于圆形轴类零件,其截面抵抗矩 $W_n = \pi d^3/16$, d 为直径,对于圆环截, $W_n = \pi D^3/(1-\alpha^4)$, D 为圆环外径, α 为内外圆直径之比。

根据材料力学内容可知,当轴受到扭转载荷时,应力系会沿着轴向逆时针旋转 45°,拉、压应力相互垂直,并且均与轴向呈 45°夹角。剪切应力中一个分力垂直于轴向,另一个平行于轴向。

对于塑形材料轴,当受到扭矩时,断口在一般情况下会发生塑性变形,发生断裂的断面,一部分晶体会沿着晶面和晶向方向相对于其余的晶体发生滑移,并且在承受单一扭转作用时,断裂通常会发生在垂直于轴向截面的方向上,如果断裂区偏离轴心,则说明该轴除了受到扭转应力外,还可能受到弯曲应力的作用。而脆性材料则不会出现塑性变形,裂纹会穿过晶粒内部,在微观形貌上呈现出解理断裂特性。

当轴承受轴向压缩载荷时,压缩应力 σ_3 平行于轴向,拉应力 σ_1 则会垂直于轴向,最大剪切应力 $\tau_{\max}$ 与轴线呈 45°夹角,与拉应力一样,最大压缩应力 $\sigma_{3\max}$ 满足如下条件:

$$\sigma_{3\max} = \frac{P_{\max}}{A} \tag{3-3}$$

对于脆性材料轴,当受到压缩载荷时,由于其抗压强度较高,轴不易变形。当受载过大时,轴类零件会在与轴线平行的最大应力方向上发生断裂,如图 3-1(c)所示。当材料所受到的压缩载荷超过压缩强度极限时,由于脆性材料的抗压强度高于抗剪切强度,当达到剪切极限时便会造成断裂。对于塑形材料轴,剪切应力会引起变形,但不会像脆性材料轴那样发生断裂,在压缩过程中,轴的横截面积不断变大,会首先在材料中间发生膨胀,但与此同时,轴的抗压能力也随之提高,这就使得轴很难发生断裂。

当轴受到弯曲载荷时,如图 3-4 所示,轴上会同时出现两种应力分布:外凸一侧的表面受到拉应力,造成材料伸长;内凹一侧的表面受到压应力,造成材料压缩,即内压外

伸。而两者之间存在一个应力为 0 的中性层,如果发生断裂,裂纹首先会出现在外凸一侧,并逐渐向内凹一侧扩展。

对于各种轴,为了便于连接其他部件,以及实现密封和润滑等功能,均会在轴上开出键槽,因此在计算轴所承受的应力时,应考虑到这些键槽所引起的应力集中。

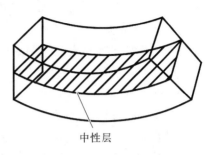

图 3-4　材料弯曲变形

对于航空发动机,其工况复杂,涡轮轴在运行过程中,会同时受到弯矩、扭矩、轴向力及横向力等多种载荷的作用。在同一轴上,不同横截面处所受到的载荷大小和种类也可能不同,因此通常选择那些应力系数较小,即应力集中大的截面作为分析寿命和应力的危险截面。图 3-5 为某型发动机的涡轮轴,根据应力分析结果,轴上分布有三个危险截面,依次是前端套齿根部截面(图中的 I 截面)、后轴承三销孔所在的截面(图中的 II 截面)和后锥段的第一台阶截面(图中的 III 截面)。

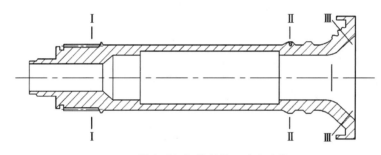

图 3-5　某发动机涡轮轴的三个危险截面

I 截面是涡轮轴在只承受扭转疲劳作用时出现裂纹的截面。在实际工作环境中,第 I 截面也基本不会受到弯矩的作用,故可以忽略弯曲应力的影响,但会受到较大的扭转和轴向应力的作用,基本是低循环载荷。在这些低循环载荷上叠加得到的高循环载荷就会产生振动扭矩,在高低循环载荷的共同作用下,极易引起疲劳破坏,这个危险截面会严重影响发动机的安全性和可靠性。

II 截面是在只承受扭转疲劳,以及在扭矩、弯矩和轴向应力共同作用的两种情况下出现裂纹的截面。这个截面的径向尺寸较小,且受到开孔导致的应力集中的作用,该截面会受到较大的扭转应力的作用,并且扭矩和弯矩也会对该截面产生很大的影响,这些都是在寿命评估时应该考虑的因素。

III 截面是发动机在运行中极易发生断裂的部位。根据疲劳试验和应力分析可知,高频弯矩是造成该截面断裂的主要原因,轴向力、低频弯矩和高频弯矩共同叠加,是判定该部位可能出现疲劳损伤的载荷特征。

3.1.3　轴的典型失效模式

由于各类轴的自身材质、结构、工作环境及受载条件不同,轴的失效形式和特点也会有所差异,轴的失效形式主要有疲劳、磨损、腐蚀、变形、韧性和脆性断裂等。

1. 轴的疲劳失效

疲劳失效主要是指轴件在交变应力的作用下,经过多次反复受载后发生的突然断裂。按照轴类受载类型,可将疲劳失效分为弯曲疲劳失效、扭转疲劳失效和轴向载荷疲劳失效三种失效形式。

1)弯曲变形引起的疲劳断裂

轴在弯曲载荷的作用下,应力由中轴线向外表面逐渐增大,外表面应力最大,因此疲劳裂纹从表面朝垂直于最大正应力的方向扩展,当裂纹达到临界尺寸时,轴会突然断裂,通常情况下断口一般会与轴线呈90°夹角。

(1)单向弯曲疲劳。在长期的反复交替单向载荷作用下,交变张应力较大的一面会首先出现裂纹,形成疲劳破坏源,如图3-6所示。

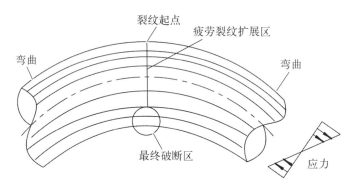

图3-6 单向弯曲疲劳

当轴是基本没有应力集中的光滑轴时,由破坏源产生的裂纹向四周扩散的速度基本相同。当轴上出现缺口或者台阶时,由于存在应力集中,在缺口根部两侧,疲劳裂纹的扩展速度很快,其瞬断区面积也较大。

(2)双向弯曲疲劳。当轴上承受来自两个方向的交变载荷时,相对应的载荷的两侧最先产生裂纹,并且基本同时向内扩展。在轴的半径发生突变或者存在缺口的部位,由于应力集中,裂纹在这些突变部位的根部扩展得更快。

(3)旋转弯曲疲劳。轴承受旋转弯曲时,轴上的应力会呈现外层大、内层小的分布规律,因此疲劳源往往首先在表面两侧产生,并且该处的裂纹扩展速度较快。同时,由于轴的表面两侧处于平面应力状态,其疲劳弧线比较扁平。当裂纹继续扩展时,由于轴受到扭转力矩的作用,裂纹会沿着与旋转方向相反的方向继续扩展,因此瞬断区也会沿着与轴旋转方向相反的方向偏转一定的角度。正是这种偏转现象的存在,根据最后的断裂区和断裂起源区的相对位置,就能知道轴的转向。

轴的偏转程度会随着材料缺口的敏感性发生变化,轴受到的应力越大、转速越慢、周围介质的腐蚀性越大,轴的偏转现象也会越明显。

轴的旋转弯曲疲劳断口特征与轴所受的应力大小和应力集中程度有关,如图3-7所示。一种情况是阶梯轴轴径变化平滑过渡(有过渡圆弧),应力集中程度小;另一种情况是轴径变化处没有过渡圆弧,应力集中大。对于第一种情况,当名义应力较小时,疲劳裂纹只存在于一点,破裂区发生在端面外围;当名义应力较大时,疲劳裂纹则会在多点发生,而且这些裂纹在轴中心产生。当受到应力集中时,在相同的名义应力(名义应力小)下,集中程度越大,周向裂纹扩展越快,而且也会在多处同时产生裂纹,最终断裂区也会移动至轴的中心。当应力集中程度和名义应力都很大时,最后瞬断区的面积也会很大,并且该区域也会更偏向轴的中心,由于同时在多处生成疲劳源点,会产生很多沿着径向分布的疲劳裂纹台阶。

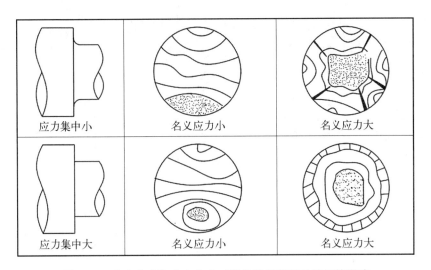

图 3-7 应力大小和应力集中对轴旋转疲劳断口特征的影响

综上所述,旋转轴上存在缺口的地方受到的名义应力和应力集中越明显,最终瞬断区越集中于轴的中心,因此可通过最终瞬断区和轴的中心相对偏离的程度,来判断载荷在轴上的分布状况。

由于弯曲疲劳裂纹的扩展方向总是垂直于拉伸正应力,对于阶梯轴,其断面是一个形似器皿的曲面,而非平面,这种断口称为皿状断口。如图 3-8 所示为轴颈处的裂纹扩展曲线和与之相互垂直的主应力线,以及裂纹逐步扩展的路线图。

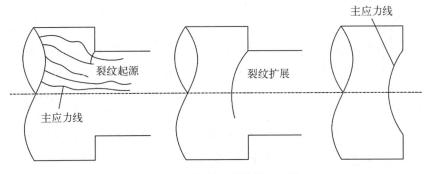

图 3-8 皿状断口形成的示意图

2）扭转载荷引起的疲劳断裂

当轴受到交变扭转载荷时,会生成一种特殊的扭转疲劳断口,如图3-9(a)中的 A 所示,断口形似锯齿。受双向交变扭转应力的作用,轴的相应点上会产生疲劳裂纹,这些裂纹会沿着±45°两个侧斜方向延伸(即交变张应力最大的方向),邻近的两条裂纹相交后便会产生锯齿状的断口。在只受到单向交变扭转载荷时,相应各点上只会产生一个沿着45°方向的疲劳裂纹,当裂纹继续扩展,最终和部分裂纹相连接,就会形成如图3-9(b)中 B 所示的棘轮状断口。

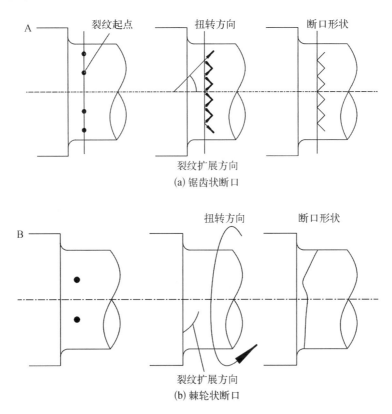

(a) 锯齿状断口

(b) 棘轮状断口

图 3-9　锯齿状与棘轮状断口形成示意图

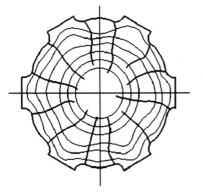

图 3-10　星形断口示意图

若轴向存在缺口(键槽、花键),则很容易在槽的尖角处产生应力集中,进而产生疲劳裂纹,这些裂纹的扩展方向垂直于最大拉伸正应力方向。尤其是对于有花键的轴,众多直径突变的尖角处都可能成为疲劳源,而且这些裂纹会同时向轴的中心延伸,最终汇聚于轴中心,形成类似于星形的断口,如图3-10所示。

当轴件受到扭转载荷作用时,断裂形成的断口形状可分为图3-11所示的几种情况。

3）拉-拉(拉-压)载荷引起的疲劳断裂

当轴受到轴向交变载荷(拉-拉或拉-压)作用时,

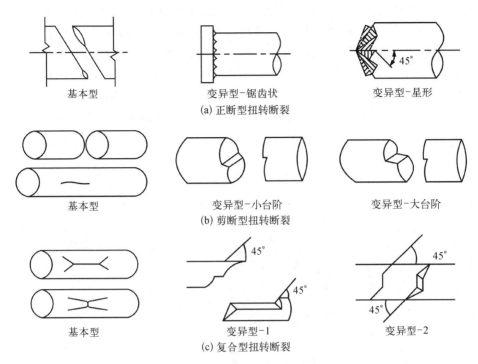

基本型　　　　　变异型-锯齿状　　　　变异型-星形
(a) 正断型扭转断裂

基本型　　　　　变异型-小台阶　　　　变异型-大台阶
(b) 剪断型扭转断裂

基本型　　　　　变异型-1　　　　变异型-2
(c) 复合型扭转断裂

图 3-11　扭转疲劳断口的主要形状

其上的应力均匀分布于轴件的横截面,而前面所提到的旋转弯曲疲劳时的应力则分布于远离轴中心的外表面上。

正是这些分布均匀的应力,导致疲劳裂纹产生的位置变化较大,但是绝大多数情况下,疲劳裂纹还是会产生于轴件表面。如果轴的亚表面出现缺陷或者轴的外表面经过喷丸等工艺的处理,则可能在亚表面上产生疲劳裂纹。

2. 轴件的磨损失效

轴件的磨损失效主要包含磨粒磨损、黏着磨损、疲劳磨损和腐蚀磨损等四种形式,也有学者将微动磨损作为轴件的磨损失效形式之一,从机理上讲,微动磨损的主要原因是接触表面的氧化作用,可将其归纳在腐蚀磨损之内[3]。

为了从根本上提高轴件的抗磨损能力,就必须充分考虑轴件的结构设计。如图 3-12 所示是几种压配合轴防止微动磨损的改进设计方案,从图中可以看到,图

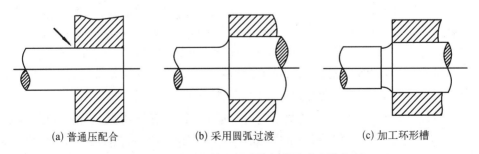

(a) 普通压配合　　　　(b) 采用圆弧过渡　　　　(c) 加工环形槽

图 3-12　压配合轴防微动磨损的改进设计方案

3-12(a)只是普通的压配合,在箭头所指的轴径突变部位容易因应力集中而发生疲劳断裂,并在该处产生微动磨损。如图3-12(b)所示,为了提高轴件的可靠性,不但增大了配合段的尺寸,而且在轴径变化部位采用了圆弧过渡方式,有效减小了应力集中程度,但是这种设计会受到某些设备的限制。图3-12(c)很好地解决了上述两种方案的缺陷,通过在易发生微动磨损的敏感部位加工一环形槽,使得应力集中部位发生变化,也不会因为尺寸的增加受到设备的限制。此外,抗黏着磨损的所有措施也可以用于防止微动磨损。

3. 轴件的腐蚀损伤

腐蚀损伤是发动机的主要损伤形式之一,在使用过程中,金属会在周围环境因素的作用下发生破坏变质,导致原有的化学、物理和机械等特性发生变化。一般情况下,工作环境中的腐蚀性介质并不会导致轴件寿命严重降低,而会使得轴件表面发生均匀性的腐蚀,产生局部麻点或者腐蚀坑,在腐蚀部位会造成应力集中并使强度降低。同时,受交变载荷的作用,腐蚀部位会产生疲劳裂纹,如图3-13所示,进而导致轴件的腐蚀疲劳。

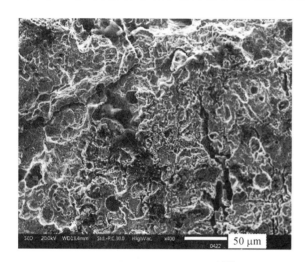

图3-13 疲劳裂纹源于蚀坑[4]

腐蚀疲劳的发生与轴件所处的工作环境密切相关,在干燥且腐蚀介质较少的环境下,疲劳裂纹的扩展速度要远低于存在较多腐蚀性介质时疲劳裂纹的扩展速度,并且这些腐蚀性介质在轴件表面形成的腐蚀坑或者麻点会大大降低疲劳裂纹的萌生寿命,从而导致轴的寿命降低。一般用于判断轴件发生腐蚀疲劳的依据主要有:

(1)轴件工作在腐蚀环境中,同时伴随有交变应力作用;

(2)断面颜色灰暗、没有金属光泽,可以看到较为明显的疲劳弧线;

(3)断面上存在腐蚀产物和腐蚀损伤痕迹;

(4)疲劳条带多呈现解理脆性特征,断裂路径一般为穿晶,也有可能出现沿晶,或者为穿晶和沿晶混合型。

通过分析腐蚀产物可以判别失效零件的工作环境和工作时间,为了明确腐蚀产物的化学元素及其分布情况,可借助能谱仪、电子探针等仪器或者其他化学方法。

对于金属构件,特别是轴件,发生应力腐蚀会大幅降低结构的可靠性,特定的腐蚀介质和裂尖应力协同作用会导致应力腐蚀开裂,应力腐蚀开裂会与表面点蚀同时发生或在其后发生,但是不常存在于一般腐蚀中,也不常与均匀腐蚀一同发生。

轴件的应力腐蚀断裂属于脆性断裂,所以断口的宏观特征和脆性断裂特征一致:断口平齐,呈放射状或者结晶状,同时垂直于正应力,断裂前没有明显的塑性变形,断口颜色有的较光亮,有的则由于覆盖腐蚀产物而呈现灰暗颜色,其中光亮断口呈细瓷状,灰暗断口则为粗糙状。应力腐蚀断裂源于表面,并且裂纹源较多,通常在起源处表面都会有腐蚀坑和腐蚀产物,并且离起源区越近,腐蚀产物越多。应力腐蚀断口上一般没有放射性花样,多呈现"人"字形花样。

轴件的应力腐蚀断裂有别于前面介绍的腐蚀疲劳开裂,两者之间的区别在于:产生应力腐蚀的条件是金属材料和腐蚀介质需构成某种特定的耦合关系,而腐蚀疲劳则对环境介质的没有特殊的要求。另外,应力腐蚀一般需要在是静三维应力环境下产生,而腐蚀疲劳则是在交变应力作用下产生的,且该应力的变化频率越小,腐蚀作用越强;反之,随着频率增大,腐蚀作用相应降低,最终成为纯机械疲劳。

4. 轴件的变形

轴件在工作过程中,会承受来自外界的应力,使之发生变形,从而导致轴件失去所规定的功能而发生失效。如果轴件承受的应力超过材料的屈服强度,则有可能使其发生永久性的变形。为了避免轴件产生过度变形,就必须通过改变设计尺寸来减小轴件所承受的应力,或者提高材料的屈服强度。一般通过对轴件的尺寸进行测量或者测定轴件表面的残余应力来确定轴件是否发生变形。

5. 轴的韧、脆性断裂

韧性表示材料在产生塑性变形时吸收能量的能力,即材料的塑性变形能力。韧性断裂是指构件经过较大程度的变形后所发生的断裂,典型特征是在轴件的断面上会呈现明显的塑性变形的迹象,类似于拉伸和扭转试样中所观察到的情况,断口的断裂机制一般是"微孔聚合",在电子显微镜下可以看到其断口呈韧窝状花样。当轴件只受到超过其抗拉强度的单一载荷作用时,轴在断裂前会产生很大的塑性变形。对于轴件拉伸断裂的变形,可以直接通过目视检查观察到,其断口形貌如图 3-2 所示。然而,当轴受到扭转应力使其断裂时,变形则不是很明显。以韧性方式失效的轴,断面的形貌与轴的形状、所受的应力类型、加载速度及使用环境和温度有关。一般情况下,以下方式可能会降低材料的韧性:

(1) 通过冷作加工或者热处理等工艺来提高金属强度;

(2) 缺口敏感的材料中存在缺口、圆角、孔洞、刮伤、夹杂物,以及有疏松现象;

(3) 提高加载速度;

(4) 降低使用温度或试验温度。

在合理的使用范围和条件下,轴件一般不会发生韧性断裂。但是,如果对工作要求条件估计过低,或者使用的材料强度不能满足要求,或者使轴只受到单一的过载,这些都有可能使轴件发生韧性断裂。此外,韧性断裂与材料本身的热处理和加工工艺有关,选择或处理不当均有可能发生韧性断裂。

与韧性断裂相反,轴件发生脆性断裂前并未发生明显的塑性变形,轴件的脆性断裂与材料的变形能力有关。轴件脆性断裂的断口呈结晶状,并且有金属光泽,断口与主应力垂直。当这些材料在其缺口根部存在应力时,没有发生塑性变形的能力。正是由于不会发生塑性变形,脆性断裂一般会以极高的扩展速率发生突然断裂,没有断裂征兆,是十分危险的。断面上会有鱼骨状或者"人"字纹花样,"人"字纹的顶点会指向断裂源,且断口表面比较齐整,如图 3-14 所示。

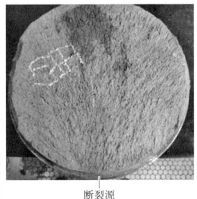

断裂源

图 3 - 14　脆性断裂断口形貌[5]

3.1.4　预防轴失效的主要措施

轴的失效一般与其所受的应力有关,因此为了从根本上解决轴的失效问题,就必须分析和计算轴的受力状况,进而从设计上对其进行改进,通过改变轴的形状和尺寸,尽可能地减少应力集中对轴的破坏能力。对于轴径发生变化的阶梯轴,在两段轴的过渡区域尽可能选择圆弧过渡方式。另外,在加工制造过程中,尽量保证轴面的光滑平整,避免因出现划痕而造成应力集中,从而导致疲劳裂纹的萌生,尽可能地减少在轴件上开槽等设计。

针对轴的使用环境和工作特点进行分析,选择适用于自身使用条件的材料也可以有效地提高轴件的使用寿命。

除了从设计角度和材料选择方面来提高轴件抵抗失效的能力外,绝大多数轴件材料的机械性能都可以通过热处理的工艺方法得到改善。热处理可以改变金属材料的内部显微组织,提高轴件的硬度,进一步消除残余应力,改善轴的力学性能等。

此外,对轴件的受力薄弱部位进行喷丸强化处理,可以大幅改善材料的抗疲劳和抗应力腐蚀能力,达到提高疲劳寿命的目的。

3.2　轴　　承

3.2.1　滚动轴承的功能要求及结构特点

轴承主要用于支承转动轴或其他旋转零件、引导旋转运动、承受传递给支架的载荷。根据摩擦性质的不同,轴承可分为滑动轴承和滚动轴承两大类,滑动轴承以轴瓦直接支撑轴颈、承受载荷并保持轴的正常工作位置,而滚动轴承是依靠滚动体的滚动来实现支承并承受载荷的。滚动轴承具有摩擦系数低、起动力矩小、抗断油能力强、工作适用范围宽、更换方便等优点,因此航空发动机上几乎都是采用滚动轴承[6],滚动轴承一般由内圈、外圈、滚动体和保持架四部分组成。如无特殊说明,本章所涉及的轴承指的都是滚动轴承。

　　根据安装部位的不同,滚动轴承(以下简称轴承)分为航空发动机主轴轴承(含桨轴拉力轴承)及附件传动系统与减速器使用的轴承。发动机主轴轴承是指发动机转子支点使用的轴承,如图 3 - 15 所示为普拉特·惠特尼集团公司(简称普·惠公司)PW1100G - JM 发动机的主轴支撑结构。

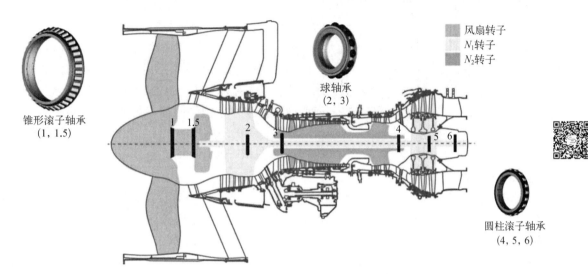

图 3 - 15　PW1100G - JM 发动机的主轴支撑结构

　　航空发动机轴承通常工作在高温、高速、重载的条件下,尤其是主轴轴承。对航空发动机轴承的设计要求是能够保证发动机转子运转平稳、传递负荷、寿命长和可靠性高。

　　1. 航空发动机主轴轴承

　　航空发动机主轴轴承主要有球轴承、短圆柱滚子轴承和特种轴承三类。

　　1)球轴承

　　航空发动机主轴轴承使用的球轴承有深沟球轴承和角接触球轴承两种,如图 3 - 16 所示。

　　深沟球轴承是滚动轴承的基本类型,特点是结构简单,可以单独承受径向负荷,也可以同时承受径向和轴向负荷。此类轴承的轴向限位能力取决于轴承的轴向游隙。该型轴承在早期单转子发动机上应用较多,现役的航空发动机中很少采用此类轴承,因为当承受的轴向力大于径向力时,其性能不如角接触球轴承。

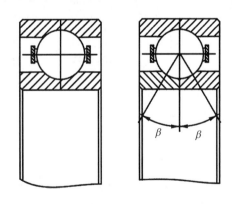

(a)深沟球轴承标准结构　(b)角接触球轴承标准结构

图 3 - 16　球轴承

　　角接触球轴承是航空发动机转子支承、传递负荷、轴向限位的常用轴承类型,分为三点接触式和四点接触式两种,其中常用的是三点接触式,接触角大部分为 26°。为了多安装一些钢球,增大承载能力,一般内圈制造成分离型双半套圈和整体型保持架。

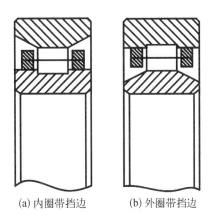

(a) 内圈带挡边　　(b) 外圈带挡边

图 3 - 17　短圆柱滚子轴承

3）特种轴承

2）短圆柱滚子轴承

短圆柱滚子轴承是用于承受径向负荷的常用轴承之一,结构简单,标准型如图 3 - 17 所示。

该型轴承轴向不能限位,所以常用于热端,如涡轮轴支点,以利于转子随温升而轴向伸展。该轴承的径向限制位移量取决于径向游隙,在设计时,应仔细考虑,由计算分析并经试验确定径向自由游隙。径向自由游隙过大,则可能发生轴承打滑蹭伤故障或导致发动机振动过大;径向自由游隙过小,则可能使寿命降低或发生抱轴故障。另外,短圆柱滚子轴承对轴线歪斜的敏感性很强,一般内圈(轴)对外圈(座)轴线的相对倾斜角不宜超过 4'。

（1）特殊结构轴承。特殊结构轴承是指轴承套圈、滚子和保持架结构特殊。因为航空发动机要求尽可能地减轻重量,所以许多发动机主轴承的内、外套圈都设计成异型结构。如图 3 - 18 所示,为 CFM56 发动机主轴 5 号轴承,其外圈加宽并带有安装边,内圈有环下供油孔。该发动机的主轴轴承和附件传动轴承共 26 种,带有安装边的异型结构轴承占 80%。5 个主轴轴承均采用环下供油结构。

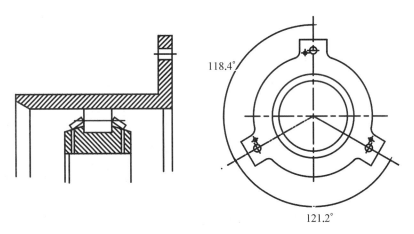

118.4°

121.2°

图 3 - 18　CFM56 发动机主轴 5 号轴承

（2）防止打滑蹭伤轴承。20 世纪 60 年代,美国首先在 JT3D 发动机上采用套圈为椭圆形的轴承,以克服滚子轴承打滑蹭伤的问题。图 3 - 19 所示为椭圆套圈滚子轴承结构示意图。之后,又逐渐发展派生出施加预载的非圆套圈轴承,防止打滑蹭伤的效果更佳,如图 3 - 20 所示。

这种轴承的结构特点是:外套圈壁较薄,可弹性变形,在自由状态下内径(即滚道)为圆形,外径表面为椭圆形,其滚动体和保持架为标准型。椭圆轴承的自由游隙和装配工艺有特殊要求,轴承装配之后,部分滚子具有了预载荷,其大小取决于轴承自由游隙、椭圆度、外圈壁厚、外圈与座的配合性质及机匣与外套圈的相对刚度等。至今为止,已经采用的椭圆套圈轴承的发动机有 JT3D、JT9D、JT15D、CF6 - 80C2、PT6 等。

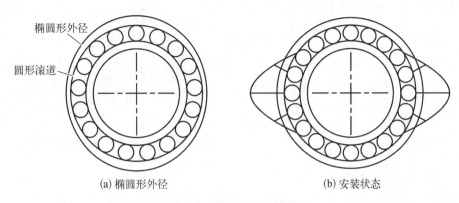

(a) 椭圆形外径　　　　　　　　　　　　(b) 安装状态

图 3 - 19　椭圆外圈滚子轴承

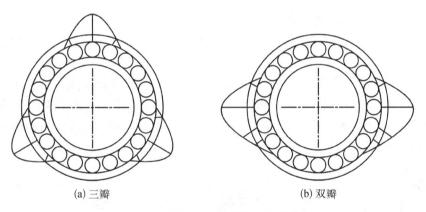

(a) 三瓣　　　　　　　　　　　　(b) 双瓣

图 3 - 20　非圆外圈滚子轴承(安装状态)

（3）中介轴承。中介轴承是指高低压转子之间的支承轴承,有短圆柱滚子轴承和角接触球轴承两种,并且大都是标准型的。中介轴承的主要功能是将低压转子的力传输到高压转子上,其工作特点是内、外圈同向或反向旋转,这一特点改变了轴承的运动规律和载荷分布。

目前,国内外大量服役的双转子发动机皆采用内外圈同向旋转的中介轴承,并且通常是内圈装在低压转子上,外圈装在高压转子上,这样就决定了外圈转速大于内圈转速。与外圈固定、内圈旋转的轴承相比,有两个不利方面:一是保持架转速增大,即滚动体的公转转速增大,但滚动体自传转速减小;二是疲劳寿命降低。

为了防止滚子端面磨损,在轴承设计上采用了套圈挡边带副背角的结构并适当控制挡边与滚子端面的间隙,如图 3 - 21 所示。另外,在支承结构方面,外圈安装在低压转子上,内圈安装在高压转子上,利于控制中介轴承的工作游隙,从而可稳定和改善发动机的振动特性,如图 3 - 22 所示。

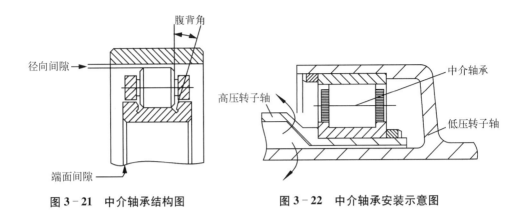

图 3 - 21 中介轴承结构图　　　　图 3 - 22 中介轴承安装示意图

2. 航空发动机附件用轴承

发动机附件传动系统由功率提取传输部件和传动机构组成,一般分别称为中央传动和附件传动。附件传动轴承有三种:深沟球轴承、角接触球轴承和短圆柱滚子轴承。

由于中央传动部分转速高、负荷大、温度高,应采用角接触球轴承和短圆柱滚子轴承,以期有较长的寿命并可靠地工作。

附件传动部分的转速和负荷相对较低,基本上采用小尺寸深沟球轴承,个别部位有滚子轴承。

从轴承结构上看,绝大部分是标准型,精度多为 D 级、E 级和 C 级。但考虑到空间尺寸、安装及工作要求等因素,也有结构特殊的轴承,如双半内圈角接触球轴承、带安装边的滚子轴承和无内环的滚子轴承等,如图 3 - 23 所示。轴承材料多为 GCr_{15},但中央传动轴承一般为 Cr_4Mo_4V。

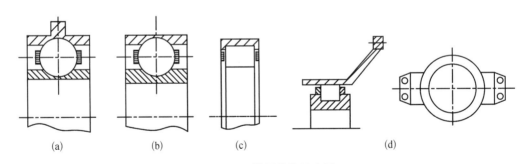

(a)　　　　　　(b)　　　　　　(c)　　　　　　(d)

图 3 - 23 轴承结构示意图

3.2.2 滚动轴承的工作条件与受力分析

1. 滚动轴承的工作条件

对于不同种类的轴承,其功用、特点及使用条件等也不尽相同。当轴承工作时,介于内外套圈之间的滚动体会与各套圈之间发生接触,接触部分会承受较大的周期载荷的作用,而且每分钟的循环次数高达上万次。承载时发生接触的区域可能会发生弹性变形,也可能会产生塑性变形。这种循环往复的变形方式会使得轴承材料在使用初期最先发生循环软化,之后经过多次循环变形,进一步造成循环硬化,会导致轴承材料的弹性及韧性加速降低,在较高周期载荷的作用下,会快速生成疲劳裂纹,最终导致轴承零件工作面发生疲劳剥落。

如果轴承工作在振动环境中,就可能导致轴承工作表面之间出现相对运行,就有可能发生微动磨损,磨损产生的金属磨屑又会进一步增加摩擦。这种摩擦作用又会反过来磨损轴承金属表面,当轴承与工作环境中的水蒸气、酸碱性物质等介质发生接触反应时,有可能造成腐蚀或生锈,进一步加剧磨损。

轴承的工作条件中,使用温度是一个很重要的因素。一般轴承的使用温度不能高于120℃。工作环境温度过高,会使得轴承材料金属组织发生变化,同时所使用的润滑剂可能会加速氧化,润滑性能快速下降,存在使轴承过早发生失效的风险。

良好的润滑条件对轴承来说也是非常重要的,好的润滑条件不但可以降低轴承接触面之间的温度,防止温度过高烧伤表面,而且可以减小轴承零件表面间的摩擦。

另外,对于航空发动机中的轴承而言,除了面临高振动环境外,还要能够承受高温和高转速,轴承可靠工作的滑动线速度 DN(轴承内径×转速)值会达到 $2.3×10^6$,随着更高转速发动机的研制,该值还在不断增大,同时工作环境的温度一般在 220℃ 以上,而轴承自身的温度还会高于工作环境温度。高转速也就意味着滚珠在滚道中也是高速滚动的,因此需要良好的表面润滑条件,要避免润滑油脂在高转速和高滚动速度作用下被甩出接触面。

2. 滚动轴承的受力分析

滚动轴承上所承受的载荷是通过套圈来进行传递的,套圈滚道上每一点的应力、承受的载荷大小及循环次数都会对轴承的寿命和性能造成影响。

对于不同种类的轴承,其上的载荷分布情况会不同,而同一轴承在受到不同的轴向、径向载荷或力矩及其共同作用时,作用于轴承上的载荷分布情况也可能存在差异。如图 3-24 所示,为向心球轴承受到纯径向载荷作用时的载荷分布情况,滚动体的下半圈不会受到载荷的作用,只有上半圈会承受载荷,所承受的载荷大小和径向载荷作用线与滚动体中心线之间的夹角 ψ 有关,ψ 越大,载荷越小。由于内外套圈与滚动体在接触处会产生一弹性趋近量 δ_a,内外套圈中心线之间会产生一径向偏移量 δ_r(并未在图 3-24 中示出,后面有所表示)。图 3-25 给出了滚道和滚珠之间的接触情况,图 3-25(b)中 α 表示接触角(又称压力角,即垂直径向平面与滚动体和滚道之间两接触点通过滚动体中心连线的最小夹角),图 3-25(a)中的接触角大小为 0。当轴承受到径向载荷和

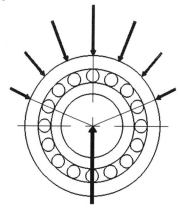

图 3-24　向心球轴承内的载荷分布

轴向载荷联合作用时,内外套圈中心线不但会产生一向下的径向偏移量 δ_r,轴线方向也会产生一轴向偏移量 δ_a,如图 3-26 所示。这时候,滚道与滚珠之间会产生一接触角 $\alpha(\alpha≠0)$,接触角的大小与所受的轴向载荷成正相关。当轴承不仅受到轴向、径向载荷作用,还承受与轴承中心线垂直的外加力矩的作用时,内外套圈除了会产生偏移量 δ_r 及轴向

偏移量 δ_a 外,还会产生一相对倾角 θ,如图 3 - 27 所示。这种情况下,轴承内外套圈的轴心会发生倾斜,若是倾斜程度严重,则会大大降低轴承的使用寿命。

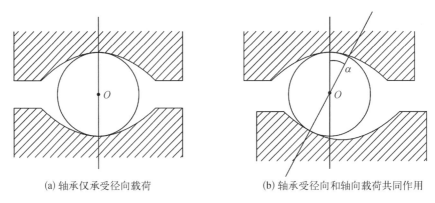

(a) 轴承仅承受径向载荷　　　　　　(b) 轴承受径向和轴向载荷共同作用

图 3 - 25　滚珠与滚道的接触情况

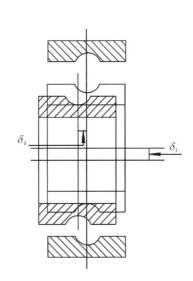

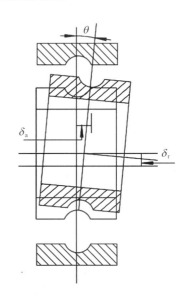

图 3 - 26　在径向载荷和轴向载荷共同　　图 3 - 27　在径向、轴向载荷及力矩联合
　　　　　　作用下套圈的相对位置　　　　　　　　　作用下套圈的相对位置

当轴承承载时,由于滚道和滚动体之间会发生相互接触,在接触部位周边会造成应变并产生应力。以滚动轴承为例,在外载荷的持续作用下,滚道与滚动体之间的接触区域会由刚开始的点接触(或线接触)逐渐增大为接触面积不大的面接触。对于滚动轴承而言,其承载时的接触面积不大,这就导致在承受很小载荷的情况下也会有相当大的接触应力,一般情况下,滚动轴承内的接触应力大小为 2 000~4 000 MPa。轴承的静承载能力主要取决于接触应力,接触应力对静承载能力的影响主要包括接触面间的压应力及剪切应力的分布情况。

3.2.3　滚动轴承的典型失效模式

引起航空发动机滚动轴承失效的原因很多,且错综复杂,其失效模式也多种多样[7-10]。在众多导致轴承出现过早失效的原因中,除了设计上的不合理(如受力分析、形状、选材、加工工艺等),下列因素也是轴承失效的主要诱因:装配不正确、安装时预应力过大、润滑不充分、过载、冲击载荷、振动、服役环境温度过高、磨料物质的污染、有害气体或液体的侵入、杂散电流的作用等。

　　然而,目前对轴承失效模式的判定在很大程度上依赖于分析人员的专业能力和工程经验,相较于航空发动机的其他转动部件,对轴承失效原因的分析是较为困难的。一方面是因为,轴承组合件里面包含的零部件种类较多,一旦某一零件或者部位遭到破坏,轴承中所有相关零部件都会发生严重的碰撞,进而破坏失效表面形貌和失效特征;另一方面,轴承的失效可能是两种或者两种以上的原因导致的,多种原因引起的失效可能只表现出一种失效模式,也能表现出多种失效模式的复合,要精确对其进行判别是非常困难的。

　　另外,需要注意的是,即使轴承在远低于其额定载荷、速度和润滑条件下工作,并且也没有使其寿命降低的其他有害外部因素的影响,滚动轴承的寿命也并不是无限的,因为某些作用,如疲劳、磨损、腐蚀等也能够使其失效。已有的研究表明,当把滚动轴承作为一个系统看待时,滚动轴承不存在疲劳极限值。

　　当轴承受到外载荷的作用时,滚动体和滚道之间相互接触的地方会出现弹性变形。除了在接触的部位存在正应力外,在表层下面还有比较小的张应力和比较大的剪切应力。轴承之所以在运转过程中出现疲劳裂纹,主要是因为剪切应力的反复作用。此外,随着载荷的持续作用,可能会有被剥落下来的金属碎片,最终形成麻点。当往轴承中加入润滑剂时,润滑剂可能会被挤入裂纹缝隙中,润滑剂产生的静压也可能会使细小颗粒发生剥落,进而造成带麻点。

　　1. 滚动接触疲劳

　　滚动接触疲劳(rolling contact fatigue, RCF)是滚动轴承的典型失效模式之一[7,11,12],这是在运转过程中因交变应力作用在接触面或者亚接触面处所产生的疲劳裂纹而导致的轴承失效。

　　1) 接触受力分析

　　此处以圆柱滚棒轴承为例对轴承接触疲劳的损伤机理进行说明。当圆柱滚棒通过滚道表面时,对亚表面剪切应力的影响如图 3-28 所示,图 3-28(a)~(c)分别表示滚棒在位置 1、2、3 时弹性体中的剪切应力。滚棒所处的位置用剖面线表示,滚棒不在该位置则没有剖面线。

　　如图 3-28(a)所示,当滚棒在位置 1 时,在位置 1 的正下方,弹性体内深度为 $0.78b$(b 为接触区域宽度)处有剪切应力 $\tau_{yz}(45°)$ 的最大值 τ_{max},该最大值约为 $0.3q_0$(q_0 为接触面中心位置的压应力),该处的 yz 平面上的切应力为 $\tau_{yz}=0$。同时,在左边位置 2 的下方,有切应力 $\tau_{yz}=\tau_{zy}$,位置 3 下方的切应力很小,可以忽略不计。

　　图 3-28(b)表示滚棒在位置 2 时弹性体内的切应力情况。此时,在位置 2 的正下方,切应力 $\tau_{yz}(45°)$ 有最大值 τ_{max};在左边位置 3 及右边位置 1,弹性体内有切应力 $\tau_{yz}=\tau_{zy}$,但位置 1 与位置 3 的切应力方向相反。

　　图 3-28(c)表示滚棒在位置 3 时弹性体内的切应力情况。此时,在位置 3 的正下方,弹性体内的切应力 $\tau_{yz}(45°)$ 有最大值 τ_{max};在右边位置 2 的下方,有切应力 $\tau_{yz}=\tau_{zy}$;在位

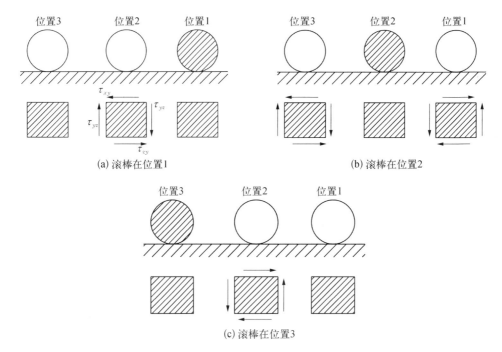

(a) 滚棒在位置1   (b) 滚棒在位置2

(c) 滚棒在位置3

图 3-28 柱滚棒造成的轴承滚道表面下的剪切应力

1 下方的切应力很小,可以忽略不计。

通过以上分析可知,当滚棒从位置 1 移动到位置 3 的过程中,在位置 2 的下方,弹性体内的切应力 $\tau_{yz}=\tau_{zy}$ 改变方向,也就是说,切应力 $\tau_{yz}=\tau_{zy}$ 为对称循环交变应力。而切应力 $\tau_{yz}(45°)$ 的最大值是由 0 到 τ_{max} 的脉动循环交变应力。切应力 $\tau_{yz}=\tau_{zy}$ 的最大值用 τ_0 表示,其值等于 $0.256q_0$,即 τ_0 的应力幅等于 $0.256q_0$,而 τ_{max} 的应力幅等于 $0.3q_0/2 = 0.15q_0$。显然,切应力 τ_0 要比 τ_{max} 更危险些。据此结论,在进行接触疲劳强度设计时应以 τ_0 为依据,而不应以 τ_{max} 为依据。

由图 3-28(b)可知,在位置 2 处的应力场自行反转,毫无疑问,这种反转正是促成轴承破坏的主要原因。τ_{zy} 的最大值 τ_{max} 在表面以下近似相等的距离上,由于剪切应力从 τ_{zy} 变到 $-\tau_{zy}$,因而其最大剪应力 τ_{max} 的最大绝对值为 $|2\tau_{zy}|$,此值远大于最大切应力 τ_{max} 的值。

将轴承安装于固定的轴承座上,外圈保持不动,内圈随轴旋转。通常情况下,转轴上的载荷方向是保持不变的,因此受力最大的点将会出现在外圈上的某一点处,该点处的剪切应力 τ_0 也是整个外圈中最大的,所以如果轴承出现疲劳破坏,源点应该就在该点处,相较于外圈,内圈上最大剪切力的受力点不是唯一的,而是不断变化的。因此,轴承外圈的疲劳寿命要短于内圈。相反,若是固定内圈,外圈随轴转动,这时外圈寿命要比内圈长。

轴承的接触疲劳寿命受到以下因素的影响:应力作用面积、交变切应力的大小、交变应力循环的次数和最大交变切应力距离接触表面层的深度。其中,最大交变切应力距离表面层的深度既与轴承结构设计因素有关,也与轴承所承受的载荷有关。

2）滚动接触疲劳失效的分类

根据裂纹的起源位置，轴承滚动接触疲劳失效的机理可分为两种基本类型：表面诱发和亚表面诱发[6]。表面诱发的滚动接触疲劳会造成微点蚀，而亚表面诱发的滚动接触疲劳则表现为材料剥落。然而，对于接触应力作用而导致的接触疲劳，其损伤形式均为不同浅层深度的剥落，因此严格来讲起源于表面或者亚表面只不过是相对而言，实质上均可称为"表层"接触疲劳。

起源于表面的裂纹常常在表面接触区域萌生，因为此处作用在材料上的交变切应力达到最大值。此处滚动载荷引起的最大切应力破坏发生在构件接触表面以下的亚表面。当纯滚动载荷与摩擦力或滑动力共同作用时，最大切应力便趋近于接触表面上。当滑动力足够大时，滑动力能够导致起源于表面的失效，并且严重减少轴承的使用寿命。

一旦材料的损伤出现，后续的破坏会加速累积，导致轴承失效。对于正确安装、正常载荷、充分润滑的轴承，表面诱发的滚动接触疲劳几乎不能避免，这是由滚动接触条件下材料内部特殊的应力分布所决定的。而且，亚表面诱发的裂纹生长很难探测，材料的失效几乎没有任何预兆，这对轴承部件的可靠性是极大的威胁。

2. 开裂和断裂

对于轴承而言，开裂与断裂失效主要发生在其非接触区域的主要构件上。造成这种破坏的原因可能是施加于轴承上的载荷过大，或者是装配过程中的失误导致装配件之间安装不对中或者不正确等。套圈和滚动体的开裂和疲劳的形式、原因可能不同，两者的疲劳断裂与高强度的局部滚动接触疲劳开裂不同，后者通常会使得表面产生麻点、片状剥落或断裂，并且通常产生于滚道。

当轴承座受到不均匀载荷时，这种不均匀载荷可能是轴承座的不均匀支撑所导致的，这种不均匀性会使得轴承的外套圈上生成周向的裂纹，由于轴承座外形不是真正的圆柱状，当轴承承受外部载荷时就会发生挠曲，进而生成疲劳裂纹及扩展。滚动轴承中，这种裂纹一般会在滚珠磨损通道的底部产生，进而造成套圈的断裂[1]。

在使用过程中，滚动轴承的内套圈也会时常发生断裂。套圈在安装过程中与轴之间会产生较大的阻力，形成环状的应力，因此，轴向会发生内套圈的开裂。另外，当零部件装配松动时，就可能使得套圈在轴间发生相对滑动，进而造成端面的径向裂纹。

造成轴承构件开裂的原因归结起来都可认为是构件（或局部区域）所能承受的载荷超过了其结构强度，同时也会受到使用环境、磨损及片状剥落等因素的影响。

滚珠发生破裂时，会形成几块尺寸近似相同的碎块，并且断口会出现海滩状的痕迹，表明属于疲劳开裂。不同于滚动接触疲劳引起的开裂，这种裂纹最先在外表面的优先剥落区产生，而且开始于滚动表面与纤维流线相垂直的位置处，这是由钢球制造工艺造成的，其内部纤维具有一定方向性。

与滚珠开裂一样，滚棒也具有类似的失效模式。多数滚棒在受到载荷后会沿着轴向在滚棒的中间位置断裂成近乎相同的两段，但对于开裂范围较大的滚棒，它们不会直接断裂分开，而是仍然会连在一起，断裂部位呈圆形状，处于滚棒中心轴线上且比较靠近端面。

造成这种开裂的根本原因目前尚不清楚，但可能会与径向承受的载荷所形成的循环疲劳有关。当滚棒的端部承受很大的冲击载荷时，内滚道挡边会紧贴在滚棒的端面上，进而造成严重的黏着磨损。

滚棒开裂可能是因为其承受的载荷过大,所以会在垂直于加载的方向产生拉应力,同时还会产生类似于螺旋裂纹形式的扭转应力。但是从理论上来说,滚棒一般是没有扭转应力的,但在零部件装配过程中导致的不对中或者制造工艺造成的尺寸误差可能会使之存在。

保持架的疲劳断裂特性分析也是轴承失效分析中经常遇到的问题,如图 3-29 所示,由于轴承旋转速度极高,保持架在运转过程中发生断裂失效的原因很难确定。这是因为:

一方面,轴承系统中的某些部位受到偏载作用后,使得保持架丧失平衡能力,造成保持架振动,进而使其发生疲劳断裂;另一方面,则是取决于保持架自身随轴承运转时的运动状态。保持架用于隔开滚动体,防止滚动体间相互碰撞和摩擦,同时使轴承中每个滚动体受载均匀且相等。因此,保持架的材料是一种强度不高的薄壁件,在运行过程中,保持架极易发生变形或者产生疲劳裂纹,即使不发生疲劳破裂,其自身的变形也会使滚动体承受不均匀的载荷,进而造成保持架疲劳断裂。

图 3-29　保持架掉爪断口的疲劳条带[13]

例如,某型发动机在定检时,其转动系统未出现异常,但是在机匣的回油滤中出现了许多金属粉末。对其进行分解后发现,传动结构中游星齿轮的轴承出现故障,保持架出现掉爪,图 3-30 为该保持架掉爪断口的损伤形貌,图 3-31 为该齿轮轴承的内滚道发生的较严重的剥落损伤形貌。

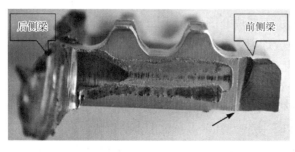

图 3-30　保持架掉爪断口损伤形貌[13]

图 3-31　轴承内套圈损伤形貌[14]

一般在正常情况下,轴承中的两排滚子系统受载均匀且相同,如果发生损伤,各滚子的受损程度基本一致[15]。当滚子系统发生严重的局部损伤时会导致轴承产生偏载。偏载的存在导致运转受到阻滞,保持架受载增大,保持架的某一爪的根部倒角处由于应力集中而产生裂纹,与该爪相邻的两个滚棒的运动空间会增加,运转的不平衡程度也在增大,同时撞击力也在增大,致使爪的两边发生疲劳损伤,其断口形貌在宏观上会产生倒立的"人"字形。疲劳裂纹不断扩展,最终会导致爪的断裂。从保持架上的倒立的"人"字形断口形貌可以判定保持架是否受到了滚棒的非正常作用力的破坏,然而,当轴承系统遭受到破损时,会使得保持架的失效断面的形貌遭到严重破坏,无法对其做出正确判断。

保持架出现疲劳损伤一般是由于轴承先出现损伤,随后轴承系统中的其他部位在非正常的工作条件下运行时会失去平衡,进而使保持架受到交变载荷或振动的作用,从而出现疲劳损伤断裂,所以保持架属于受害件。

判断保持架在疲劳断裂中是属于受害件还是肇事件,依据一般为:保持架疲劳裂纹的起始位置是否为保持架发生共振的部位。然而,根据上述介绍,在一般情况下,当轴承系统遭到严重破坏时,尤其对于那些刚性较差的保持架,这些部件上的失效特征也会被破坏,所以难以对其进行判断。

3. 旋转爬行

旋转爬行是指压配合的内套圈和与其配合的轴之间,或者外套圈和与其配合的轴承座之间所发生的相对运动。旋转爬行多出现于第一种情况,造成这种现象的原因可能是运行过程中轴承受到了不平衡或者非正常的载荷,使其发生塑性或者弹性变形,另外,也有可能是因为装配误差的存在使内套圈上的轴件发生松动。旋转爬行现象会导致整个装置的运行类似一个摩擦传动装置,在该装置中,由于轴承的内套圈与轴件的外径之间存在尺寸的差异,两者之间发生了相对运动。

旋转爬行会使得轴的表面和轴承内套圈的内壁出现许多划痕或者产生比较小的径向擦伤,这种现象与局部咬合较为类似,由于局部加热的不连续性会产生热应力,必然会出现开裂。裂纹也有可能贯穿整个套圈,如图3-32所示。断面的形貌类似于锯切,套圈中的内应力会使得裂纹最先出现在有严重划痕的区域并由此向外扩展,出现和图3-32所示的一样的开裂方式。

图3-32 旋转爬行断裂[16]

4. 金属黏着

两个相对滑动接触体的任一表面剥落下的物质沉积或黏着在另外一个表面或者两表面上,称为金属黏着,如图3-33所示为金属黏着失效示意图。产生这种现象的原因是轴承接触面之间出现严重的相对滑动,这种黏着现象一般只发生在局部微小的范围内。这些黏着块质点一般会受到应变硬化和局部高温的影响而被加工硬化,这种硬化作用会导致材料的硬度增大,进而导致轴承的磨粒磨损[17,18]。

黏着失效形式基本上只会出现在相对运动比较剧烈的接触面上,而且失效会不断地加剧。如果不采取相关措施,随后两个黏污表面间会因为强烈的摩擦而失去热平衡的能力,进而发生失效。若采取措施得当,黏着物

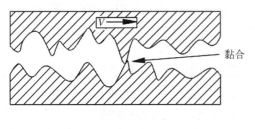

黏合

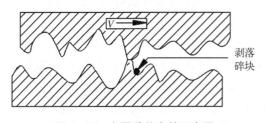

剥落碎块

图3-33 金属黏着失效示意图

就可能被磨平,磨平接触面会出现部分塑性变形区域,轴承可以继续工作,那些被转移的金属一般为光亮的断口状碎片。

润滑油脂出现变质或者被污染,以及外来物质使润滑剂受到污染而造成的硬化等都会使接触面产生滑动,保持架内的滚棒和滚珠的转动会因此严重受阻。如果轴承内的磨损已经发展到能够使滚棒歪扭的程度,致使滚棒的转动中心线不平行于轴的中心线时,滑动现象和黏污就会出现。由于保持架的凸缘和滚棒端面间会出现滑动接触,可在断面上看到一个独有的摆线形式的黏着痕迹。这种黏着现象导致的破坏会严重限制滚棒轴承所能承受的轴向载荷的大小。润滑失效会使得保持架在滚动体或者滚道内发生黏着损伤。

5. 轴承的磨损失效

虽然滚动轴承的接触形式为摩擦程度很小的滚动接触,但仍然不能忽略因磨损所导致的轴承失效问题。已有研究表明,如果能对轴承进行正确的润滑,这种磨损就能得到有效遏制。然而,一些外来的污染物、具有腐蚀性的流体或者坚硬的颗粒物会进入轴承,造成其磨损失效,进而使轴承各部件间的间隙变大,导致轴承在运转时产生很大的噪声,同时也会出现其他的一些问题,造成轴承失效,如图3-34所示为轴承内滚道和滚棒长时间受到磨损后的表面。

图3-34 轴承磨损失效表面

当润滑的方式或条件不正确、接触面上存在高速滑动接触或接触区域有硬质颗粒时,均会造成轴承的磨损失效。这种磨损失效的特点就是润滑剂中有研磨性的碎粒或在滚道接触面和滚动体间发生磨粒磨蚀,直至磨损失效。可通过以下方法对磨损失效进行评定:对接触区域周围的研磨颗粒进行分析、测量构件的重量或尺寸大小、对润滑剂进行铁谱或光谱分析,以此来对研磨颗粒的形成原因及其性质进行鉴别。

滚动轴承对外来的硬质颗粒或者其他污染物是非常敏感的,这些硬质的污染物会起到磨料的作用,导致滚道和滚珠之间单位接触面积上的压力急剧升高,同时滚珠在运转的过程中会吸附一些微小的硬质颗粒等外界杂质。另外,在装配或者返修时,轴承中也会进入一些杂质,或者在运转过程中,大气中的杂质也会渗漏进轴承座中,或混在润滑剂中进入轴承。

磨料就是对轴承接触面起刮、切或者研磨等作用的一切金属或非金属颗粒。在对轴承进行组装时,一些坚硬的金属颗粒会进入其中,对接触面造成一些微小的凹痕,这与那些具有腐蚀性的物质造成的影响有很大的区别。这些坚硬颗粒会挤在滚动体与滚道之间,当轴承工作时,会造成内套圈与轴件的相对转动,或者外套圈与轴承座的相对转动。

具有腐蚀性或者酸性的液体造成的磨损失效,其失效表面通常有红褐色的覆盖层,并且在滚道的表面上会出现一些微小的腐蚀坑。这种磨蚀所产生的磨损痕迹往往不是很明显,这是因为滚珠的滚动能将带有腐蚀介质的润滑剂从滚道中挤出去。研磨形成的具有腐蚀性的氧化物会起到研磨剂的作用,进而造成滚道和滚珠的磨损,并使其呈灰暗色。相反,对于滚道表面的其他部分,会在研磨的作用下形成磨光的凹痕,同时也可能会看到一些深痕和普通的锈斑。

6. 塑性变形失效

轴承过载会使接触面发生塑性屈服,造成塑性变形失效。即使对于轴承构件中的滚棒、滚珠及套圈等这类具有高强度和高硬度的钢材,也会因为在运行过程中受载过大而发生塑性变形。冷变形及不稳定的过热会使得接触面的几何关系发生变化。

塑性变形对轴承的影响主要体现在使接触面的几何形状发生变化,如图3-35所示,轴承受到严重的塑性变形后,其几何形状已经发生了变形。当轴承处于非运转状态时,塑性变形会使接触面受到压痕损伤,当其运转时,接触面则有可能发生畸变。当滚动轴承处于正常的工作环境和承载条件下时,肯定会发生微小程度的塑性变形,但一般会将这种塑性变形减小到设计容许的最小限度。一般是通过对接触面的畸变程度进行测量来判定滚动轴承发生塑性变形的程度。

虽然各种形式的压痕都会造成滚动轴承的损伤,但只有那种分布均匀且轮廓分明的凹痕才会造成塑性变形。造成这种塑性变形的原因一

图3-35　轴承塑性变形

般是滚棒或者滚珠对滚道进行挤压,这通常是错误的装卸套圈的方式或者疏忽导致的。一般情况下,是通过滚棒或者滚珠来间接地提供装配轴承所需的力,而不是让套圈本身来承受。在运输过程中,也可能会因为装卸工人大意而导致轴承受到损伤。当两个轴线之间存在微小角度的套圈安装在一起时,滚道上就会产生类似的规则分布的伤痕,这类损伤一般可以通过轴承在运转过程中所发出的噪声来进行判别。

当有些静止轴承承受的压力或者冲击载荷过大时,就会造成过载压痕或者凹痕损伤这类永久变形,凹陷或者压痕是金属塑性变形导致的。滚道上的这种凹陷分布和滚珠的分布存在必然的联系,这能够区分凹痕损伤是过载造成的压痕损伤还是一些铁屑或污染物所造成的刻痕,后者一般是无规律分布的。在显微镜下,可观察到加工时在滚道上留下的磨痕,并且会保留于凹陷处。装配时对紧配合施加过大的力及外套圈轴线与轴承座轴线不平行等都有可能造成过载压痕损伤。除此之外,装卸时的失误也会引起过载压痕损伤,例如,使轴承受到猛击或者跌落等。

7. 微动磨损

当滚动轴承运转时,滚道和滚动体之间,以及轴件与轴承体之间都会存在着微小振幅的振动,会在这些构件的接触表面造成微动磨损。微动磨损是一种集磨损腐蚀、摩擦氧化、微动氧化腐蚀及研磨腐蚀或擦伤等多种失效形式于一体的失效方式。当轴承之间存在振动或者径向角较小的摆动时,可能会造成微动磨损。轴承微动磨损造成的腐蚀损伤

一般可分为两类：第一类是轴承内壁与轴之间，或者是轴承座内孔与轴承外表面之间发生的接触腐蚀（配合锈蚀）；第二类则是轴内部接触面之间（如滚道与滚动体之间及滚动体之间）的微动磨蚀损伤，这类微动通常认为是微动氧化腐蚀。

图 3 - 36　轴承外表面的斑块状[19]

1）接触腐蚀

接触腐蚀损伤的形貌通常呈红棕色或者黑色的斑块状，如图 3 - 36 所示。产生这种腐蚀现象的原因是接触面的微动，这种面间的轻微运动会造成研磨，生成一些小的金属碎屑，并且会被快速氧化，生成接触腐蚀所独有的红棕色的腐蚀产物 F_2O_3。类似地，若轴和内套圈之间在轴承运转过程中出现微小的相对运动，也会在内套圈的内腔表面产生接触腐蚀。

2）微动氧化腐蚀

发生微动氧化腐蚀的主要原因是轴承的滚道和滚动体之间存在微小振幅的振动，当滚动体与滚道发生接触后，在压力的作用下，接触处的润滑剂会被挤出，引起金属间的接触和局部磨损。当正常运行的机器受到这种振动作用时，会造成轴承内部微动氧化腐蚀。同时，这种腐蚀效应会产生比较明显的噪声，因此可以此来判别是否出现了微动氧化腐蚀。但是，这种噪声相较于航空发动机其他部件产生的噪声而言显得微不足道，飞行员也很难对此进行辨别。微小振动所造成的接触面的磨损会产生一些细小的金属颗粒，并很快被氧化成类似于磨料的氧化物，最终会在接触面上产生特有的沟痕。

微动不仅会使轴转动一定的角度，而且会使滚动体相对于滚道产生更大的运动，这种运动对轴承造成的损伤要远大于微动氧化腐蚀所产生的影响。

微动损伤中还有一种名为微动刻槽的损伤形式，它是以斑纹或者规则的沟槽形式出现的，形貌如图 3 - 37 所示。

图 3 - 37　轴承外滚道上的微动刻槽[20]

图 3 - 38　电流腐蚀产生的微动刻槽

另外，对于通电的轴承而言，滚动体和滚道接触处的电流被瞬间切断时，会产生电弧或者电火花，造成局部高温烧损。长时间有电流流过会生成微动刻槽，如图 3 - 38 所示，微动刻槽可能会很深，并导致产生振动、局部应力过大及噪声等危害，最终造成疲劳。产生这种微动刻槽的原因目前尚不清楚。但是,一般会在滚动体的尖棱部位产生电弧,会造成弧坑麻点或者局部的汽化,这点是毫无疑问的。这种火花腐蚀效应一般会造成急速的振动,因此会加速微动刻槽的产生。一般情况下,电流作用产生的影响会表现在滚道上,但当轴承处于停止状态并伴随有火花放电时,有时也可能呈现在滚动体上。

运转电机上的轴承所产生的微动刻槽,是因为感应效应或者电流绝缘措施较差等造成的。为了消除这些杂散的电流,需要对轴承支架或者轴承内部的绝缘和套圈件进行适当的短接。

8. 腐蚀失效

腐蚀损伤的发生主要与轴承的工作环境有关,轴承在工作过程中,很可能会与其周围存在的水及其他的液体介质,或者是已经变质的润滑剂等发生电化学或者化学反应,使轴承构件发生腐蚀失效。

淬硬的轴承表面会因为腐蚀失效而出现许多微小的麻坑,这些麻坑的出现会使轴承在运转过程中发出噪声并且导致轴承表面不连续,进而造成应力集中,裂纹也可能产生于这些不连续的地方,如图3-39所示为轴承受到腐蚀损伤后的表面形貌。一般来说,只要轴承包装得够严密,就不易发生腐蚀失效。但是也有一些轴承会在存放期间发生腐蚀损伤,可能是因为在存放时,表面的润滑油脂产生了硬化,导致油脂被取出时已经成了一个完整的环。腐蚀损伤最初所表现出的迹象是很难用肉眼进行识别的,在一些普通机械设备中,可以通过其产生的噪声来进行辨别,但在航空发动机这种高噪声的装备中很难用这种方法来对其是否发生腐蚀失效进行准确判断。

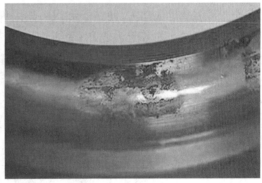

图3-39 轴承腐蚀损伤表面形貌

当使用常温的易挥发溶液对轴承进行去油清洗时,可能会有水分凝结在轴承的表面。如果不作处理,随后直接将其浸入冷油中,或者是在其表面涂上抗腐蚀的润滑剂,之前黏在轴承表面的水分就不会挥发,从而导致腐蚀发生。但如果清洗之后,将其浸入热油中,或者涂上热的润滑剂,之前凝结在轴承表面的水分就可能会挥发掉,从而避免腐蚀失效的发生。当轴承在运转时,如果所使用的润滑剂中含有水分或者酸性物质,都可能会发生腐蚀损伤。

9. 高速轻载打滑

当滚动轴承的滚动体和套圈滚道在较低的接触载荷(或者润滑条件过量)作用下发

生接触时,在惯性力的作用下,高速运转的两个接触体在各自接触点上的线速度不一致,两接触体间就会出现相对滑动,这种现象也会使接触面发生蹭伤。这种现象的出现主要和牵引力有关,形貌特征主要表现为滚道的表面疲劳、表面损伤及摩擦磨损。前期的损伤特征主要是表面蹭伤,可通过肉眼观察到蹭伤的区域出现白色的霜雾状特征,并且在显微镜下,可清晰地看到金属的迁移现象,也就是鳞片状的剥落特征,如图 3－40 所示为显微镜下内滚道的打滑损伤形貌。下面对滚子轴承的高速轻载打滑现象的机理进行解释。

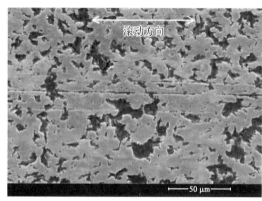

图 3－40　轴承内滚道打滑损伤微观形貌[21]

　　滚子轴承是依靠主要元件之间的滚动接触来支撑转动零件的。内圈(内圈旋转)和滚子之间会产生拖动力,使滚子和保持架组件正常运行,如果这种拖动力小于作用在滚子和保持架组件上的各阻力之和,套圈滚道和滚子之间就会出现公转滑动。对于航空发动机这种高速旋转的装备,其主轴上的轴承转速高且承载低,滚子在离心力的作用下会紧压着外圈,内圈所承受的载荷会很小。此时,切向的拖动力会减小,如果油膜没能完全地隔离接触表面,就会出现打滑,造成蹭伤。

　　本节对滚动轴承的一般失效形式进行讨论,并且分析了这些失效形式产生的原因,表 3－1 列出了滚动轴承的不同失效形式及失效原因,可为轴承失效分析提供理论指导。

表 3－1　滚动轴承失效的一些原因及其对应的损坏形式

失效原因	具 体 影 响 因 素	与原因对应的损坏形式
1. 润滑油污染	① 水蒸气; ② 磨料; ③ 外界物质(大颗粒尘土)	① 腐蚀; ② 划伤、擦伤; ③ 磨损、起麻点、剥落
2. 润滑不正确	① 完全没有润滑油; ② 供应量太小; ③ 润滑油种类不对; ④ 润滑油太多、太稠; ⑤ 润滑油等级或密度不对; ⑥ 间断供油	① 过热; ② 擦伤、粗糙化; ③ 粗糙化; ④ 金属涂抹; ⑤ 粗糙化; ⑥ 保持架破碎

续 表

失效原因	具 体 影 响 因 素	与原因对应的损坏形式
3. 安装不正确	① 预压过大； ② 调整过紧； ③ 强装； ④ 轴与轴承内孔配合过松； ⑤ 装配过紧； ⑥ 使用不正确	① 类似润滑不足引起的损伤； ② 类似润滑不足引起的损伤； ③ 圈开裂； ④ 蠕变磨损； ⑤ 疲劳至剥落； ⑥ 损伤保持架
4. 拿放保管粗心	① 锤击工具(冲子)敲装； ② 手锤敲击座圈； ③ 冲头挖伤油封； ④ 因粗心而将保管摔坏； ⑤ 保管或安装时的撞击； ⑥ 内外圈相对位置倾斜	① 外环出现缺口； ② 裂纹； ③ 损伤保持架； ④ 表面损伤、结构损坏； ⑤ 引起早期疲劳断裂； ⑥ 外圈刻痕
5. 中心线失调	① 轴弯曲； ② 轴承与轴承座之间夹有外界物质； ③ 轴向游隙过大	① 磨损、早期疲劳断裂； ② 磨损、早期疲劳断裂； ③ 内圈内孔一侧产生严重磨损
6. 繁重作业	① 短时期内特别沉重的冲击； ② 轴向游隙大加上下振动； ③ 速度和载荷过大； ④ 振动使滚动体在不动的座圈上前后滑动	① 座圈压痕、座圈和滚动体破裂； ② 座圈破碎； ③ 座圈表面片状剥落； ④ 凹沟痕迹
7. 振动	磨损加撞击	压坑
8. 漏电	—	电麻坑

3.2.4 轴承失效的分析与判断

前面已经提到,轴承一般会受到多重影响因素的共同作用,因此对轴承进行失效分析是不容易的,需要尽早检测出失效零件及部位,有利于在失效特征最清晰的失效初期找出失效原因,避免失效特征的消失及在受损情况下继续运转。本节将对轴承失效的主要标志、检验及分析程序、痕迹特征及动态监控等进行介绍。

1. 轴承的失效及其主要特征

轴承在寿命期内失去其应有的使用性能,导致故障或不正常工作的现象,称为失效。轴承在使用初期出现失效的现象是时常发生的,造成失效的原因众多,可能是某一种也可能是多种失效形式的耦合,结构设计不合理、材料表面存在缺陷、安装误差、振动较大的工作环境、过载、高温、润滑效果不佳及有液体渗入等都会造成轴承在初期失效。

轴承的失效可分为两类:止转失效和丧精失效。顾名思义,止转失效是指轴承终止转动而失去其工作能力。丧精失效是指轴承因几何尺寸发生变化,使原有的配合间隙改变而丧失原来的回转精度,此时轴承虽能继续转动,但属于非正常的运转。两种失效的主要标志如图3-41所示。

2. 失效轴承的检验与分析

当轴承在使用的寿命期限内出现失效时,就必须对其失效原因进行分析,并采取相应措施。

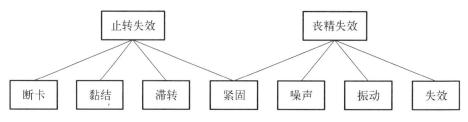

图 3-41　止转失效与丧精失效的主要标志

轴承失效往往不是某一组件的失效,当一个组件遭到破坏后,轴承还会继续进行非正常的运转,使得其他组件也会出现失效,对于那些复杂的情况,往往很难确定肇事件,因此,想要清楚地知道肇事件的失效模式或者是一级失效模式有时候是不大可能的。为了弄清楚复杂的失效原因,就必须有一个合理的分析思路和分析程序或者步骤,轴承的失效分析往往遵循以下的步骤。

1)第一步,分析轴承的工作和使用环境

(1)载荷情况。① 载荷大小,当轴承所承载的载荷超过额定载荷时就会造成过载,轴承的寿命就不会达到额定寿命;② 载荷方向,根据轴承安装部位的动态工作状况,检查并分析施加于轴承上的载荷是否符合轴承的结构参数,若不符合,即为非正常过载;③ 载荷的均匀性,检查轴承在使用过程中所承受的冲击载荷,查看是否超过轴承所允许的使用条件,如果存在,即为不当使用。

(2)轴承的转动速度。每一种轴承在设计时都会有自己的极限转速,这种极限转速一般是指在一定的润滑条件和载荷下所允许其达到的最大转速。当轴承的运转速度超过极限转速时,轴承的滚动体和滚道之间的接触应力就会急速增大,同时接触面的温度也会升高,使得润滑条件下降,轴承的寿命也会相应降低。因此,当轴承处于早期失效阶段时,就应该检查其运转速度是否超出允许的转速,并且还需要搞清楚转速是恒定的还是间歇性变化的,分析这种变化是否有规律可循。

(3)温度情况。包括使用环境温度、润滑剂的温度及轴承构件的温度,正常情况下,轴承的温度在 120° 以下。

(4)润滑情况。① 润滑剂的选择是否符合轴承的类型、DN 值及其工作环境;② 润滑方式是否正确;③ 对于密封轴承,还应检查其润滑脂的填入量是否符合要求,一般占壳体空间的 $1/2 \sim 1/3$。

(5)周围环境情况。检查轴承是否处于潮湿、含酸或者碱性等具有腐蚀性或者有毒气体的环境中。

(6)安装情况。检查轴承安装是否正常,游隙大小是否符合规定,套圈是否对中。

另外,还需找出碎屑产生的来源。如果有可能的话,需要尽可能找到最初损伤阶段的一些样品或痕迹。

当然,轴承设计制造的一些资料也非常重要,如材料及其性能、轴承的设计使用性能等都必须尽可能地了解清楚。如图 3-42 所示,是对轴承进行失效分析时的资料收集程序图。

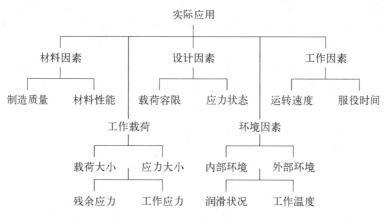

图 3-42 轴承失效分析资料收集程序图

2）第二步，对失效轴承进行宏观检查

必要时，对轴承所连接的机器一起检查，这样可以更加清楚所有相关的零部件的大致情况和轴承构件的个别情况，特别需要对相关零部件或者轴承构件的损坏痕迹进行认真检查并分析。对所检查的每项内容，都必须留有记录，可方便后续分析工作的溯源。

3）第三步

对碎片样片和润滑剂进行采集，便于利用铁谱和光谱技术对其化学成分进行分析。

4）第四步

对于从轴承座上取下的失效轴承，需标记内套圈相对于轴及外套圈相对于轴承座的位置，这样做的目的是在后面检查出故障时，能联系到发生故障时可能的条件。另外，经常会将定位标记和装配时原始定位的标记进行比较。

5）第五步

轴承从主机上拆卸下来时，需对其表面进行检查和分析，同时测量其尺寸精度，对表面痕迹进行分析和记录。主要的检测内容有以下几个方面。

（1）外观检查。包含总体的外观检查及各部件的损坏情况，观察表面缺陷的大小、部位、形状及数量等，同时查看轴承各部件颜色的变化，通过这些颜色变化可判断出轴承的工作温度、润滑情况等。除此之外，还需对损伤形貌和特征进行观察，必要时需使用放大镜等设备对其进行仔细观察，对于有研究价值的损伤特征，需拍照作后续分析。

（2）几何尺寸测量。测量轴承的主要部件尺寸，并将装配前的部件尺寸和测量结果进行比较，由这些数据的差异情况可判断出轴承的工作温度和装配情况等。此外，对游隙尺寸进行测量，查看其变化情况，据此可对零部件在制造过程中回火的稳定性、工作温度及尺寸的稳定性等做出初步判断。

（3）表面完整性检验。包括对轴承的表面加工质量和热工艺质量的检验、冷酸洗检验及表面残余应力的检验和测定。其中，冷酸洗检验是用硝酸溶液对轴承进行清洗，可检查出轴承表面是否出现烧伤、软垫或者脱碳等情况，同时也可以对轴承工作表面的表层质量进行检验。

通常使用 X 射线进行结构分析,首先对未曾使用或者在使用过程中没有发生失效的轴承进行衍射谱线线型的积分强度和宽度的测定,再与失效部件的这些参数进行对比,通过分析这些参数沿表层深度的变化情况,就可判断出失效部件是否存在过载、脱碳及过烧等损伤情况。一般采用 X 射线应力测定仪对表面应力进行测量,通过对轴承工作前后应力的变化进行测量,即可对零件的初始加工质量或其工作状况做出判断。

6)第六步

通过低倍(3~15 倍)显微镜对轴承的主要零部件进行观察,可初步获得这些部件的失效性质,同时对重要部位进行拍照,以便后续分析。

7)第七步

选取一些和失效部位有关的典型的区域进行内部质量检验与分析:主要是检查工件表层组织是否出现脱碳层、屈氏体组织和加工变质层;基体组织中是否含有那种尺寸较大且封闭的网状的碳化物,如存在,还需对这些碳化物颗粒带情况、密度差的大小,以及碳化物的形状和尺寸进行分析。另外,还需对氧化物、氮化物、硫化物及点状的难变形物等非金属夹杂物进行分析;观察氧化物的形状是否发生变化,例如是否存在氧化物被硫化物包裹或者氧化物是否有尖角等现象;分析氧化物的尺寸大小及分布情况等。此外,还需要对基底的硬度进行测量,分析其是否符合设计规定;对工作表面的硬度值也需要进行测定,分析其是否处于正常水平,并与中心的硬度进行比较。

对那些由于疲劳断裂而发生失效的轴承,需对其疲劳源进行检查和分析,一般会使用金相显微镜或者双目放大镜来观察疲劳源的尺寸及形状。为了判断是否有异相脱落,可使用电子探针对已观察到的可疑点进行微区成分分析,并使用扫描电镜对扩展区进行观察和分析,以此得到疲劳剥落或疲劳断裂产生的原因。

8)第八步

综合上述检验分析的结果、失效源的特征及失效形式,可判断出轴承失效的原因及主要影响因素,根据分析结果,制定合理的解决方案(包含从设计到使用维护的全周期),这样可进一步提高轴承的使用寿命,避免造成早期失效。

3. 滚动轴承的痕迹分析

理想情况下的纯滚动是不可能在接触表面产生痕迹的,但在实际工程中,机械滚动造成的损伤痕迹基本都是滚滑性及滚压性的运动所造成的机械痕迹,因此称为滚动痕迹。由前述分析可知,滚动轴承上的运动就是滚滑或滚压性的运动。

造成航空发动机轴承失效的原因一般有两点:轴承缺少滑油造成的损坏,或者是所选用的轴承在超出其使用范围和工作环境下使用。

1)轴承缺油及选配不当造成损坏的痕迹特征

当轴承内部缺少滑油时,就会在短时间内使轴承的温度急速升高,造成轴承的损坏,进而造成振动及机件的卡滞。缺油造成的轴承故障,最先会使发动机上承载最大的推力轴承发生破坏,这是因为其相较于其他轴承来说承载最大。主推力轴承失效的最主要特征是压气机转子发生了超前的移动。

当回油泵或者滑油泵损坏时,轴承机匣内的油面会上升。这时轴承的滚动作用将下降,滑油的流量也会不足,停滞的滑油温度将升高,滑油的冷却及润滑效果将降低或丧失。

通常可根据轴承工作表面的颜色来判断其是否工作在超温环境中,蓝色表明超温;颜色进一步加深为深蓝色则表明工作在超高温环境中,这时轴承的工作表面也会出现一些金属转移现象,但一般不会像因缺少滑油或滑油中断造成的破坏那样严重。

造成轴承破坏的另外一个主要原因是所选用的轴承及工作环境超出了其设计要求。当轴承装配不当(如内外套圈不对中)时,会使轴承所承受的载荷方向和大小偏离设计要求。可通过对轴承构件破坏位置及分布情况进行痕迹检查,来判断轴承的工作条件是否正常。滚珠轴承的每一种承载形式都有其特有的滚珠痕迹,因此可以用这种磨损痕迹来判断滚珠轴承的破坏形式及产生破坏的载荷条件。

对于只承受单向载荷且外套圈固定的轴承,在正常情况下,其滚道只有不到一半的部位会承受载荷,如图 3-43(a)所示,载荷由内套圈转入承载区域,所以滚珠在内套圈上的磨损痕迹会沿着整个圆周方向扩散。对于只承受单向径向载荷且内套圈固定的轴承,只有不到一半的内套圈滚道会承受载荷,如图 3-43(b)所示,并且这些载荷会由外套圈转入承载区域,滚珠磨损痕迹也会在外套圈上沿着圆周方向进行扩展。

外套圈固定的轴承,外套圈会在轴承座内发生旋转爬行,在单向径向载荷的作用下,产生的滚珠痕迹一般位于滚道中心部位,外套圈滚道内的滚珠磨损痕迹比内套圈长一些,如图 3-43(a)所示,长出的数值就是外套圈发生旋转爬行的弧长。只要存在旋转爬行现象,就会使得外套圈的磨损痕迹继续延伸。

只受单一的轴向载荷作用的轴承,其产生的滚珠磨损痕迹如图 3-43(c)所示,在角接触轴承内,滚珠磨损痕迹不在滚道的中心位置,并且这种偏离滚道中心的程度会比承受轴向载荷的向心轴承大,这和向心轴承中的接触角较大有关。如果对向心轴承施加连续的轴向载荷,滚珠就没有能力使转轴转动,同时滚珠上也会出现如图 3-43(c)所示的环形磨损带。

当轴承的内套圈倾斜或者相对转轴不垂直时,其滚道上的滚珠痕迹如图 3-43(d)所示,表明了内套圈的倾斜程度及轴承的游隙大小对滚珠磨损痕迹特征的影响程度。图中反映了轴承底部承载时的痕迹,也就是轴承倾斜后顶部仍存在游隙的情况。由于以倾斜的方式往轴上压入轴承套圈而产生的椭圆度,内滚道上的滚珠磨损痕迹与滚道之间会存在一定的夹角,从图中可看出痕迹在滚道对面两点之间变窄了。如果倾斜程度大到占满轴承顶部的整个游隙,外套圈上的滚珠痕迹就会沿着周向继续蔓延。

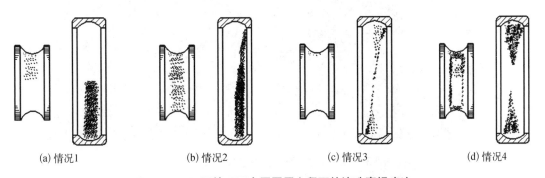

(a) 情况1　　　　　(b) 情况2　　　　　(c) 情况3　　　　　(d) 情况4

图 3-43　不同情况下套圈圆周上留下的滚珠磨损痕迹

轴承的安装方式也会对轴承施加一定的径向载荷,例如,轴承座和外套圈或者轴和内套圈之间装配时挤压过紧,就会使套圈滚道在圆周方向上产生均匀分布的滚珠磨损痕迹,如图3-43(a)所示。

如果轴承同时承受轴向载荷和径向载荷的作用,那么,滚珠痕迹会由两者之间的相对大小来决定。当轴向载荷相对于径向载荷较大时,磨损痕迹就类似于纯轴向载荷时产生的痕迹。当径向载荷相对于轴向载荷较大时,内套圈上的磨损痕迹就会比外套圈上的宽,而且外套圈上的磨损痕迹也会随径向载荷与轴向载荷的相对大小倾斜一定的角度,出现类似于图3-43(b)所示的现象。

此外,还有因为不对中所引起的其他类型的滚珠磨损痕迹,例如,当轴承发生脱位时,内套圈和外套圈位置相对倾斜。外套圈在轴承座内倾斜,导致其轻微呈现出椭圆形,这使得一个方向受横向载荷挤压,相对垂直的方向载荷减小,越靠近圆心位置,滚珠磨损痕迹相对于两边变得越窄,同时外滚道和外套圈滚珠磨损痕迹会形成一定的角度。若是倾斜程度还不足以完全占有全部余隙,外套圈上未承受载荷的部分(上半部分)就不会有滚珠磨损的痕迹,如图3-43(c)所示。

如果轴承座外形不圆,外套圈会呈现轻微的椭圆形,这种情形的滚珠磨损痕迹类似于外套圈倾斜时的磨损痕迹,只不过此时的滚珠磨损痕迹处于滚道的中心位置,并且不会和滚道相交,如图3-43(d)所示。

2) 滚动轴承主要损伤形式的典型痕迹特征

(1) 疲劳损伤。疲劳损伤指在循环载荷作用下,由于损伤积累造成滚珠跑道表面出现碎裂的现象,在此过程中会伴随有材料微粒的剥落。疲劳裂纹一般产生于亚表面,所以可通过将滚珠磨制成金相试片,来对其疲劳裂纹特征进行观察,如图3-44所示,图中这些源于表面的裂纹均属脆性,在裂纹起源处并没有发生塑性变形。裂纹的扩展方向与表面之间为锐角关系,随后又转向表面,最终剥落后形成凹坑,具有剥落疲劳的特征。

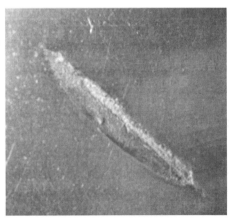

图3-44　滚珠表面的典型疲劳裂纹形态[22]

(2) 过热。过热会使得轴承的轴承环与滚珠颜色发生变化,这是过热的典型特征之一。出现这种现象最主要的原因是润滑失效,并且这种颜色沿着轴承的轴线方向变化。

当温度超过200℃时,会使内外环和滚珠发生退火,进而使其硬度降低,最终会导致轴承提前发生破坏,最严重时,轴承和滚珠都会发生变形。

(3)错位。当滚珠跑道与外环或内环跑道不平行时,就会造成错位,这种错位现象会导致轴承和轴承座上面的温度异常升高,同时保持架也会严重磨损。

(4)装配过松或过紧。装配过松会导致装配间隙过大,这样不利于传热,轴承的温度也会升高,并且轴承内外环的装配面与轴承表面出现磨损;过紧会造成内环或外环的滚珠跑道的整个圆周面出现麻点,并且会导致运转时的径向间隙过小甚至消失,进而使滚珠承受过大的载荷,使其温度急剧升高。麻点的存在会导致很大的振动量,使扭力增大。

(5)撞击。当轴承承受超过其跑道材料所能承受的弹性极限时,在滚珠挤压的位置就会出现撞击的凹痕(可利用圆珠笔或者手指甲等手感经验来确定滚珠在跑道上留下的这种比较平滑的小坑)。这种凹坑一般是由于撞击比较严重或者静载过大而造成的,凹坑的存在会加剧轴承的振动,有可能会加速轴承的疲劳破坏。

(6)过度振动。当轴承受到的外部振动过大时,就会在每个滚珠的位置上出现椭圆形凹坑。这种凹坑不仅有光亮的锐边,而且还有一圈棕色的碎屑。静止时的滚珠与跑道之间会由于外部振动效应发生微小的相对运动,这时滚珠跑道出现的磨损并不能完全通过滑油膜来消除,而且会产生一些氧化物颗粒,进一步加速了磨损。可通过观察是否存在这种椭圆形的磨损面及其周边是否存在棕色的淤积物来判断凹坑是否存在。

(7)腐蚀。保持架、轴承座或者滚珠、轴承跑道面上若出现红棕色的痕迹,则说明轴承出现了腐蚀迹象。

(8)跑道打滑。由于润滑不当或者突然加速,都有可能使滚棒、滚珠或者跑道上出现打滑迹象,打滑的本质是金属的转移。

3)剥落磨粒的痕迹特征

对于类似滚动轴承的这种摩擦副组件而言,一般磨损过程可分为三个阶段,如图3-45所示,除了在一些特殊情况下可能会产生毛刺或者腐蚀产物外,在不同的磨损阶段,最常见的分离产物还是磨屑。并且这些磨屑在不同阶段会出现不同的特征,通过对这些磨屑的特征进行分析,有助于进一步分析轴承的破坏机制和运转情况。

对于滚动轴承而言,其疲劳与三种不同的磨粒有关,即疲劳剥离磨粒、层状磨粒及球状磨粒。

疲劳剥离磨粒产生于轴承工作表面开始出现麻点损伤或者点蚀时,是材料剥落的产物。起初损伤的磨粒粒度大约是10 μm,在微观开裂过程中,这类磨粒

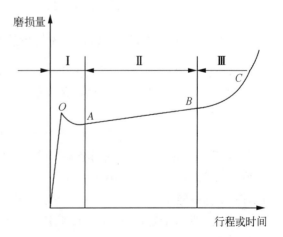

图3-45 摩擦副正常磨损示意图

I-磨合阶段;II-正常磨损阶段;III-严重磨损阶段

的粒度会持续增大,最高可达 100 μm。当开裂程度达到宏观状态时,这种磨粒可能还会继续增大,因此可通过对滑油中 10 μm 的磨粒是否增大来对其进行判断。疲劳磨损产生的磨粒一般是平片状的,且表面光滑、轮廓随机曲折,长轴尺寸与厚度之比为 10∶1。和其他摩擦副装置相比,使轴承性能严重下降的磨粒数量是相对较少的。

滚动轴承中金属球状颗粒的产生并不只是来源于疲劳损伤,这就增加了损伤判定的难度。例如,气体腐蚀、磨削或者焊接等都可能产生金属球状颗粒。通常是通过球状颗粒的尺寸来区分这种磨粒产生的来源。一般情况下,由于滚动疲劳产生的球粒尺寸小于 3 μm,而其他形式产生的金属颗粒的尺寸通常会大于 10 μm。此外,厂商使用的滑油中也可能含有一些金属颗粒或污染颗粒,所以要尽量避免由于疲劳损伤所产生的颗粒与滑油中的颗粒相混淆,以便于后续对轴承进行损伤分析。

对于正在运行的机械设备,油液中的磨粒数量一般会处于一个动态平衡的状态,也就是所产生的磨粒数量基本等于漏损的数量。在漏损之前,磨粒所滞留的时间是磨粒粒度的函数,而且尺寸较大的磨粒的漏损速度也相对更快一点。正常运转的轴承中,其油液中粒度的分布与磨粒的密度基本上会保持一个稳定值。对于发生在光滑表面的正常磨损过程,其磨粒尺寸一般不会超过 15 μm,且大多数小于 2 μm。因此,当存在尺寸超过 15 μm 的磨粒时,就应提高警惕,防止磨损的进一步发展。

磨粒的尺寸在磨损过程中会直接影响磨损率的变化,尺寸越大,磨损率也就越大,但是当尺寸达到某一值后,磨损率就会趋于恒定或者稍微下降。

影响磨损性能的另一直接因素就是磨粒的密度,与尺寸影响一样,磨损率会随着密度的增加而增加,达到某一临界密度后,磨损率就会趋于稳定或略有下降。

通过对摩擦副所产生的磨损磨粒进行研究,可判断出磨损程度及部件是否发生故障。由于 50 μm 是判断磨损是否严重的重要尺寸参数,所以应该先对滑油中小于 50 μm 的磨损颗粒进行分析;另外,可通过分析颗粒的形貌,来对磨损失效形式及磨屑的形成过程进行推测;同时,对磨损颗粒的成分进行测定,就可以判断出哪些零件发生了磨损,进而找出磨屑来源。一般情况下,采用铁谱分析法来分析磨损磨粒。

3.2.5　轴承的动态监控和铁谱分析技术

前面已经提到,轴承出现损伤的初期是确定失效原因的最佳时机,因此当轴承处于运转状态时,对其进行失效判定显得尤为重要,同时,对运转中的轴承系统进行动态监控可有效地预防重大事故的出现[23]。

轴承运转过程中如果出现过大的噪声,极有可能是轴承发生了失效,这也是轴承失效的第一个迹象;当出现"隆隆"声时,说明滚动体或者滚道出现损伤,或者是金属干磨的迹象,这是轴承游隙大小不合适或者润滑不足等造成的。这些噪声可能是有规律的,也可能是无规律的,这与特定故障原因有关。此外,轴承过热也有可能造成轴承失效,所以单从噪声角度来判定航空发动机这种高噪声装备是否发生失效是极其困难的。

通常,轴承的失效会表现在滑油中,为了对摩擦副进行动态监控,可通过对摩擦副的滑油系统,尤其是通过对磨屑进行铁谱分析来实现。

现有的滑油磨屑分析方法主要是光谱测定分析法和铁谱分析技术。光谱测定分析法主要分为发射光谱测定法(电火花)和原子吸收光谱测定法(火焰)两种,但该方法只能用于直径不超过 8 μm 的颗粒。

铁谱分析技术是另外一种主要的分析方法,其基本原理是利用高梯度的磁场来分析磁性铁屑。这种方法是将污染物颗粒和磁性铁屑从油液中分离出来对其进行分析,并将这些磨屑或颗粒按照尺寸大小,在有梯度的磁场中一次沉积在一块透明的玻璃铁谱基片上,并通过光学或电子显微镜对其进行分析和检测。采用这种分析方法的基本工具就是铁谱仪,分析式铁谱仪一般由两部分组成,即铁谱制谱仪和铁谱显微镜。其中,铁谱制谱仪的构造和基本原理如图 3 - 46 所示,磁场装置包含一个磁性很强的永磁铁、速率稳定的微量泵及经过处理的铁谱基片,安装时基片要稍微倾斜于水平面。为了使滑油中的磨损颗粒在通过基片时受到一个

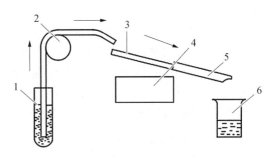

图 3 - 46 铁谱制谱仪的构造和基本原理

1—油样;2—微量泵;3—玻璃基片;4—磁场装置;5—导油管;6—储油杯

连续不断增大的磁场引力,就必须使从油槽中选取的润滑油的出口端的磁场强于入口端。将含有金属磨损颗粒的滑油通过铁谱仪磁场时,由于金属颗粒所受的磁场引力与磨粒体积成正比,金属微粒会在铁谱基片上按大小次序沉积下来,这样就制成了铁谱片。滑油中的磨损颗粒被制成铁谱片后,就可通过显微镜对其尺寸、形貌进行定性或定量分析,进而可以确定磨损类型及磨屑形成的过程。

采用铁谱分析技术可对金属磨粒进行定量或定性分析,其中定量分析是通过覆盖面积的百分比来确定形状和大小不同的颗粒的相对含量,进而对轴承及其他磨损件的损伤程度进行定量判断。定性分析则更加注重事物本质的变化,通过观察磨屑形态、颜色及尺寸大小,结合 X 射线衍射仪、电子探针或其他化学方法进行元素成分分析,以此来得出磨损类型、受伤程度及受损部位等关键信息。

铁谱分析技术能否成功应用于磨粒检测和研究,除了仪器因素外,也应该注意以下几方面:

(1) 为了得到较高的沉淀率,需尽可能多地收集油样中的磨屑;

(2) 磨粒要具有真实性和代表性,即要尽量收集到一些不同形态和不同磨损类型的磨粒;

(3) 在测量同一对象时,读数一定要稳定且准确,并且要有一定的子样数;

(4) 测量不同对象时,需要有如实反映不同对象差异的不同读数,即线性度,同时也要有一定的子样数。

对于小颗粒而言,利用光学显微镜就可以对磨粒形状进行研究和分析;而当要对一些大的颗粒进行拍照时,则需要借助景深更长的扫描电镜来完成。

3.2.6　预防轴承失效的主要措施

前面已经对常见的轴承失效形式及其影响因素进行了阐述,本小节根据这些引起轴承失效的因素,总结如何在服役过程中预防轴承失效,提高轴承的可靠性,具体措施总结如下。

（1）在选用轴承时,必须考虑在特定载荷作用下的轴承预期寿命,以便选择合适尺寸和类型的轴承。

（2）轴承的装配:轴承必须在合理的误差范围内安装于轴承座圈内或者轴上。例如,安装于轴上的轴承必须垂直于轴,并且要紧靠着轴肩(如果存在的话)位置。

（3）良好的润滑环境不仅可以使轴承在运转时减少工作面间的摩擦,同时也可以起到防腐蚀的效果。润滑油脂的使用量应该在合理范围内,不宜过量,一般为壳体的一半到三分之二最为合适,其余空间用来容纳由于保持架运动而翻起的油脂。此外,油脂在使用过程中会因为其氧化效应而硬化,从而阻碍滚子或滚珠的运动,这会造成污染失效或者金属黏着。因此,在对轴承进行润滑时,不仅要考虑润滑油脂的量,还需保证其质。

（4）轴承所处的工作环境要合适。过载、振动及冲击载荷等都会对轴承寿命产生影响,同时还需要防止液体或其他外来物的侵入对轴承寿命造成影响。另外,还要避免杂散的电流或者超高温等对轴承有影响的因素的存在。

（5）需要定期对轴承进行维护和保养。应对轴承进行定期检查,按照规定来定期更换润滑油脂。在对轴承进行维护时,需要做到谨慎小心,防止对滚动体的滚道造成损伤。

（6）安装轴承的设备在运输过程中,需满足以下任一方式来避免轴承在运输过程中发生碰撞:① 将滚动轴承取出,用木质填料来暂时替代;② 将机器进行拆卸后运输;③ 将机座和电机转子用夹具刚性地紧固在一起,并且需卸除静载。另外,要尽量将机器安放得使其转动部分的轴承处于垂直平面内,防止产生静载压痕损伤。

为了避免因为微动造成轴承的磨蚀,应采取以下措施。

（1）应尽可能地减小轴承的径向游隙。

（2）尽量增加轴承的摆动角度,这样可以使滚柱和滚子有相互交错的运动轨迹,而且需要向这一部位注入新鲜的润滑剂。润滑剂可以隔开其表面,这样就不会发生微振磨蚀。

（3）经常更换或加入新的润滑剂,这样既可以清除氧化物,也可以恢复润滑油膜。

（4）选用承载能力较大的轴承,以此减小单位面积的接触载荷。

（5）尽可能选用硬度大的滚动体,或者加强滚动体硬度,一般情况下,工业中采用的抗磨轴承是经过充分淬硬的构件。

（6）容易受到微动磨蚀损伤的部位,需要按规定充入由特别配方制造的润滑油脂,若是普通油脂,就必须尽可能地充满轴承。

微振氧化腐蚀和微动磨蚀可能会使表面起皱,造成应力集中,这种环境下的轴承在运转过程中会产生很大的噪声,同时也会因为滚动接触疲劳而过早地产生剥层,降低轴承的使用寿命。

随着航空发动机研制技术的提升和新型耐高温材料的应用,发动机转速及涡轮入口的温度大幅度提高,发动机轴承也采用了新型润滑技术,如喷油润滑,即通过流动的滑油对轴承进行润滑和冷却。如果润滑系统出现故障,高温会使润滑剂迅速蒸发掉,此时轴承也会因为缺乏润滑作用而被快速破坏,进而导致发动机故障。由此可见,良好的润滑条件对发动机轴承而言是十分重要的。

3.3　齿　　轮

齿轮是机械装备的重要组成部分,具有改变运动速度和方向、传递动力的作用。齿轮传动的本质是能量传递,从理论上说,主动轮上的能量与从动轮上的能量是相等的,改变主动轮与从动轮之间的齿数关系,就可以实现齿轮转速的转换。

3.3.1　齿轮的功能要求及结构特点

发动机附件齿轮传动在航空发动机中占有重要地位。在涡喷发动机或涡扇发动机中,它从发动机转子上提取功率,通过发动机附件机匣传到发动机附件。发动机附件齿轮传动具有承载能力高、工作条件苛刻和可靠性要求高等特点,同时,为了尽可能追求小的外形尺寸和轻的重量,需要对齿轮的结构进行精心设计。因此,发动机附件传动齿轮的特点是尺寸小、重量轻、精度高、形状复杂等。

航空发动机附件传动齿轮包括中央传动、中心传动(也称中间传动)、低压传动和附件机匣等附件传动系统的各种圆柱齿轮和圆锥齿轮传动[6]。其中,中央传动和中心传动锥齿轮为高速、高应力齿轮传动,通常采用弧齿锥齿轮。在涡喷或涡扇发动机中,中央传动锥齿轮的圆周速度高达 170 m/s,环境温度达到 250~300℃,传动功率也会达到 650 kW 左右。在早期的航空发动机中,通常采用直齿和零度弧齿锥齿轮传动,现已逐渐被弧齿锥齿轮传动所代替。低压传动和附件机匣等部分的齿轮,由于其圆周速度比较低,多采用圆柱齿轮,其中 90% 为直齿圆柱齿轮,其余为斜齿圆柱齿轮,其他形式的齿轮应用很少。

随着航空发动机推重比的不断提高,附件传动齿轮的工作条件变得更加苛刻,因此改善附件传动齿轮的性能、提高齿轮的承载能力、减轻重量、减小外形尺寸、提高使用寿命和工作可靠性是附件齿轮设计中的重要课题。另外,了解齿轮的失效形式,对齿轮进行失效分析同样十分重要,这对于判断附件传动齿轮的失效原因、预防齿轮失效的发生、改进齿轮的设计和装配都具有重要意义。

目前,在航空发动机中广泛采用的附件传动齿轮有圆柱齿轮和圆锥齿轮两种,其中圆柱齿轮分为直齿圆柱齿轮和斜齿圆柱齿轮。圆锥齿轮分为直齿锥齿轮、零度弧齿锥齿轮和弧齿锥齿轮。

1. 圆柱齿轮

圆柱齿轮用于两平行轴之间的传动,分为直齿圆柱齿轮和斜齿圆柱齿轮。

1) 直齿圆柱齿轮

直齿圆柱齿轮如图 3-47(a)所示。在航空发动机附件传动系统中,大约有 90% 的齿轮是直齿圆柱齿轮。直齿轮构造简单,在传动的过程中,相配合的轮齿同时啮合、同时分离,也就是说在传动过程中只有一对轮齿啮合,其余轮齿是分离的。直齿轮因结构简单而得到了广泛的应用,但是其承载能力较低,无法适应大载荷的工作环境,并且其传动效率和稳定性较低,所以只适用于低速、低载荷下的设备。

2)斜齿圆柱齿轮

斜齿圆柱齿轮的轮齿是倾斜的,如图3-47(b)所示,轮齿与齿轮轴之间有一定的夹角,即斜齿圆柱齿轮有轴向重合度,所以其总重合度大于直齿圆柱齿轮。在运转时,斜齿圆柱齿轮之间的啮合是以多对轮齿相互啮合的渐进方式进行的,因此斜齿圆柱齿轮不但承载能力更大,而且工作平稳,主要用于高速、高载荷、对轴向力没有特殊要求的场合。

(a)直齿圆柱齿轮　　　　　　　　(b)斜齿圆柱齿轮

图3-47　圆柱齿轮

2. 圆锥齿轮

圆锥齿轮主要用于两相交轴之间的传动,现分别介绍直齿锥齿轮、零度弧齿锥齿轮、弧齿锥齿轮。

1)直齿锥齿轮

直齿锥齿轮如图3-48(a)所示,是结构最简单、应用最广泛的锥齿轮,轮齿分为普通直齿和鼓形齿两种。由于鼓形齿直齿锥齿轮的轮齿是局部接触的,在齿轮装配时,允许有少量的不对准度,当齿轮在载荷的作用下产生位移时,不会使齿轮在齿端产生载荷集中,所以在同样条件下,鼓形齿能比普通直齿锥齿轮承受更大的载荷。

在航空发动机中,直齿锥齿轮主要用于轻载的附件传动,其承载能力低、噪声大、动态性能差,在使用过程中由于齿轮产生节径型共振造成轮体断裂而引发了多起严重故障。因此,在发动机的中央传动和中心传动中,直齿锥齿轮已经逐渐被零度弧齿锥齿轮和弧齿锥齿轮所取代,只在一些轻载的附件传动中继续使用。

2)零度弧齿锥齿轮

零度弧齿锥齿轮,也称零度锥齿轮或零度弧锥齿轮,是齿面中点螺旋角为零度的锥齿轮,如图3-48(b)所示。由于它的重合度比较低,其工作平稳性不如弧齿锥齿轮,但是它具有较小的轴向力且轴向力的方向总是离开节锥顶点,并且当旋向改变时,其轴向力的大小和方向均不随旋向的变化而改变。因此,采用零度弧齿锥齿轮传动具有结构简单、安装方便、重量轻等优点。正是基于以上原因,零度弧齿锥齿轮在航空发动机中仍然占有一定的地位。

3）弧齿锥齿轮

在涡喷发动机和涡扇发动机的主传动系统中,广泛采用大螺旋角的弧齿锥齿轮,如图 3-48(c)所示。由于采用了大的螺旋角,它具有高度的重合度。此外,弧齿锥齿轮的轮齿逐渐进入接触状态,并且平稳地从齿的一端延伸到另一端,所以它是一种工作平稳,且承载能力又高的锥齿轮,适用于圆周速度高、传动载荷大,同时又要求工作平稳的发动机主传动系统。

(a) 直齿锥齿轮   (b) 零度弧齿锥齿轮   (c) 弧齿锥齿轮

图 3-48   圆锥齿轮

3.3.2   齿轮的工作环境和受力分析

1. 齿轮的工作环境

齿轮通常工作在有润滑的环境中,因此润滑条件对齿轮的传动性能有重要影响。齿轮的工作环境是极其复杂的,要对齿轮进行失效分析,就必须从齿轮的工作环境入手。在多种因素中,润滑条件、构件稳定性是影响齿轮传动性能的主要因素。

1）润滑条件

对于航空附件传动齿轮,由于它属于高速、高应力齿轮,润滑问题就显得异常重要。在工作时,润滑剂具有以下作用:

(1) 在齿面上形成润滑油膜,防止两个相互啮合的齿面出现金属对金属的直接接触;

(2) 带走齿轮啮合时两齿面间因摩擦而产生的热量,使齿轮接触表面的温度低于允许值。

为实现上述作用,在轮齿啮合时,在轮齿表面上必须形成一层润滑油膜,将互相啮合的表面分开,从而避免直接的金属接触。同时,又必须具有足够量的润滑剂来吸收或消除由于齿轮摩擦而产生的热量,避免齿面温度过分升高。

齿轮润滑剂和润滑方式的选择取决于齿轮的圆周速度、齿轮形状和结构等综合因素。齿轮润滑问题极为复杂,并且现有的关于齿轮润滑的准则不够完善,因此对于航空附件传动齿轮的润滑问题,建议采用试验方法来确定最佳的润滑方案[6]。

2）构件稳定性

齿轮的失效不仅与齿轮间的相互作用有关,而且与该系统中每一个和齿轮配合的构件有关,每一构件都必须尽可能地与和其相关构件很好地配合,才能保证齿轮系统的机械稳定性。因此,必须正确地认识机械加工,构件的每一个尺寸和表面粗糙度不仅与它本身有关,而且直接影响与其相关的构件。在齿轮的失效分析过程中,应对齿轮系统的对中、偏斜、间隙、啮合稳定性、齿的特性和尺寸精度等进行认真、系统的分析,因为任何微小偏差都可能会引起齿轮表面状态的改变,导致齿面受力增大,而且极有可能引起齿面接触痕迹从正常中心区域接触变为端面接触,或从端面接触变为点接触,从而引起单位面积上作用载荷的剧烈增加。

2. 齿轮的受力分析

齿轮传动过程中,由主动轮轴提供动力,从动轮被带动旋转,产生阻力。作用在齿轮上的力一般是拉伸、压缩、滑动-剪切、滚动、滚动-滑动的组合力。齿轮之间的接触一般是线接触,线接触的长度和宽度随着接触载荷的增大而增大。不同的齿轮副产生的应力组合是不同的,但大量的实践结果表明,齿轮的失效一般是齿轮齿根处发生弯曲疲劳导致的。在航空发动机中,直齿轮和斜齿轮是最基本的齿轮形式,因此本节主要对直齿轮和斜齿轮的受力状况进行分析。

直齿轮的受力相对简单,如图 3-49 所示。其中,α 为压力角;T_1 为主动轮上的转矩;d_1 表示主动轮的分度圆直径。

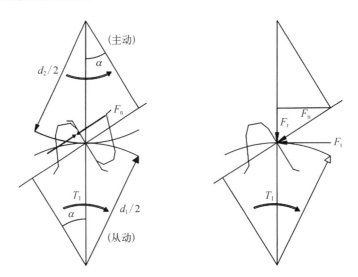

图 3-49 直齿轮受力示意图

主动轮带动从动轮转动时,与直径为 d_1 的分度圆相切的工作圆周力为

$$F_t = 2T_1/d_1 \qquad (3-4)$$

主动轮和从动轮之间的径向力为

$$F_{r1} = F_{r2} = F_t \tan \alpha \qquad (3-5)$$

法向力 F_n 为作用在主动轮上的总压力,力的方向垂直于齿面,法向力通过节点与基圆相切:

$$F_n = \frac{F_t}{\cos \alpha} \qquad\qquad (3-6)$$

当主动轮上的轮齿沿着从动轮上的轮齿运动时,位于接触面上部为滑动和滚动两种形式的组合运动,在节线处是纯滚动作用,在接触面下方为滑动和滚动组合的运动形式。在齿的加载侧,根部到圆半径处存在着拉应力,在反面存在着压应力。拉应力是由齿轮啮合时齿面的法向应力 F_n 产生的,这是导致齿根发生弯曲疲劳断裂的主要因素。

对于斜齿圆柱齿轮的传动,其受力示意图如图 3-50 所示。

其中,齿轮的法向应力可以分解为:圆周力 $F_t = 2T_1/d_1$,轴向力 $F_a = F_r \tan \beta$,径向力 $F_r = F' \tan \alpha_n$。其中,$F' = F_t/\cos \beta$,因此径向力的综合表达式为 $F_r = F_t \tan \alpha_n / \cos \beta$。

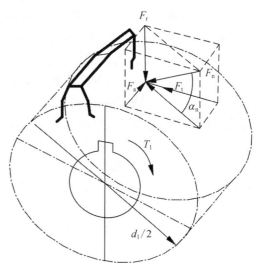

图 3-50 斜齿轮受力示意图

在斜齿轮中,所有接触范围内,包括在节线处都会受到一种由侧向滑动附加的轴向力作用,如图 3-51 所示,其中 T_N 代表拉伸,C 代表压缩。该力的方向与旋转方向垂直,力的大小与斜角度之间成正比关系。如果腹板较薄,在中心轮毂和齿轮外缘之间的腹板会受到恒定的弯曲应力,容易导致腹板弯曲疲劳失效。

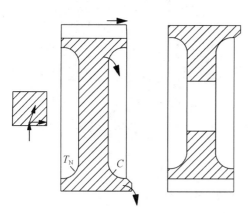

图 3-51 由于螺旋形侧面推力作用在斜齿轮中形成的二次应力

实践表明,在齿轮传动过程中,如果传动不平稳,还会出现附加载荷。传动不平稳可能是制造过程中因出现加工误差导致的,产生的附加载荷会加速齿轮的失效。另外,如果齿轮构件发生变形,或者在制造和安装过程中有误差,就会出现偏载。偏载会造成齿轮表面受力不均衡,导致齿轮稳定性下降,一般偏载位置就是齿轮首先出现失效的位置。

3.3.3 齿轮的振动

航空器一般要减轻机载设备的重量,在满足强度要求的前提下,尽可能采用轻质、高强度的材料,对于齿轮的腹板,要尽可能薄一点,因此有可能发生振动。随着设计技术的不断进步,齿轮在传动过程中发生典型的共振现象已经非常少见,因此很多研究并不把齿轮的振动本身作为一种独立的失效模式,而是认为失效是在振动基础上所衍生出来的。

但是齿轮在制造和使用过程中不可避免地会发生偏离设计的情况,因此齿轮的振动依然是造成齿轮失效的主要模式。

相较于直齿轮,斜齿轮更容易发生振动,因为在斜齿轮上存在着轴向的分力,轴向的分力是呈周期性变化的,在交变载荷的作用下,就会引起齿轮的振动。齿轮的振动可以分为节圆振动、节径振动,以及节圆振动和节径振动的组合。节圆振动又称伞形振动,它的振动是中心对称的,所有的节线都是同心圆。一般情况下,节圆振动不会导致齿轮发生失效。节径振动的振动节线都是沿圆盘半径分布的直线,这是威胁航空发动机齿轮稳定性的主要因素,最有可能造成齿轮失效。对于节圆振动和节径振动的组合形式,其自振频率很高,因此不易发生共振,反而安全性更高。

齿轮在振动的情况下发生的失效为疲劳失效,已知节径振动是导致齿轮发生失效的主要因素,而且节径振动有明显的对称性。图 3-52(a)所示为二节径齿轮共振,在振动的情况下出现了裂纹,裂纹最早出现在齿根附近,随后向圆心扩展。它会使齿轮的四分之一掉块,也就是说,疲劳出现的两个裂纹之间的距离相当于齿轮总齿数的四分之一。图 3-52(b)所示为三节径齿轮共振的振动情况,其振动开始的位置和发展状态与二节径齿轮共振下的情况一致,但会造成齿轮六分之一的部分掉块,也就是说,疲劳出现的两个裂纹之间的距离相当于总齿数的六分之一。

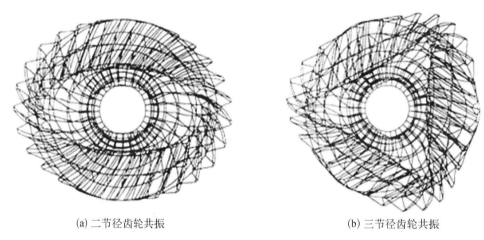

(a) 二节径齿轮共振　　　　　　　　　　　　　　(b) 三节径齿轮共振

图 3-52　二节径齿轮和三节径齿轮的共振情况[1]

如前所述,齿轮在正常的转动范围内发生共振的现象已经非常少见。齿轮发生共振主要是由于在设计环节没有切实考虑到齿轮的抗振动裕度,再加上在制造和使用阶段存在偏离设计的情况,因而在某个过渡转速下会发生共振。由于过渡转速下共振持续的时间不会很长,因此振动破坏与疲劳破坏的形式有所不同。但共振并不是齿轮发生失效的初始原因,例如,某齿轮出现了四分之一块破裂,开始是由于偏载的作用,在齿根处造成了很大的弯曲应力,弯曲应力导致了弯曲疲劳损伤,造成齿轮的自振频率下降,同时由于齿轮自振频率的裕度不够,当其频率落入共振的频率范围内时,就会发生共振破坏。共振是齿轮最终破坏的原因,但它只是齿轮偏载造成开裂而导致振动频率下降的结果。裂纹萌生的初始位置及初期扩展方向均不具备共振的特征,因此共振常常具有因果双重性,并不是齿轮失效的初始原因。

3.3.4　齿轮的典型失效模式

引起齿轮失效的原因是多方面的,其中涉及的学科领域包括动力学、运动学、结构强度、摩擦、润滑等,齿轮的失效模式可能是一种,但大多数情况下并非一种模式。齿轮的典型失效模式包括疲劳失效、表面磨损失效、冲击过载失效。

1. 齿轮的疲劳失效

疲劳失效是齿轮最常见的失效形式。齿轮的疲劳失效可以分为齿的弯曲疲劳失效、齿轮的振动疲劳失效和表面接触疲劳失效。

1)齿的弯曲疲劳失效

齿的弯曲疲劳是齿轮最普遍的一种疲劳失效模式,在齿轮所用材料性能、冶金质量、表面完整性符合技术要求的前提下,齿的典型弯曲疲劳断裂失效具有如下三个最基本的特征。

(1)裂纹起源于加载一侧根部圆角表面处,且在正常受载情况下基本处于齿端的中心位置。

(2)裂纹首先在一个齿上萌生,随后逐渐向完好齿轮的理论零应力点处扩展,如图3-53所示。由于零应力点随着裂纹的尺寸不断变化,在裂纹扩展过程中,裂纹向对面根部圆角下的点移动,随后向圆角表面扩展。

疲劳裂纹

图3-53　齿轮弯曲疲劳裂纹

(3)当一个齿首先萌生裂纹后,该齿的裂纹在随后的循环载荷作用下扩展并导致该齿产生歪斜,直至下一个齿的角同时受到较大的载荷作用。受到较大载荷作用的齿很快在大致相同的区域开始了齿的弯曲疲劳失效,第二个齿的断口上通常比第一个断口上显示出更多的新源,并呈现粗糙的断面状态。

齿的弯曲疲劳之所以具备上述基本特征,是因为作用在齿上的载荷是周期性变化的。当全部载荷作用在一对轮齿上,且当载荷作用于齿顶时,齿根应力最大,轮齿就处于危险状态。

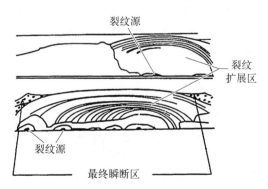

裂纹源

裂纹扩展区

裂纹源

最终瞬断区

图3-54　齿轮的弯曲疲劳断口区域示意图

长时间工作后的齿轮,通常会在受拉边和受压边先后出现疲劳裂纹,就裂纹的扩展速度而言,齿轮受拉边出现的裂纹的扩展速度更快,因此首先在轮齿的受拉边出现疲劳裂纹,齿根的弯曲疲劳强度计算也以受拉边为计算依据。

齿的弯曲疲劳断口特征有裂纹起源区、扩展区和最终瞬断区这三个明显的区域,如图3-54所示。疲劳裂纹扩展区表面呈现光滑陶瓷状形貌,一般可以观察到从疲劳源开始的海滩状花样。最终的断裂区与过载断齿的脆性断口相似,脆性材料的断口为结晶状,塑性材料的断口为纤维状,为暗灰色。当应力超过材料的疲劳极限时,疲劳裂纹会从金属的一个薄弱部位扩展到另一个薄弱部位,这种扩展取向导致在断口处出现以疲劳源为核心的高低不平的放射状疲劳阶梯状外观。

2)齿轮的振动疲劳失效

前面章节已经强调,在齿轮的使用过程中,随着技术的改进,单纯由于振动而造成齿轮疲劳失效的情况已经非常少见了,因此导致齿轮破坏的振动疲劳在失效过程中具有双重性,即振动疲劳虽然可以说是造成齿轮破坏的原因,但一般总有先于齿轮振动疲劳的某个现象(或某种损伤)发生。

已知节径振动是导致齿轮发生失效的主要因素,而且节径振动有明显的对称性,也就是说当齿轮出现 $1/n$(n 为齿轮破坏的节径数)掉块时,两裂纹之间的距离为齿轮总齿数的 $1/n$。在这种情况下,振动疲劳裂纹的扩展形式为从起源区向腹板的中心呈近似于直线扩展,如图 3–55(b)所示;而弯曲疲劳则不同,疲劳裂纹的扩展示意图如图 3–55(a)所示。

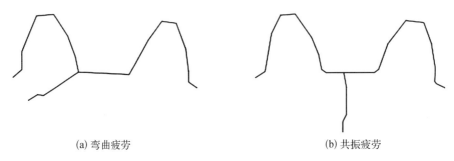

(a)弯曲疲劳　　　　　　　　　　　　　　　(b)共振疲劳

图 3–55　齿轮的疲劳裂纹走向示意图

齿轮的振动疲劳失效和弯曲疲劳失效在发生条件、裂纹起源、裂纹扩展、裂纹数目、最终的破坏形式上都是有区别的。

在发生条件上,齿轮的弯曲疲劳失效中,齿根的弯曲应力应该超过齿轮的弯曲疲劳强度极限,而振动疲劳失效中,齿轮的固有频率与共振频率应当一致。

在裂纹起源上,齿轮的弯曲疲劳裂纹是从齿的加载一侧的根部圆角与齿面的交界处产生,而齿轮的振动疲劳裂纹是从齿槽底部中点表面产生,螺旋齿轮的疲劳点起源于小端一侧。

在裂纹扩展上,齿轮的弯曲疲劳裂纹是向齿对面根部圆角扩展,随后向圆角的表面扩展,而齿轮的振动疲劳裂纹是从裂纹的起点向腹板方向呈近似直线扩展。

在裂纹数目上,齿轮的弯曲疲劳裂纹首先从一个齿上开裂,然后相邻的齿也会出现开裂现象,振动疲劳裂纹是在距离为 $1/n$ 的齿的两处齿槽底部出现。

在最终的破坏形式上,齿轮的弯曲疲劳最终会导致断齿,而振动疲劳最终会导致 $1/n$ 块破裂。

3)表面接触疲劳失效

由于齿轮接触位置不当、齿轮表面存在缺陷或者润滑效果不佳等,可能会使轮齿的工作表面或者接近工作表面的亚表层在接触应力的作用下出现裂纹。在对航空发动机的故障部件进行失效分析后发现,有80%的齿轮失效是由于齿面接触疲劳造成的。

齿面的接触疲劳包括点蚀和齿面剥落。齿轮点蚀的过程为:在过大的当量接触应力集中作用下,齿面出现塑性变形,经过累积,造成了微观穿晶断裂,形成初始微裂纹。初始裂纹源在齿面或者表面层下成核,按照裂纹的扩展规律扩展,最终导致齿面掉落贝壳形的片状物。

点蚀可以分为局限性点蚀和发展性点蚀,如图3-56所示。局限性点蚀出现在粗糙程度较大的软齿面齿轮上,初期会在齿面上形成小的麻点,随着时间的推移,麻点逐渐消失,因而可以自愈,对齿轮的继续使用没有影响。发展性点蚀出现在硬齿面齿轮上,当齿面接触点的接触应力超过材料的疲劳极限时,会在节线下出现麻点。随着时间的推移,麻点的数量不断增多,面积不断扩大,最终导致磨损加剧,齿轮失效。为了提高齿面的抗点蚀能力,需要选取恰当的齿轮材料和齿面硬度、提高表面粗糙等级及选用黏度较高、承载能力较强的润滑油。

(a) 局限性点蚀　　　　　　　　　　　　(b) 发展性点蚀

图3-56　齿轮点蚀

齿面剥落大多出现在硬齿面齿轮上,首先在表面以下产生初始裂纹,初始裂纹沿着与表面平行的方向扩展,在载荷的作用下使裂纹间断,造成大块的脱落,如图3-57所示。根据剥落的形成机理,可将其分为连续型剥落、亚表层剥落和表面层压碎。连续型剥落主要发生在中硬度齿轮上,它是初期点蚀在过大应力作用下形成的,具有点蚀坑较大、形状不规则、轮廓边缘清晰的特点。亚表层剥落出现在次表面层,当选材和热处理不当时,会导致硬化层组织不良,如果接触面的接触压力超过临界值,就会造成表层开裂,形成浅而大的剥落坑。表面层压碎是指在热处理过程中存在缺陷,致使硬化层和芯部过渡处出现

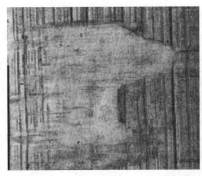 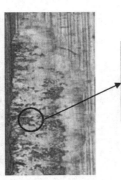 

图3-57　齿轮齿面剥落形貌图[24]

较大的硬度梯度和残余应力,当此处的应力超过临界值时造成的破坏。

2. 齿轮的表面磨损失效

齿轮磨损是指在齿轮转动的过程中,相互接触的齿轮副之间存在摩擦,导致齿轮接触面材料损失,如图 3-58 所示。由磨损造成的质量损失又称为磨损量。齿轮的磨损是不可避免的,但是并不是只要存在磨损,齿轮就会失效,只有当齿轮的磨损超过了齿轮的极限时,齿轮才会失效。

图 3-58 齿轮磨损

根据磨损程度,可以将齿轮的磨损分为轻微磨损、中等磨损、过度磨损。

(1)轻微磨损主要是由于齿轮在工作的过程中,润滑油的使用类型和使用方法不恰当,齿轮的受载过大,或者齿轮在工况下的工作速度与齿轮的粗糙程度不匹配造成的。

(2)中度磨损一般由润滑油(脂)量少引起,油膜的厚度对于负载来说太小。中度磨损也可能由润滑系统中掺杂的污染杂质引起。许多齿轮传动设计在这种工况下时,就会出现中度磨损。

(3)过度磨损是由于齿轮的润滑程度不够,润滑效果不好,而且在其运行的过程中,密闭工作没有做好保障,因此齿轮在传动的过程中会出现振动的问题,振动会带来一定的冲击载荷,加快齿轮的磨损进程,当磨损超过某个极限时,就出现了过度磨损。

根据磨损的原因,可将齿轮磨损分为磨粒磨损、胶合磨损、腐蚀磨损和轮齿端面冲击磨损。

(1)磨粒磨损是指在齿轮传动的过程中,齿面间掉入了杂物,如铁屑、砂石等,再加上齿轮的润滑程度不够,甚至在润滑油中存在着这样的杂质,导致齿面间的接触无法达到光滑的程度,进而加快了齿轮的齿面磨损速度,如图 3-59 所示为齿轮磨粒磨损的电镜形貌图。

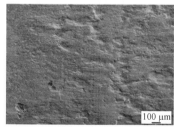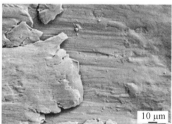

图 3-59 齿轮磨粒磨损电镜形貌图[25]

（2）胶合磨损也是造成齿轮磨损失效的主
要因素,是一种常见的磨损失效模式,如图
3-60 所示。胶合磨损实质就是齿轮在运转的过
程中,由于载荷过大等因素,在齿面出现黏着的
现象,在齿轮的啮合期间,齿面会随着转动脱落,
造成严重的胶合磨损。造成胶合磨损的原因主
要有两个:一个是齿轮的润滑程度不够,可能是
润滑油的使用种类和润滑方式不合适造成的,导
致齿轮润滑效果不好,无法满足实际的工况需

图 3-60　齿面胶合[26]

求,就容易出现胶合磨损的问题;另一个就是齿
轮在啮合的过程中,由于啮合速度过快,受到的载荷过大,齿面温度急速上升,在高温环境
下长时间工作,极易造成齿面胶合的现象。

（3）腐蚀性磨损的实质就是在齿轮传动的过程中,齿轮的表面和某些物质发生化学
反应,导致齿轮表面损伤。腐蚀性磨损中最常见的就是润滑油带来的腐蚀,如果所使用的
润滑剂中含有腐蚀性物质或本身就具有严重的腐蚀性,在腐蚀介质作用下,轮齿表面就会
发生锈蚀,在锈蚀斑附近引起应力集中,成为裂纹萌生源。一旦形成裂纹,在腐蚀介质的
作用下,其扩展速率通常要远高于空气中的疲劳裂纹扩展速率,使齿发生破坏。

（4）轮齿端面冲击磨损是指轮齿端面受到冲击载荷,当动载荷较大时,极易导致齿端
面磨损。轮齿端面冲击磨损失效的表现形式与齿轮的硬度密切相关:当齿轮表面硬度较
低时,常表现为磨损或者打毛;当硬化层过浅时,轮齿端面容易被压碎,使芯部软组织露出
来;如果齿轮的芯部硬度过高,则容易出现轮齿尖角崩裂的现象。

3. 齿轮的冲击过载失效

1）冲击过载断齿

冲击过载断齿是指齿轮传动时,在某个瞬间或者短期内出现应力过大的情况,这个应
力超出了齿轮的负荷范围,在剧烈冲击下齿轮出现的断裂破坏现象如图 3-61 所示。齿
轮的折断是一种常见的失效模式,主要出现在开式齿轮传动和闭式硬齿面的齿轮传动中。

齿轮材料的软硬程度直接影响齿轮折断的难易程度,软齿面是指材料硬度≤
350HBS 或 38HRC 的齿面,硬齿面是指硬度>350HBS
或 38HRC 的齿面。如果齿轮的材料是极容易断裂的
脆性材料,在短期内出现了载荷过大的情况,使得齿
轮的根部受力超过了规定标准,就可能导致齿轮的折
断。如果选取的材料是软材料或者是硬度较低的材
料,就可能破坏在润滑油的作用下产生的致密油膜,
导致齿轮间的摩擦力增大,摩擦力的方向与塑性变形
的方向一致,如果材料硬度较小,齿轮起动频繁,就会
出现塑性变形。

图 3-61　冲击过载断齿

2）齿的剪切失效

齿轮的剪切失效一般出现在齿轮材料延展性较

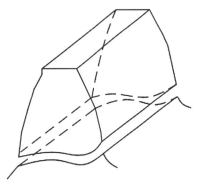

图 3 - 62　轮齿的剪切断裂

好、载荷冲击时间较短的工况下。轮齿发生剪切断裂时,端面以直线的方式横穿到齿的非工作面,如图 3 - 62 所示。例如,一对齿轮副在高速工况下的转动,当小齿轮瞬间停止转动时,齿轮传动带来的冲量就会从反向剪切接触的小齿轮的齿。轮齿的剪切断口是非常光滑的,一般常见的冲击破坏是弯曲冲击和剪切冲击的综合作用。

　　3)齿的錾平

　　轮齿的錾平也是冲击过载失效的类型。当轮齿受到体积较大的外物冲击时,就可能被錾平,如松动的螺钉等零部件、齿轮磨损或者断裂残留的异物、在装配过程中由于技术人员的大意而遗留下的工具物品等。

　　4)壳层碎裂

　　当齿面单位面积上受到的冲击载荷过大时,会产生较大的冲击应力,如果经表面强化处理的接触齿面性能不佳,就可能导致壳层碎裂,如图 3 - 63 所示。壳层碎裂的发生与作用于接触点的应力、接触表面的曲率半径、壳层的厚度及齿的芯部组织和硬度有关,一般发生在齿面的渗碳层和芯部的过渡区域。

3.3.5　预防齿轮失效的主要措施

1. 材料及热加工工艺

　　针对齿轮复杂恶劣的工作环境,在设计和制造时,需要采用强度高、耐磨性好、抗腐蚀、芯部强度高的材料,以保证齿轮工作的稳定性。通常

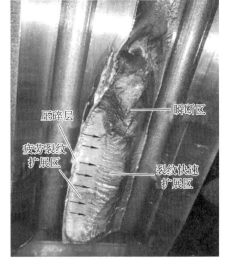

压碎层
疲劳裂纹
扩展区
瞬断区
裂纹快速
扩展区

图 3 - 63　齿轮壳层碎裂

选用具有较高屈服强度的渗碳类合金钢,这类材料可以保证在弯曲载荷的作用下,在渗碳层萌生裂纹前,齿轮芯部和渗碳层与齿轮芯部的过渡区不发生塑性变形。齿轮轮齿的弯曲疲劳强度与齿轮芯部材料的屈服强度有关,屈服强度越高,齿轮的抗弯曲疲劳性能越好,因此选用高屈服强度的材料对提高齿轮的抗弯曲疲劳性能有非常重要的作用。

　　齿轮的抗疲劳性能取决于材料的性能,如果材料存在缺陷,在加热的过程中就可能出现氧化、脱碳、过热、内部裂纹等问题,这些都会极大地降低齿轮的抗疲劳性能。通常在加热的过程中,齿轮毛坯会出现氧化和脱碳层,但这些情况不会影响齿轮的性能,因为可以在后期处理中去掉。但是过烧会直接导致材料晶体间的强度破坏,如图 3 - 64 所示为因过烧而产生的齿轮裂纹形貌图,在后续的锻造等工序下,这些裂纹极易造成齿轮的破碎。因此,过烧的齿轮只能报废处理。

　　热加工过程中出现的过热和锻造过程中出现的内部裂纹对成型齿轮的危害是非

常大的。因为过热会使奥氏体晶体粗化，造成齿轮的力学性能显著下降。而当齿轮内部存在严重的魏氏体组织时，会严重削弱齿轮的性能，更容易发生早期故障失效。如果在热处理过程中出现较大的变形超差，会使齿轮啮合变差，从而导致齿轮的结构性偏载。

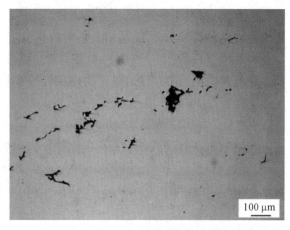

图 3-64　齿轮过烧产生的裂纹形貌图[27]

　　如果材料中夹杂着过多的非金属物质，如硫化物、氧化物等，在交变载荷作用下，夹杂物与基体的相接处会因界面两侧的变形不协调而导致应力集中，在界面处易萌生裂纹，如图 3-65 所示。一旦裂纹萌生，交变载荷会使裂纹不断扩展，由于非金属夹杂物硬而脆，裂纹沿夹杂物扩展所需的能量比其他部位小，导致裂纹扩展速度加快。

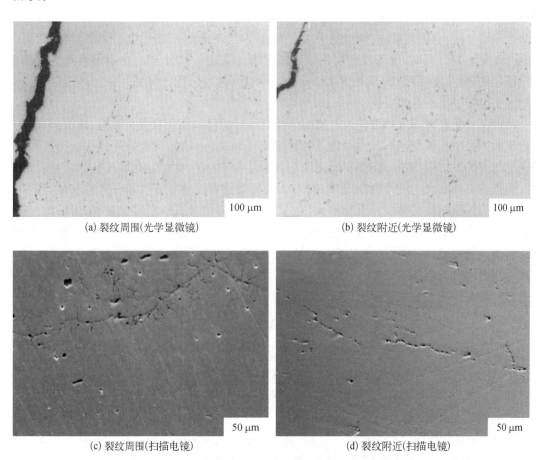

(a) 裂纹周围(光学显微镜)　　　　　　　　(b) 裂纹附近(光学显微镜)

(c) 裂纹周围(扫描电镜)　　　　　　　　(d) 裂纹附近(扫描电镜)

图 3-65　非金属夹杂物导致的裂纹萌生形貌图[28]

因此,从材料角度来看,为提高齿轮抗力,除选择具有较高屈服强度的材料外,还应该正确地遵守齿轮坯材的加热规范,避免材料发生过热及出现内部裂纹。同时,提高齿轮所用材料的冶金质量(如减少材料中夹杂物的数量,减小其尺寸,并改善其形状和分布),是提高齿轮抗力的主要措施之一。目前已经得到广泛采用的真空脱氧技术,可以使氧含量明显下降,可明显提高齿轮的使用寿命。

2. 热处理工艺及表面完整性

渗碳类合金钢材料是航空发动机常用的齿轮材料之一,通常采用淬火硬化处理。淬火硬化处理后可以获得高硬度齿面和较高的残余压应力,因此可以提高齿轮的弯曲疲劳强度和接触疲劳强度,可在高速重载的环境下使用。

齿面硬化层的含碳量、碳化物形状和大小、残余奥氏体含量和表面硬化层深度等均会对齿轮寿命产生明显影响。

硬化层的含碳量一般控制在 0.8%~1.0%,提高硬化层中的含碳量,可以提高齿面抗接触疲劳的能力。当渗碳层的含碳量高于 1% 时,就难以控制碳化物的形状及分布情况,因此含碳量过高通常会降低齿轮的抗弯强度和疲劳性能。硬化层含碳量的升高也会对后续的淬火处理产生影响。就碳化物的形状和大小而言,当碳化物为细小颗粒并呈均匀分布时,可以提高齿轮的抗接触疲劳能力和耐磨性;当碳化物为大块状、网状或者爪状,并且分布不均匀时,会割离基体,当齿轮工作时,使基体与碳化物界面产生应力集中,从而导致疲劳强度下降。同时,随着硬化层含碳量的升高,在随后的淬火过程中会使淬透性下降,从而导致硬化层中残余奥氏体的含量增加。由于大量残余奥氏体的存在,容易在齿轮磨削加工过程中出现磨削裂纹。

表面硬化层的深度对齿轮的弯曲疲劳性能和接触疲劳性能有很大影响,通常情况下,齿轮的抗接触疲劳性能与表面硬化层的深度呈正相关,齿轮的抗接触疲劳性能随表面硬化层深度的增加而提高。齿面剥落深度与接触应力的大小受相对滑动速度的影响,接触应力作用下的最大切应力深度为 $0.786\,b$(b 为两接触表面的半宽),确保齿轮有足够的接触疲劳抗力所对应的渗层深度是最大切应力深度的两倍。虽然渗碳层越厚,齿轮的抗接触疲劳能力越高,但对于渗碳淬火齿轮,每一个对应的表面硬化层深度都存在一个最佳的抗弯曲疲劳性能值,硬化层过浅或者过深都会导致齿轮的弯曲疲劳性能下降。

同表面硬化层深度一样,齿面的硬度对齿轮的寿命与失效特征也有明显的影响,有学者通过试验给出了表面硬度 HVS 和渗层深度 t 对齿轮寿命的影响[1],定义:

$$T = \frac{HVS \cdot t}{R\sigma_{H\,max}} \tag{3-7}$$

式中,HVS 为表面维氏硬度,单位为 MPa;t 表示渗层深度,单位为 mm;R 为接触部位的相对曲率半径,单位为 mm;$\sigma_{H\,max}$ 为赫兹应力,单位为 MPa。当 $T<0.31$ 时,接触表面将会发生表面硬化层剥落;当 $T>0.31$ 且 $HVS/\sigma_{H\,max}<4.1$ 时,接触表面发生片状剥落而不发生硬化层剥落;当 $HVS/\sigma_{H\,max}>4.1$ 时,接触表面将几乎不发生疲劳损伤。

从上述内容可以看出,渗碳层碳含量、硬度及硬化层深度对齿轮抗力的影响是复杂的。单纯通过控制渗碳工艺来同时达到最佳的弯曲疲劳抗力及表面疲劳剥落的抗力在工程上是困难的。因此,目前工程上也经常对齿轮轮齿进行喷丸强化。对喷丸与未喷丸试样的接触疲劳寿命进行了比较,见图 3-66,由图可知,当接触力大于 2 205 MPa 时,喷丸处理使试样的接触疲劳寿命下降;反之,喷丸试样的寿命高于未喷丸试样。这是由于高的接触应力易于在喷丸强化层下的次表面处萌生裂纹并使表层的残余压应力松弛,产生浅层剥落。在齿轮正常工作的情况下,接触应力一般低于 2 205 MPa,因而表层强化和表层残余压应力的存在延缓了表面裂纹的萌生和扩展,使接触疲劳抗力提高。

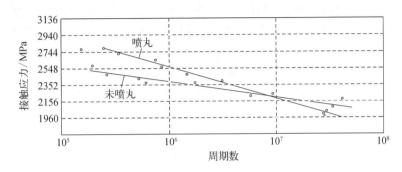

图 3-66 喷丸与未喷丸试样的接触疲劳寿命

3. 结构及装配对齿轮失效的影响

这里仅简述航空上常用的螺旋锥齿轮的接触痕问题。螺旋锥齿轮具有较大的承载能力,但要求有较高的制造质量和装配精度,否则将使装配后的接触迹线位置偏离名义接触点,最为严重的是接触迹线偏于齿的一端,这主要是齿间误差(压力角或螺旋角)或轴心线不平行等原因引起的。这种情况下,易导致接触迹线对载荷异常敏感。

接触迹线一般通过装配来调节,但若齿轮在设计、加工制造过程等方面出现问题,则是不可能通过装配解决的。特别是在接触迹线对载荷异常敏感的情况下,接触迹线在装机后还会发生偏移,即产生结构性偏载。

用几何的方法检查螺旋锥齿轮的接触特征是困难的,因此通常采用匹配齿接触痕迹的方法。

4. 润滑条件

在齿轮的工作条件中已提到,齿轮通常工作在有润滑的条件下。润滑条件对齿轮的工作可靠性和使用寿命的影响极大。从事齿轮设计与失效分析专业的人员应掌握润滑剂的一些基本规律。从润滑条件方面提高齿轮抗力,应首先从设计上选择适合齿轮运行的润滑剂,并遵循正确的使用说明,保持润滑油的流动性及润滑油的清洁。

5. 齿轮故障的动态监测和预防

从齿轮失效的主要模式来看,大多数齿轮失效是由于齿根弯曲疲劳和齿轮表面磨损造成的,因此齿轮的动态监控主要是以对磨损磨粒的检测、听觉检查、振动解调为出发点来考虑的。铁谱技术是齿轮使用状态动态监控的主要技术手段,通过对磨损磨粒进行分析来实现齿轮的动态监控。

齿轮损伤也可通过听觉检查来实现。一般情况下,做连续旋转运动的机件,在运转区间较小和处于封闭系统的情况下,多发出较平静的"嘤嘤"声。由于人的听觉有局限性,为了准确地判断异响,可借助于以下仪器。

（1）快速听诊器。快速听诊器主要由放大管和伸缩杆组成,是一种代替改锥或者金属棒接触异向部位的一种简易听诊器。将快速听诊器的端部与被测部位接触,当被测物出现异向振动时,可以通过放大管传入听觉器官,使振动的异响放大5~8倍。

（2）小型高灵敏度听音器（简称高感听音器）。快速听诊器结构简单,但只能辨别声音的大小,而不能分辨频率的高低。高感听音器在结构上增加了电源晶体管或放大器,传感元件采用伸缩式拉杆和磁力式两种,信号输出部分采用接收机和阴极射线管、示波器等。振源部位的频率可以通过加速计显示,这种仪器实质上是一个便携式振动探测器。

最近,有研究人员研究了通过"振频解调"的方式将收集到的声频进行分解分析,以确定转动系统有无故障或不正常的振动等,该方法和相应的仪器已用于铁路等系统。该方式最大的优点是不需要与转动件直接接触,如当火车经过时,安装在路边的仪器自动记录下所有的声频,然后通过"振频解调"分析,以确定转动件有无异常。

思 考 题

3.1 航空发动机中的轴件主要承受哪些形式的载荷的作用?

3.2 航空发动机中的轴件的主要失效模式有哪些?

3.3 什么是轴件的旋转弯曲疲劳?如何根据旋转弯曲疲劳断口判断轴件的旋转方向?

3.4 描述轴的单向弯曲疲劳和双向弯曲疲劳的特点。

3.5 轴件的应力腐蚀和腐蚀疲劳开裂的区别是什么?

3.6 预防轴件失效的主要措施有哪些?

3.7 简述航空发动机中轴承的分类。

3.8 航空发动机中轴承的典型失效模型有哪些?

3.9 何为旋转爬行?什么原因会造成轴承的旋转爬行?其后果是什么?

3.10 简述轴承失效分析的步骤。

3.11 铁谱分析技术的基本原理是什么?

3.12 简述航空发动机中齿轮的分类。

3.13 齿轮的振动有哪几类?哪种振动危害更大?

3.14 齿轮的偏载会给齿轮本身造成哪些危害?什么因素容易造成偏载?

3.15 航空发动机中齿轮的典型失效模式有哪些?

3.16 齿轮的疲劳主要有哪几类?最终的破坏形式有何不同?

3.17 如何预防航空发动机中齿轮的失效?

参 考 文 献

[1] 陶春虎.航空发动机转动部件的失效与预防[M].北京：国防工业出版社,2000.

[2] 吴彦骏,庄新村,赵震.不同应力状态下45钢断口形貌分析[J].塑性工程学报, 2013,20(3)：106–110.

［3］温诗铸,黄平,田煜,等.摩擦学原理[M].5 版.北京:清华大学出版社,2018.

［4］李志霞,史伟,王顺花,等.水泵轴断裂原因分析[J].热处理技术与装备,2016,37 (3):33 − 36.

［5］何智慧,郭洪飞,王克山,等.5CrNiMo 芯棒接长杆断裂失效分析[J].热加工工艺, 2019,48(14):175 − 177,180.

［6］《航空发动机设计手册》总编委会.航空发动机设计手册第 12 册:传动及润滑系统 [M].北京:航空工业出版社,2001.

［7］MANISH R. Failure analysis of bearings of aero-engine[J]. Journal of Failure Analysis and Prevention, 2019, 19(3):1615 − 1629.

［8］EJAZ N, ALI L, RIZVI S A. Failure of an aero engine ball bearing due to axial loading [J]. Journal of Failure Analysis and Prevention, 2015, 15(1):15 − 24.

［9］MISHRA R K, MUDULI S K, SRINIVASAN K, et al. Failure analysis of an inter-shaft bearing of an aero gas turbine engine[J]. Journal of Failure Analysis and Prevention, 2015, 15(2):205 − 210.

［10］RZADKOWSKI R, ROKICKI E, PIECHOWSKI L, et al. Analysis of middle bearing failure in rotor jet engine using tip-timing and tip-clearance techniques[J]. Mechanical Systems and Signal Processing, 2016, 76 − 77:213 − 227.

［11］OLVER A V. The mechanism of rolling contact fatigue:an update[J]. Journal of Engineering Tribology, 2005, 219(5):313 − 330.

［12］SADEGHI F, JALALAHMADI B, SLACK T S, et al. A review of rolling contact fatigue [J]. Journal of Tribology-Transactions of the ASME, 2009, 131(4):1 − 15.

［13］刘鲁,霍帅,郑凯,等.高 DN 值滚子轴承保持架断裂分析[J].航空动力学报,2020, 35(10):104 − 111.

［14］王姗姗,郭浩,雷建中,等.我国滚动轴承磨损失效分析现状及展望[J].轴承,2017 (10):58 − 63.

［15］OELECHNER H, AHRENS F. Damage on roller bearing races and gear teeth- classification and methods of analysis[J]. Practical Metallography, 2017, 54(7): 469 − 484.

［16］刘晶.32216 轴承断裂失效分析[J].哈尔滨轴承,2021,42(2):35 − 37.

［17］ZHANG H, MA J, LI X, et al. Fluid-asperity interaction induced random vibration of hydrodynamic journal bearings towards early fault diagnosis of abrasive wear[J]. Tribology International, 2021, 160:107028.

［18］SEP J, TOMCZEWSKI L, GALDA L, et al. The study on abrasive wear of grooved journal bearings[J]. Wear, 2017(1):376 − 377.

［19］孔德龙,林国昌.航空发动机主轴轴承主要损伤模式及原因分析[J].航空科学技术, 2011(5):22 − 24.

［20］陈银军,常振,李兴林,等.高速电机轴承微动磨损改善案例探讨[J].哈尔滨轴承, 2019,40(3):31 − 34.

［21］方明伟,谢向宇,罗军,等.航空发动机主轴后轴承打滑损伤失效分析[J].润滑与密封,2016,41(10)：98－102.

［22］刘永宝,安浩俊,孔焕平,等.高温轴承钢滚珠早期失效原因分析[J].失效分析与预防,2014,9(5)：314－317.

［23］刘勇,王朝,周平.一种民航发动机滚动轴承故障预警方法[J].推进技术,2022,43(2)：295－304.

［24］杨语.航空发动机附件机匣传动齿轮失效分析研究[D].重庆：重庆大学,2017.

［25］胡志红,林丽,张秀丽,等.基于磨粒监测的齿轮箱磨损特性分析[J].热加工工艺,2018,47(6)：53－56,60.

［26］沈君贤.基于多源数据挖掘的航空发动机齿轮箱故障诊断研究[D].哈尔滨：哈尔滨工程大学,2021.

［27］杨金艳,赵灵杰,成亚维.20CrMnTi 钢渗碳齿轮表面裂纹形成原因[J].金属热处理,2019,44(6)：215－219.

［28］侯婷.8620H 钢齿轮表面裂纹分析[J].金属热处理,2017,42(7)：180－184.

第4章
民航发动机静止部件失效调查与分析

静子部件是发动机中不旋转的部件,包含燃烧室、机匣、静叶片等,在发动机中往往起到承载、导气、连接等作用。在发动机服役过程中,静子部件受到载荷和环境的双重作用,存在变形、断裂、氧化、烧蚀、磨损等失效行为,影响发动机单元体和整机的安全。

4.1 燃 烧 室

燃烧室是航空发动机的重要部件,位于压气机和涡轮之间,其功用是使高压空气与燃油混合燃烧,将燃油的化学能转变为热能,形成高温高压的燃气,为燃气在涡轮和喷管中膨胀和做功创造条件。

燃烧室与高压压气机、高压涡轮组成航空发动机的核心机,并称航空发动机三大核心部件。为了提升发动机的整体性能,往往会要求燃烧室部件尽量重量轻,同时能够承受高温和高压。为了提升发动机的安全性和经济性,往往又要求燃烧室部件具有良好耐久性[1-3]。

4.1.1 燃烧室的功能和结构要求

1. 燃烧室的功能要求

根据燃烧室的功用,对其的总体要求主要是:点火可靠、燃烧稳定、总压损失小、尺寸小、出口温度分布满足要求、排气污染小等[4]。

在燃烧室使用过程中,燃烧效率高、寿命长和NO_x少是关键指标;出口温度分布均匀、总压损失小、尺寸小、重量轻、维修简单是必要指标;火焰稳定、CO少、成本低是重要指标。燃烧室的设计和制造过程中要进行多项技术指标的权衡,如:

(1)提高射流掺混可以改善温度场,但是会使得压力损失增大,总压恢复系数降低;

(2)缩短燃烧室长度可以减轻重量,但是会引起低进气压力状态下的燃烧效率过低;

(3)采用空气雾化喷嘴可以提高雾化质量,减少了排气冒烟,但是会使得熄火边界变差;

(4)通过主燃区设计减少排气冒烟,但是会增加NO_x的排放;

(5)为了提高火焰筒寿命,应加强冷却作用、增加冷却空气量,但是这会降低掺混空气量在总空气量中的比例,影响燃烧室出口温度分布。

通过以上的描述可以看出,即使通过先进的设计优化燃烧室的一些关键指标,也依然无法同时满足全部功能要求,而由此引出的问题会在燃烧室使用过程中造成其性能退化或者结构失效,需要通过运行过程中的其他防护措施来延缓此类问题的发生。现代航空发动机燃烧室的技术要求如表4-1所示。

表4-1 现代航空发动机燃烧室的技术要求

发动机型号	主要性能参数			主要结构特点			
	燃烧室出口温度 T_3^*/K	燃油消耗率/[kg·(daN·h)$^{-1}$]	推重比	形式	火焰筒结构	长径比	喷嘴/个
V2500	1 700	0.585	5~6	短环	浮壁式	2.0	20
PW4084	1 574	0.602	6~7	短环	浮壁式	2.29	24
CF6-8	1 588	0.602	6~7	短环	机加涂层	1.94	30
CFM56-3	1 646	0.680	5~6	短环	机加双环腔	2.38	20
GE90	1 703	0.659	6~7	短环	机加双环腔	1.48	30

2. 燃烧室的结构特征

燃烧室的结构形式包含直流型、折流型和回流型,它们都是由扩压器、机匣、火焰筒、燃油喷嘴、点火装置、导向器等基本构件组成[5],其中民航发动机中常见的直流型燃烧室结构如图4-1所示。

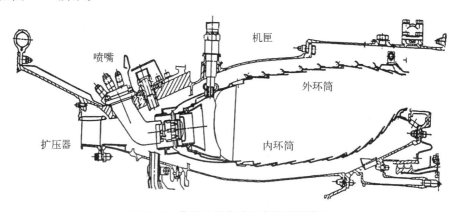

图4-1 典型民航发动机直流型燃烧室

1) 全环形火焰筒结构

现代民航发动机燃烧室多为直流全环形燃烧室,燃烧室的火焰筒由内、外筒及环形头部组成。若干个(8~28个)燃油喷嘴在火焰筒头部沿周向均匀分布,并分布有2~4个点火器。火焰筒的材料为镍基高温合金,通过焊接和机械加工获得。这种燃烧室的优点是可以更好地控制壁面厚度的变化,以改善应力分布,刚性好。

火焰筒的结构和形状影响着燃烧室两股进气的流动,从而影响着燃烧过程。燃烧室的燃烧过程如下。

(1) 形成初始混合气:第一股空气从火焰筒的头部经旋流器进入火焰筒,与从喷油嘴喷入的燃油形成混合气。

(2) 混合气点燃后边流动边燃烧:由点火器将头部的混合气点燃后,边燃烧边向下游流动,当它达到回流区末端时,这部分混合气已基本燃烧完毕。

（3）高温燃气回流对混合气进行加热，点火源作用下，混合气被点燃。因此，进入回流区的气体主要是高温燃气。回流的高温燃气逆流到喷嘴附近，将刚刚喷入的油滴加热蒸发，形成燃油蒸气，燃油蒸气与从旋流器进入的空气迅速掺混形成混合气。同时，也有回流区的高温燃气掺混进来，并对混合气进行加热点火，经过一定的感应期后就着火燃烧。然后这个火源往四周的混合气传播火焰，不断向外扩展，把火焰传到整个头部，形成火焰前锋。作为点火源的混合气团本身，由于燃烧并向下游移动，而将其位置和作用让位于来自上游的新混合气团。

（4）这一过程周而复始，形成稳定的燃烧过程。根据燃烧过程和火焰筒中燃气温度的分布特征，可以将燃烧室分为主燃区、补燃区和掺混区，示意图如图 4-2 所示。① 主燃区：在火焰筒头部保持稳定燃烧的区域称为主燃区。② 补燃区：没有参与燃烧的燃油，与用于掺混的二股气流混合，在补燃区中继续燃烧。③ 掺混区：火焰筒掺混段的任务是将二股气流引进火焰筒。第二股气流经过火焰筒侧壁的小孔和窄缝进入火焰筒内，与高温燃烧产物掺混降温，获得需要的出口温度和温度分布。第二股气流还沿火焰筒内壁面形成气膜，将高温燃气与金属壁面分隔开，以保护冷却火焰筒，掺混冷却后的燃气进入涡轮导向器。

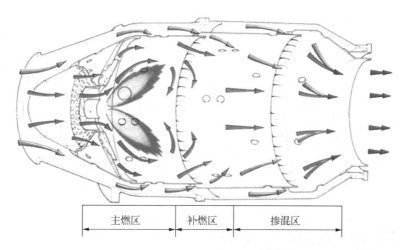

| 主燃区 | 补燃区 | 掺混区 |

图 4-2　单筒燃烧室火焰筒中的气流分配

火焰筒筒体既承受高温，又接触冷却空气，因此受热很不均匀，热应力很大，容易发生热疲劳。为了减小热应力，要特别注意筒壁的冷却并需要关注火焰筒各组成部分之间的温度协调。

此外，民航发动机燃烧室一般设计为环形火焰筒，其筒体通常用板料焊接而成，因而保证它具有足够的刚度也很重要。火焰筒在燃烧室中要有正确的定位支承，该定位支承要保证火焰筒受热时能自由膨胀（图 4-3）。

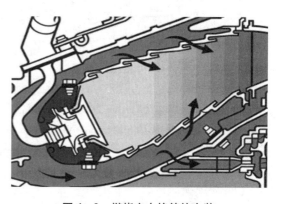

图 4-3　燃烧室火焰筒的安装

环形火焰筒上进气孔有不同的型式,其大小、形状、数量和分布各不相同(图4-4),取决于组织燃烧的需要和涡轮前燃气温度的要求,但进气孔往往会使火焰筒壁的强度削弱,孔边也是裂纹萌生的重要区域。

(a) V2500发动机燃烧室火焰筒　　　　　(b) CFM56发动机燃烧室火焰筒

图4-4　典型环形火焰筒上的进气孔

2)隔热浮瓦结构

为了提高燃烧室耐热性能,同时为了便于后续维修,有些发动机在燃烧室环形火焰筒壁面上增加了隔热瓦片。图4-5给出了其安装瓦片的火焰筒结构图,瓦片靠螺栓固定在火焰筒壁上,火焰筒壁上开有进气孔,冷却空气进来后,既可在瓦片与筒壁之间的夹层流动,进行对流换热,又可在瓦片表面流过,形成气膜冷却,将燃气与瓦片表面隔开。为了增加瓦片表面的散热面积,其背面加工有很多细小的圆柱形凸起。采用这种冷却结构,可减少冷却空气量,使更多的空气参与燃烧,降低燃烧温度,从而可降低 NO_x 的排放。隔热瓦片的使用减少了火焰筒壁面的热冲击,但是这种方式却容易导致瓦片表面的温度分布不均匀,从而使瓦片产生边缘回烧和中心烧穿现象。

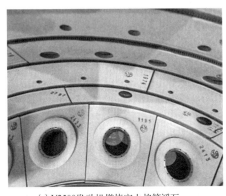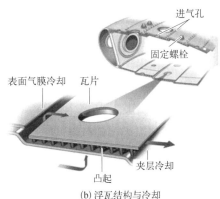

(a) V2500发动机燃烧室火焰筒浮瓦　　　　　(b) 浮瓦结构与冷却

图4-5　带有浮瓦的燃烧室火焰筒

3)热障涂层

为了提高航空发动机的推重比和热效率,必须增加发动机涡轮前的进口温度,发动机热端部件的工作温度也会相应地提高。发动机燃烧室由镍基高温合金构成,其软化温度为 1 590 K 左右,已接近其熔点 1 670 K。再加上高温合金的表面腐蚀和应力断裂等限制,涡轮前进气温度越来越难以升高,高温材料的使用温度已经远远不能满足需求。而热障涂层技术的高速发展,使得提高发动机的涡轮前温度和提升发动机性能成为现实。

热障涂层(thermal barrier coating, TBC)是无机涂层的一个重要分支,起源于 20 世纪 40 年代末 50 年代初,它沉积在耐高温金属或超合金的表面,对于基底材料起到隔热作用,降低基底温度,使得受其保护的器件能在高温下运行,并且可以使发动机热效率提高到 60% 以上。热障涂层经过了几代发展,目前应用最成熟的是 "Y_2O_3 部分稳定的 ZrO_2(yttria-stabilized zirconia, YSZ)陶瓷面层" 和 "MCrAlY 金属黏结层(其中 M 为 Ni, Co 或 NiCo)" 的双层结构。陶瓷层的主要功能是在高温载荷下,形成沿涂层厚度的高温度梯度,减弱向基底的传热,还可以提升抗腐蚀、冲刷和侵蚀的能力;黏结层(bond coating, BC)可以改善金属基体与陶瓷层之间的物理相容性,同时可以增强涂层的抗高温氧化性能。此外,在陶瓷层和黏结层之间还存在一个薄的热生长氧化物(thermally growth oxide, TGO)层,如图 4-6 所示。在高温的作用下,热障涂层中的 TGO 层会逐渐增厚,从而使得陶瓷面层和金属黏结层之间的结合力下降。

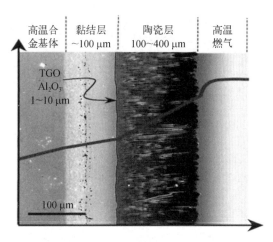

图 4-6　热障涂层结构及温度梯度

4)燃油喷嘴结构

燃油喷嘴的功用是将燃油雾化(或汽化),加速混合气形成,保证稳定燃烧,提高燃烧效率。民用航空发动机上常采用的燃油喷嘴有离心喷嘴和气动喷嘴。

离心喷嘴内装有一个旋流器,其工作原理是燃油从切向孔进入旋流室内,在旋流室内做急速的旋转运动,燃油从喷孔喷出后,因受惯性力和空气撞击的作用而破裂成无数细小的油珠,从而获得良好的雾化结果。常用的旋流器结构有切向孔旋流器、切向槽旋流器、螺旋槽旋流器,如图 4-7 所示。

旋流器实质上只是为燃油提供切向的通道,燃油通过切向的通道进入涡流室后,将产生高速旋转,故从喷嘴喷出的燃油会形成空心的旋转的圆锥油雾层。为了保证雾化质量,喷嘴前的最低燃油压力一般为 390~490 kPa。喷嘴前的最高压力取决于燃油泵的能力,一般最高油压近于 9.8 MPa,最高油压约为最低油压的 20 倍。由于喷嘴的供油量与燃油喷嘴旋流器压力的平方根成正比,故普通单路离心喷嘴供油量的变化范围为最低油量的 4~5 倍。但是,由于发动机在不同的转速下工作时,所需油量的变化很大,大转速时的供油量,一般比小转速时的供油量大十几至几十倍,只有一条通路面积的单路喷嘴就不能满足要求,所以目前有的发动机采用双路离心喷嘴(图 4-8)。

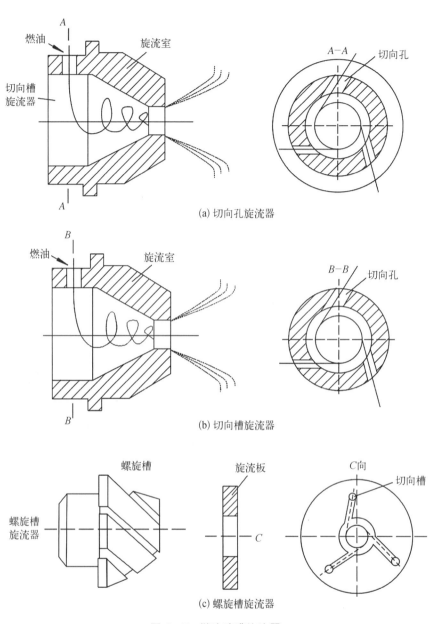

(a) 切向孔旋流器

(b) 切向槽旋流器

(c) 螺旋槽旋流器

图 4-7 燃油喷嘴旋流器

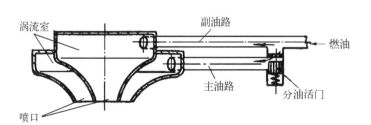

图 4-8 双路离心喷嘴

民航发动机另外一种常见的喷嘴是气动式喷油嘴。气动式喷嘴克服了离心式喷油嘴以下两个缺点：一是喷油量和喷油雾化质量都直接与供油压力相关；二是在大供油量情况下，由于雾化质量好，大部分是小直径的油珠，由于其动量小，都聚集在喷油嘴附近，容易形成积碳。而气动式喷油嘴油量的改变是依靠供油压力，雾化质量则依靠另外的气动因素。

图 4 - 9 所示为 RB211 发动机燃烧室采用的气动喷嘴。燃油经 6 个切向孔在喇叭口的内壁面上形成旋转的薄油膜层，在内外两股高速气流的作用下，破碎成与空气充分掺混的油雾，进入火焰筒头部。

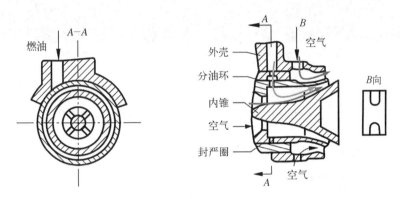

图 4 - 9　RB211 发动机燃烧室采用的气动喷嘴

图 4 - 10 所示的是 PW4000 发动机燃烧室采用的气动喷嘴，燃油也是在内、外两股高速气流作用下形成与空气充分掺混的油雾。

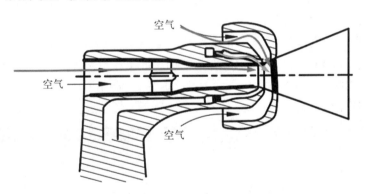

图 4 - 10　PW4000 发动机燃烧室采用的气动喷嘴

气动喷嘴的优点是：油气混合均匀，避免了主燃区的局部富油区，减少了冒烟和积碳；火焰呈蓝色，辐射热量少，使火焰筒壁温降低，气动喷嘴不要求很高的供油压力，而且在较宽的工作范围内，喷雾锥角大致保持不变，所以燃烧室出口温度场分布比较均匀、稳定；简化供油管道，仅用单管供油。气动喷嘴的缺点是：由于油气充分掺混，贫油熄火极限大大降低，燃烧室稳定工作范围变窄；在起动时，气流速度较低，压力较小，雾化不良。离心喷嘴和气动喷嘴的喷油效果如图 4 - 11 所示。

无论是离心喷嘴还是气动喷嘴，都关系到燃油预混效果，影响到燃烧室温度场的均匀性。燃烧室温度的均匀性无论对薄壁的火焰筒还是对高压涡轮导向叶片都有着重要的影

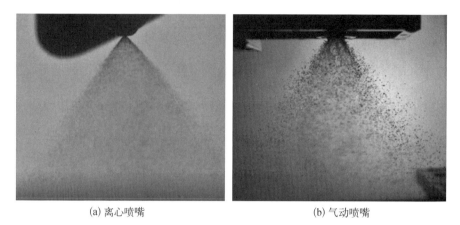

(a) 离心喷嘴   (b) 气动喷嘴

图 4 - 11　发动机喷嘴的雾化

响,因此燃油喷嘴的检查、评估和性能预测对热端部件的防护至关重要[6,7]。

4.1.2　燃烧室的工作环境和受力分析

1. 燃烧室的高温环境

燃烧室部件失效的最主要原因是燃烧室的高温环境,尤其是环形火焰筒长期处于高温燃气的直接影响之下,工作条件最恶劣。火焰筒长期工作后,材料的屈服应力或持久强度下降,同时受冷热疲劳、燃气氧化腐蚀、冲刷、磨损等的直接影响,火焰筒结构会出现损伤,有用寿命会大幅降低。火焰筒的有用寿命直接关系到发动机的在翼时间,所以火焰筒修复是不可或缺的。目前,最先进的镍基高温合金的使用温度不超过 1 150℃,且已接近其使用温度极限。尽管采用各种冷却结构和冷却方式,但火焰筒壁面温度依然在 950℃以上,最高可达 1 150℃以上,因此只能在火焰筒壁面上涂敷热障涂层进行防护。

火焰筒壁面的温度随着发动机推力的变化而变化,选用 CFM56 发动机在爬升工况下的燃烧室火焰筒温度进行说明,结果如图 4 - 12 所示。燃料在主燃区内发生雾化、掺混及

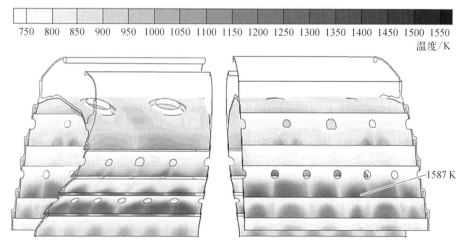

图 4 - 12　典型发动机火焰筒壁面温度分布

不完全燃烧,在掺混区完全燃烧,因此掺混区的火焰筒壁面温度高于主燃区,主燃区的温度可以达到950℃以上,掺混区的最高温度可以达到1 300℃。

与此同时,温度在火焰筒壁面上的分布并不均匀,在发动机爬升过程中可能存在局部超温现象。当火焰筒外的低温空气通过进气孔流入燃烧室火焰筒内部,并与筒壁进行对流换热时,冷却气膜能有效降低壁面表面温度。冷却气膜在刚进入火焰筒内部时的工作效率非常高,但当气膜沿着内壁表面流向后缘时,会因为换热作用而吸收热量,或随着与旋转热燃气的混合而导致气膜被稀释,使其冷却效率降低,从而在后缘位置产生超温现象。随着发动机工作时间的推移,上一级位置的烧蚀失效,会破坏冷却气膜的产生,使其无法充足均匀地覆盖在下一级壁面表面,热载荷大幅上升,在下一级壁面会产生“热斑”现象[8,9],温度上升幅值可达350 K(图 4 – 13)。此外,燃烧室壁面的温度分布还取决于空气与燃料的混合比和燃烧方式,喷油嘴积碳、火焰筒头部积碳等现象都会引起燃烧室流场变化,当燃料与空气不能充分混合时,在部分壁面形成富油现象,也会造成“热斑”温度梯度,而这种“热斑”现象发生的位置也常常伴有热障涂层的脱落失效。

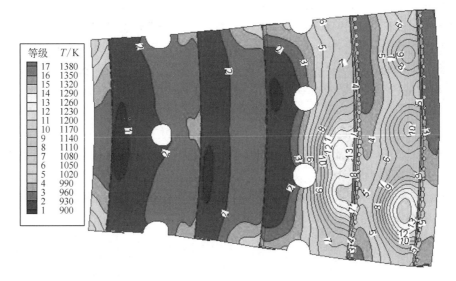

图 4 – 13　燃烧室环形火焰筒壁面上的“热斑”

2. 燃烧室中的 CMAS 腐蚀

随着飞机流量比和推重比的不断提高,航空发动机服役温度也不断提升,使得发动机燃烧室出口温度达到1 300℃甚至更高。同时,在飞行过程中,发动机可能会吸入空气中的灰尘颗粒,这些颗粒大都来源于硅质碎屑(火山灰、沙子、灰尘等),其熔点大都在1 190~1 260℃。这些硅酸盐矿物颗粒的化学组分基本相同,主要为 CaO、MgO、Al$_2$O$_3$、SiO$_2$ 及微量的 Ni、Fe 的氧化物,即镁铝硅酸钙(calcium-magnesium-aluminum silicate,CMAS),其组分的比例有些微差异,其熔点在1 200℃左右,不同组分会有略微不同,当火焰筒热障涂层表面温度达到或者超过 CMAS 熔点时,CMAS 就会融化。由于 CMAS 对陶瓷材料有很好的润湿性能,会在毛细作用力下渗透进入 TBC,直至温度降至熔点才会停止渗透(图 4-14)。这些渗透的 CMAS 会填充热障涂层中的孔隙,导致涂层的应变容限降低及热膨胀失配等问题,使涂层大块脱落,甚至失效。相对于热障涂层本身的 TGO 氧化、冲蚀和烧结等问题,CMAS 侵蚀更加剧烈,导致涂层快速的开裂剥落。未来发动机中将会有更高的进气口温度和工作温度,CMAS 侵蚀问题会更加严重[10-12]。

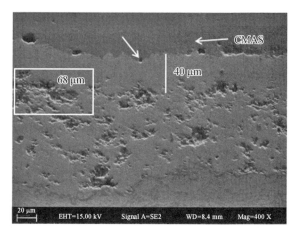

图 4-14 火焰筒壁面热障涂层中的 CMAS 腐蚀

3. 燃烧室热障涂层中的热应力

在发动机循环工作过程中,燃烧室火焰筒壁面热障涂层的热载荷可简化为"加热—保温—冷却"过程。在保温初始阶段,陶瓷面层会因为烧结收缩而产生拉应力,同时陶瓷层的收缩应力会因金属黏结层的蠕变而产生部分释放。根据诺顿定理,蠕变速率主要由稳定温度下的应力水平决定。在涂层服役早期,涂层烧结程度低,蠕变速率也处于较低水平。在服役中期,受到 CMAS 的影响,涂层烧结速率较快,烧结收缩速率高于蠕变速率,此阶段,部分烧结收缩应力会被金属黏结层蠕变释放,但仍会有残余烧结收缩应力。在服役后期,随着服役时间增加,涂层烧结程度变化很小,但是蠕变速率处于较高水平,此时蠕变速率高于烧结速率,烧结收缩应力会被蠕变释放,在高温保温后期,涂层处于低应力状态。

在冷却阶段,环境温度逐渐降低至室温,降温过程会导致涂层和基体产生收缩。由于陶瓷层的热膨胀系数与黏结层和基体的差值较大,这使得陶瓷层内部会产生较大的热失配应力,陶瓷层表面容易萌生垂直于陶瓷层和基体交界面的垂直裂纹。同时,在冷却过程中,陶瓷层和基体的收缩程度差较大,导致陶瓷层发生翘曲,翘曲应力集中在垂直裂纹尖端,并导致其转变为水平裂纹,造成涂层发生界面分离(图 4-15)。

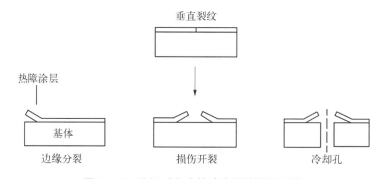

图 4-15 降温过程中热障涂层的界面开裂

在高温保温条件下假定热障涂层处于无应力状态,因冷却而产生的面内失配应力 σ_c 可采用如下公式计算:

$$\sigma_\mathrm{c} = (\alpha_\mathrm{c} - \alpha_\mathrm{s})\Delta T \cdot \frac{E_\mathrm{c}}{1 - \nu_\mathrm{c}} \qquad (4-1)$$

式中,α_c 和 α_s 分别为陶瓷层和基体的热膨胀系数;ΔT 为初始温度 T_1 和最终温度 T_2 的差值($\Delta T = T_1 - T_2$);E_c 为陶瓷层的剪切模量;ν_c 为陶瓷层的泊松比。

因此,在这种情况下,可以认为 TBC 的失效是因热失配应力导致涂层中产生众多微观裂纹,逐渐凝聚成一条沿着基材-涂层界面生长的宏观裂纹,从而导致陶瓷层的分层,最终出现剥落。

此时可以使用能量释放率(energy release rate,ERR)作为涂层的失效判据。这是因为陶瓷层的厚度和杨氏模量都明显低于基体,当陶瓷层从基体上剥落后,基本没有内应力。因此,可认为 ERR 与单位涂层面积上的弹性应变能量近似成正比,并且离面应力相对于面内应力来说很小,这意味着,涂层中的弹性应变能量可以只考虑面内应力分量,计算更加简便。由此可得,涂层能量释放率的计算公式如下:

$$G = Z \frac{(1 - \nu_\mathrm{c}^2)\sigma_\mathrm{c}^2 h}{E_\mathrm{c}} \qquad (4-2)$$

其中,G 为能量释放率;Z 为无量纲参数(YSZ 热障涂层可取 0.343);h 为涂层的厚度。可以认为,当 $G \geqslant G_\mathrm{cr}$(临界能量释放率)时,涂层产生脱落失效。

4. 金属壁面高温环境中的应变

在发动机工作过程中,燃烧室火焰筒壁面的温度并不均匀,金属壁面产生热应力。随着发动机不断地循环工作,这种热应力也会往复出现,最终导致金属壁面出现疲劳损伤。火焰筒金属壁面危险点累积损伤的计算过程如下:

(1)对燃烧室火焰筒基体壁面温度进行计算,得到温度分布云图;

(2)计算热载荷导致的金属壁面的塑形变形,并找出变形较大区域,定义为危险点;

(3)统计不同飞行工况下危险点随着飞行循环的累积情况;

(4)根据损伤累积理论计算损伤程度和危险点的剩余寿命。

下面以 CFM56-3 发动机燃烧室为例,对其火焰筒损伤计算过程进行说明。

(1)首先,根据维修检查结果发现,该发动机火焰筒壁面的裂纹多起源于孔边(图4-16)。

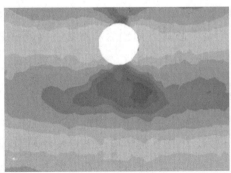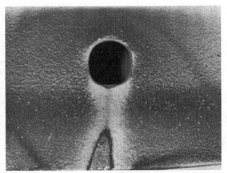

(a) 慢车状态下 1 号孔的应变　　　　　　　(b) 1 号孔裂纹

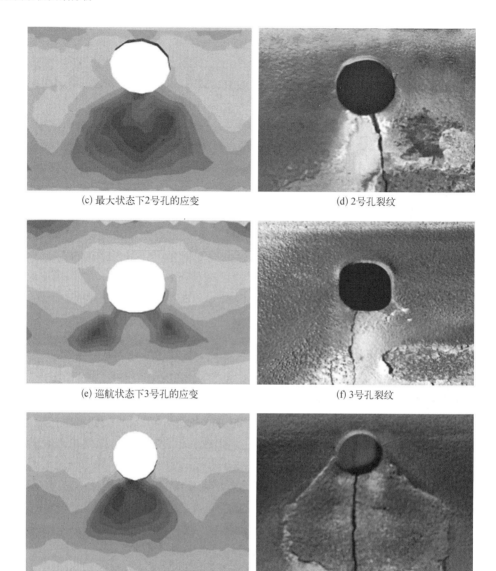

(c) 最大状态下2号孔的应变

(d) 2号孔裂纹

(e) 巡航状态下3号孔的应变

(f) 3号孔裂纹

(g) 下降状态下4号孔的应变

(h) 4号孔裂纹

图4-16 应变较大位置与实际裂纹对比

(2)为了便于说明,对部分主燃孔和掺混孔编号(图4-17)。后续对1号、3号主燃孔及2号、4号掺混孔4个易失效的位置进行应变分析和寿命预测。从其飞行记录中摘取飞机发动机起落循环的数据,获得其典型工作循环(图4-18)。

(3)根据发动机停车、最大推力、爬升、巡航、下降等各工况下的快速存储记录器(quick access recorder,QAR)数据,并利用有限元法计算火焰筒壁面的温度分布。根据壁面温度分布,借助于有限元法计算火焰筒壁面的塑性变形(图4-19)。由图可知,燃烧室基体塑性应变主要发生在主燃孔、掺混孔及气膜冷却孔下游区域。随着发动机负荷的增大,燃烧室基体热负荷增加,燃烧室整体塑性变形逐渐增大,燃烧室各工况下的最大应变点位置及最大应变值如表4-2所示。

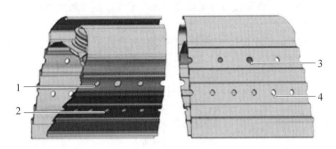

图 4-17　某型燃烧室火焰筒开孔编号

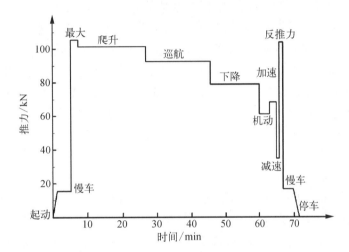

图 4-18　某航空发动机典型工作循环

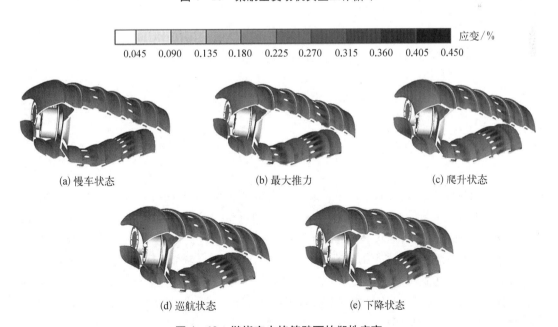

图 4-19　燃烧室火焰筒壁面的塑性应变

表4-2 各工况下燃烧室的最大应变点位置及最大应变值

工况	最大应变位置	最大应变值
慢车	1号主燃孔处	0.357%
最大	2号掺混孔处	0.406%
爬升	2号掺混孔处	0.415%
巡航	3号主燃孔处	0.447%
下降	4号掺混孔处	0.379%

各应变较大位置对应实际服役燃烧室基体位置均出现了不同程度的裂纹。其中,最大状态下及下降状态下,燃烧室基体最大应变位置与实际服役燃烧室基体裂纹位置基本吻合;慢车状态及巡航状态下,燃烧室基体应变最大位置对应实际服役燃烧室基体开裂位置的偏差为1.3~1.5mm,这是由于慢车状态及巡航状态下,燃烧室基体最大应变位置出现在1号主燃孔及3号主燃孔处,该区域靠近燃烧室喷油嘴,燃油浓度较高,燃烧过程中易形成碳烟。随着航空发动机服役时间的增加,碳烟附着在燃烧室壁面,使得该区域的局部传热特性发生改变,最大应变位置与实际裂纹位置产生了偏差。

(4)由于机动状态负荷较小,加速、反推力、减速过程时间很短,这几个阶段对疲劳寿命的影响较小,因此,忽略这几个阶段的影响,将发动机典型工作循环简化为"慢车—起飞—爬升—巡航—下降—慢车"。危险点在不同工况下的工作温度不同,温度对基体合金寿命的影响较大,通过试验测试不同温度下哈氏合金X的塑性应变与寿命的关系,并通过非线性最小二乘法拟合其试验数据得到典型环境下哈氏合金X的曼森-科芬(Manson-Coffin)公式如下:

$$\left(\frac{\varepsilon_p}{2}\right) = 0.072\,6(2N_f)^{-0.340\,87} \tag{4-3}$$

$$\left(\frac{\varepsilon_p}{2}\right) = 0.051\,9(2N_f)^{-0.351\,59} \tag{4-4}$$

$$\left(\frac{\varepsilon_p}{2}\right) = 0.051\,9(2N_f)^{-0.590\,44} \tag{4-5}$$

(5)根据流场仿真结果,不同工况下危险点的工作温度为856~1191K,分别将不同工况下的危险点应变代入式(4-3)~式(4-5),求得危险点在873K、1033K、1143K下的疲劳寿命,通过拉格朗日(Lagrange)插值法获得危险点在不同工作温度下的疲劳寿命。通过线性累积损伤理论计算得到在典型工作循环下各危险点位置的损伤累积值D,当D达到1时,危险点区域发生裂纹扩展。通过线性累积损伤理论计算得到在典型工作循环下,1号、7号主燃孔及11号、19号掺混孔附近裂纹完全开裂的寿命分别为13 754次循环、9 381次循环、7 126次循环、11 693次循环,计算结果与发动机燃烧室实际运行结果基本一致。

4.1.3　燃烧室的典型失效模式

民航发动机燃烧室的失效一方面与工作环境相关,高温、腐蚀、冲蚀等环境导致以火焰筒为代表的薄壁件产生变形、烧蚀和疲劳,最终发生结构损伤。另外,关键部件的功能退化也会引起燃烧室结构的失效。例如,发动机喷嘴喷油雾化效果的退化会导致燃烧室火焰筒壁面出现热斑,进一步加剧火焰筒热障涂层的热失配应力,使得涂层出现裂纹和脱落,由此引起火焰筒金属壁面的烧蚀或开裂。

1.　燃油喷嘴的结焦积碳

喷油嘴作为燃烧室的重要部件,也是航空发动机燃烧室极易发生失效的部件之一,燃烧室的大多数故障是由喷嘴零部件引起的,其典型特征为喷油嘴积碳,致使燃油雾化质量不佳,喷出的燃油表现为不均匀状态,导致燃烧室效率降低。同时,燃烧室内部可能出现局部高温状态,易引发异常现象。

喷油嘴的失效行为一般表现为喷油嘴外表面的燃烧结焦与喷油嘴内部的积碳,两种失效行为会影响喷嘴的出口半径、旋流槽宽度、深度,进而影响喷嘴的流量、喷雾锥角(雾化性能),导致喷油不均,降低燃烧效率,燃烧室内部可能出现局部高温现象,易引发异常现象。目前,常用喷油嘴的雾化性能来评价喷油嘴是否失效。

1)　喷油嘴外表面结焦积碳

喷嘴外表面的结焦积碳常常与燃烧室的富油燃烧有关。由于燃烧室点火时常设计局部富油供油区,而富油区中燃烧不完全,燃油发生高温裂解及缩合和聚合等反应,生成碳颗粒吸附在喷嘴表面堵塞喷孔,温度、当量比变化及燃料理化性能都会对其产生影响。而不均匀的燃油浓度也造成燃烧室火焰筒内壁、燃油喷嘴防积碳帽罩表面及喷嘴喷口周围产生明显积碳,导致气流结构偏离设计要求,使燃烧室出口燃气温度分布产生变化,进而引起涡轮叶片烧蚀等故障。

例如,某型民用飞机在外场使用中发生了多起发动机涡轮叶片烧蚀故障,经过拆解发现其高压涡轮导向叶片烧蚀现象伴随着燃烧室火焰筒内壁积碳现象(图 4-20)和喷油嘴积碳现象(图 4-21)。通过分析得知,个别喷油嘴的外部积碳现象引起了喷油不均匀,雾化效果不好,导致燃烧室温度场不均、火焰后移。

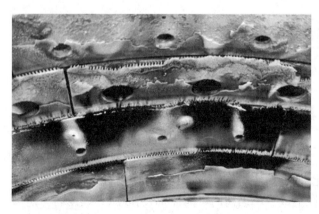

图 4-20　燃烧室火焰筒内壁积碳现象

图 4-21　燃油喷嘴表面积碳现象

2）喷油嘴内部结焦积碳

随着航空发动机的发展,用燃油作冷却剂以冷却发动机装置的需求迅速增长。燃油由于热交换而升温,同时受到压气机高温气流影响,喷嘴内的油温、油管壁温不断提高,造成喷嘴内的燃油严重沉积、结焦,附着在内壁上。燃油沉积使喷嘴性能衰减,导致温场不均而烧伤火焰筒和涡轮叶片。

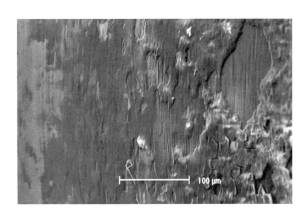

图 4-22　喷嘴切向槽上的结焦积碳[13]

在进行燃油喷嘴燃油沉积特征试验时发现,当温度升高时,喷油嘴内的沉积率增加;在喷嘴旋流器的几个切向槽上观察到严重的不均匀沉积现象,如图 4-22 所示。试验表明,在发动机燃油调节器、喷嘴内活门、燃滑油换热器内的油管表面上,经长期工作后会附着不均匀焦质,严重时会影响其正常工作,使性能恶化。

喷油嘴内部结焦积碳的影响因素主要包含以下两点。

（1）燃油成分的影响:由于目前航空发动机的设计逐渐趋于高压比和高温升的方向发展,燃烧室的温度逐步提高,当温度达到 150～450℃ 时,燃料内部的碳氢化合物会与其溶解的微量氧发生自由基链式反应,生成氢过氧化物类自由基,氢过氧化物继续发生歧化、异构等反应,最终生成醇类、醛类、有机酸等复杂产物,从而增加了燃料的黏度,由于各类复杂产物的相互聚集,形成不溶性胶状物,从而引发结焦沉积。

（2）环境因素:由于燃油是目前发动机喷嘴冷却设计中的冷却剂,热交换以后,喷油嘴区域燃油的温度较高。与燃油接触的壁面区域升温,会使得结焦和碳沉积率不断增加。另外,从表面状态来讲,若喷油嘴部件部分表面加工质量不佳,表面不连续、不光滑、不均匀,可能产生严重的不均匀沉积现象。发动机长期工作后,喷嘴的活门上可能有积碳,造成活门性能降低,严重时使活门失效。喷嘴旋流器切向槽上有严重不均匀沉积,则会造成喷嘴雾化性能恶化,从而产生不均匀的燃烧温度场。

2. 火焰筒壁面烧蚀

航空发动机燃烧室的结构失效在火焰筒壁面上表现得较为集中和明显,其中一种失效表现为壁面的烧蚀。

当燃烧室的壁面散热条件较差时,在高温和氧化双重作用下出现烧蚀现象,尤其是浮瓦结构的燃烧室容易出现此类烧蚀。如图 4-23（a）所示,V2500 发动机壁面的浮瓦出现边缘烧蚀现象。对于浮瓦来讲,边缘烧蚀是正常烧蚀现象,一般来讲,发动机燃烧室对此类损伤有良好的冗余度。

V2500 发动机壁面的浮瓦还会出现中心烧蚀的情况[图 4-23（b）]。中心烧蚀是涡流温度场作用下涂层脱落和壁面氧化的结果。中心烧蚀区容易和掺混孔、边缘烧蚀区连在一起,最终造成块状脱落。中心烧蚀造成二次损伤的可能性很大,因此其烧蚀面积是严格控制的。

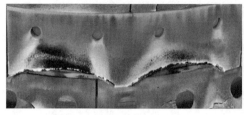
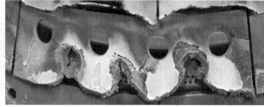

| (a) 边缘烧蚀 | (b) 中心烧蚀 |

图 4 - 23　V2500 燃烧室浮瓦的烧蚀

3. 火焰筒壁面裂纹

当燃烧室壁面的散热条件较好时,在高温和热应力的联合影响下,壁面会出现裂纹。这种裂纹与热障涂层的脱落有关。当壁面上的涂层在高温和应力的影响下出现脱落后,壁面直接暴露在高温环境中。在高温环境中,壁面金属的蠕变速率加快,最终在热应力作用下出现蠕变和疲劳断裂(图 4 - 24)。这些蠕变断裂的起始点多为燃烧室环形边缘,一直延伸到掺混孔。这种失效模式一般不会引起壁面的块状脱落,引起发动机涡轮部件出现二次失效的概率较低。

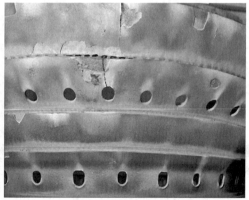

| (a) 外环裂纹 | (b) 内环裂纹 |

图 4 - 24　PW4000 火焰筒壁面的裂纹

4. 热障涂层的脱落

热障涂层脱落的外部驱动力是陶瓷层和金属基体之间的热失配,当失配产生的能量释放率高于临界能量释放率时,陶瓷层脱落。这种失效形式与陶瓷层和金属黏结层之间的 TGO 的体积增长有关(图 4 - 25)。伴随着 TGO 体积的不断增长,界面临界能量释放率在不断下降。TGO 增长到临界厚度以上后,诱发涂层的脱落。TGO 的生长过程

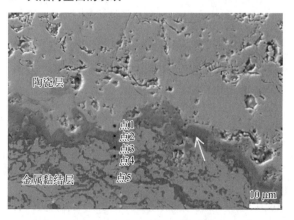

图 4 - 25　陶瓷层和金属黏结层之间的 TGO

与一般的金属高温氧化规律相符,生长稳定性与其自身性能和氧化物产生过程密切相关,其生长过程大致可分为三个阶段(图4-26)。

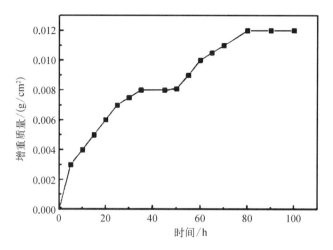

图4-26 TGO的氧化增重曲线

(1) 初期氧化阶段:氧化发生初期,氧原子通过陶瓷层的孔隙和微裂纹通道进入陶瓷层与黏结层界面处,由于黏结层中的 Al 元素较为活泼,氧原子首先与 Al 元素发生了选择性氧化,在界面处形成了 Al_2O_3 层。Al_2O_3 有 γ、δ、θ 及 α 四种物相形式,其中只有 α 相是稳定相。在氧化初期,TGO 层主要以非稳定相的 $\theta - Al_2O_3$ 构成,还存在少量的 Co、Ni、Cr 的氧化物,此时的氧化层不稳定。

(2) 稳定氧化阶段:经过一段时间的氧化后,非稳定相的 Al_2O_3 逐渐转变为稳定状态的 $\alpha - Al_2O_3$。由于 $\alpha - Al_2O_3$ 密度大,可在一定程度上延缓基体进一步氧化。同时,Al_2O_3 在非稳定相向 α 相转变的过程中,发生了相变且体积大幅度缩小,使得 TGO 层中形成了一定量的空隙,为微裂纹的产生和扩展提供了条件。

(3) 复杂氧化阶段:在这个阶段,由于铝元素的大量消耗,在界面处形成了贫铝带,并在 TGO 底部留下大量微裂纹,选择性氧化也不再占主导作用。当陶瓷层中存在大量微裂纹时,氧原子会与 Co、Ni、Cr 等元素继续发生氧化,产生大量的尖晶石类氧化物($NiAl_2O_4$、$NiCo_2O_4$、$CoAl_2O_4$ 等)。这些脆性的氧化物不仅降低了陶瓷层和黏结层之间的黏结强度,还会增大 TGO 的体积,形成很大的应力集中,容易造成裂纹的萌生。热障涂层循环氧化和等温氧化的失效机理证实,TGO 的增长促使裂纹萌生并扩展,这是造成涂层失效的关键因素。

陶瓷层和金属黏结层之间的 TGO 的体积增长速度复合抛物线定律,可以用如下公式进行估算 TGO 的厚度 h_{TGO}:

$$h_{TGO} = \left[2D_v C_1 \int_0^t \exp\left(\frac{\sigma_y \Delta\Omega}{kT} \right) dt \right]^2 \qquad (4-6)$$

式中,D_v 为氧的扩散系数;C_1 为金属黏结层表面的氧浓度;k 为玻尔兹曼常数;T 为温度;t 为温度;σ_y 为氧化膜内应力;$\Delta\Omega$ 为氧扩散激活能。

4.1.4　预防燃烧室部件失效的主要措施

1. 燃油喷嘴结焦积碳的清洗

民航发动机的燃油喷嘴结焦积碳后会使得喷油压力损失增大,从而影响喷嘴雾化效果。针对喷嘴结焦积碳问题,许多机构和研究人员进行了相关清洗技术的研究,使用专用的喷嘴清洗方法对发动机喷油嘴进行清洗,可以显著提升喷嘴的雾化能力(图 4-27),减小燃烧室部件的失效概率,并有利于燃烧室维修间隔的延长。

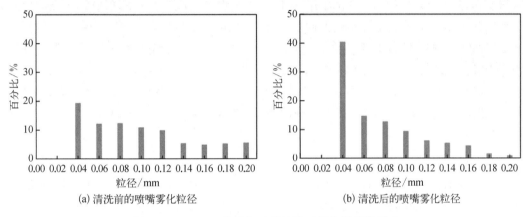

图 4-27　V2500 发动机喷嘴清洗对雾化效果的影响

喷嘴普遍采用化学清洗、超声清洗和物理清洗相结合的方法。针对喷嘴内部的结焦,可以用酒精及丙酮进行超声清洗。这两种方法可以清除切向槽内的部分结焦,但还不能做到全部清除干净。可在化学清洗液中添加一定量的油溶性表面活性剂及能够促进雾化的清洗剂进行更彻底的油污清洗,同时在喷嘴的清洗过程中也引入了一些物理清洗方法。例如,采用磁针研磨法可以有效去除燃机燃油喷嘴表面积碳,但磁针大小一般为毫米级,远超航空发动机喷嘴内部空间尺寸。怎样减小磁力针尺寸,使其适用狭窄空间的积碳层去除是未来研究的方向之一。

2. 结构耐久性的改善

航空发动机燃烧室的发展速度很快,约每 10 年就突破 1~2 项关键技术。例如,20 世纪 60 年代研制成了大空气流量全环形燃烧室,70 年代减少了污染问题,80 年代着重解决燃油喷雾、火焰筒壁面冷却、缩短燃烧室长度等由于高压、高温带来的技术难点,90 年代起重点解决燃烧室耐久性问题。由于先进发动机燃烧室的进出口温度越来越高,燃烧室经常出现高温导致的烧伤,其维修费达到发动机总维修费的 20% 左右。为了提升发动机的安全性和经济性,需要着重解决燃烧室的结构耐久性问题。目前,改善燃烧室耐久性主要从以下几个方面入手。

1)新型材料

目前,燃烧室使用的镍基和钴基合金,如 HS188、哈氏合金 X,能够满足目前的设计要求,但是不能进一步提供足够的耐久性。具有可接受的强度和抗氧化性能的非金属材料的许用温度相比当前金属材料有大幅度升高,硅复合材料或者复合玻璃(硅-碳单晶/多晶材料)的使用可满足近期温度提升的要求,碳-碳材料似乎是能承受远期温度增长要求的唯一轻质材料。因此,今后必然集中力量研究与发展可用于燃烧系统的高温、轻质材料。陶瓷材料具有优异的高温抗腐蚀性能,一直是人们关注的理想高温材料。目前,世界各国针对下一代先进燃烧室的要求,都在集中研究碳化硅和氮化硅材料,并取得了较大进展。

2)新型热障涂层

热障涂层允许较高的燃气温度,实现较低的部件温度,减少冷却空气需求量,减缓温度瞬变和降低热点的苛刻度,从而提高部件的耐久性。代表当代技术水平的热障涂层是一种以 0.25 mm 厚的氧化锆陶瓷为面层,同时以 0.10 mm 厚的镍铬合金为黏结层的复合涂层(YSZ)。两层都用等离子喷涂,可实现 150℃左右的阻热效果。使用隔热涂层的 RB211 发动机燃烧室比不使用隔热涂层的可用寿命大约提高 50%。YSZ 具有低热导率和较高的热膨胀系数,因此常作为陶瓷层的材料,但是在服役过程中存在一些问题:首先,服役温度超过 1 200℃时,ZrO_2 会发生高温相变,具体过程如式(4-7)所示:

$$单斜相(m) \underset{950℃}{\overset{1\,180℃}{\rightleftharpoons}} 四方相(t) \overset{2\,370℃}{\rightleftharpoons} 立方相(c) \qquad (4-7)$$

这种相变使得涂层产生不可逆的体积变化。因此在长时间的高温服役过程中,涂层应力会增大,从而产生微裂纹,进而加速了涂层的脱落失效。其次,YSZ 涂层在高温服役时,易产生烧结,会进一步降低涂层的孔隙率,导致涂层的隔热效果大大降低。最后,在高温热腐蚀的环境下,随着热循环的增加,TGO 底部会形成一条"贫铝带",并在界面处形成尖晶石类氧化物,从而在内部产生较大的热应力,促使大量裂纹萌生,进而导致涂层脱落。当热障涂层脱落后,火焰筒的基体合金直接暴露在高温热冲击环境中,最终发热蠕变断裂,或是在热应力作用下产生裂纹,也有可能在高温氧化环境中出现烧蚀。

目前,采用一种稀土掺杂改性的热障涂层,能够为提升热障涂层的性能提供解决方案。稀土元素是镧系元素、Sc 和 Y 这 17 种元素的统称,稀土元素离子主要以正三价形态存在。在 ZrO_2 晶格中掺杂稀土元素离子,使 ZrO_2 的高温相在室温环境也能稳定存在,从而抑制 ZrO_2 的相变。例如,相较于传统的 YSZ,CeO_2 掺杂 ZrO_2 材料制备的热障涂层具有更低的热导率和更高的热膨胀系数。多元掺杂在使热障涂层热导率下降的同时,仍能保持甚至提高材料的高温下相稳定性、抗烧结性等性能。在具有相同氧空位含量的样品中,由于 Sc^{3+} 与 Zr^{4+} 的离子质量差值大于 Y^{3+} 与 Zr^{4+} 的离子质量差值,$Sc_2O_3 - Y_2O_3 - ZrO_2$ 材料的热导率理论计算值和试验测量值均比质量分数为 6%~8% 的 $Y_2O_3 - ZrO_2$ 降低了 20%~28%。有研究表明,5 mol%TiO_2 掺杂 Er_2O_3 稳定 ZrO_2(ErSZ)材料由 t′相和 c 相组成,10 mol%TiO_2 掺杂 ErSZ 材料由 t′相、c 相及约 3.5 mol%m 相组成;当掺杂剂 TiO_2 含量低于 10 mol%时,TiO_2 掺杂可降低导热性并提高韧性;较高的 TiO_2 掺杂率会降低相稳定性,导致更多的 m 相;在较高的掺杂水平下,材料反而出现热导率增加和韧性降低的情况,这主要归因于 m 相的形成。YSZ 热障涂层的性能可以通过多元稀土元素掺杂来改善,多元掺杂热障涂层是一个具有潜力的研究方向,通过此方法来发现性能更优的材料体系具有很大的研究价值。

3）先进的结构设计

针对改进高性能燃烧室的耐久性，有研究者设计了浮壁式火焰筒的先进结构设计方案。将标准的全环火焰筒分成若干段，解决了由于环形件应力大而造成的寿命限制问题。同时，设计师们可在浮壁结构上灵活地选择先进的冷却技术和材料，包括陶瓷复合材料。浮壁式结构已在 V2500 发动机火焰筒上得到应用，其结构特点是在热外壳上采用浮壁块以防止壁面过热。从设计上强调了热端部件的维修性，这种结构的火焰筒在高热容强度下由于冷却完好，能保证稳定可靠地工作。但采用浮壁板增加了燃烧室质量，一般约增加 30%。

4.2　机　　匣

机匣是航空发动机的重要零部件之一，它是整个发动机的基座，是航空发动机上的主要承力部件，其外形结构复杂，针对不同的发动机和发动机的不同部位，其机匣形状各不相同。机匣零件的功能决定了机匣的形状，但其基本特征是圆筒形或圆锥形的壳体和支板组成的构件。航空发动机的振动容易诱发机匣连接区域的疲劳，或者造成转、静子之间的碰撞，甚至导致转动叶片的断裂与失效，从而导致发动机寿命缩短，所以关注该零部件的失效问题有着重要的意义[14-16]。

4.2.1　机匣的功能和结构要求

在涡喷发动机上，按功能进行分类，机匣可分为低压压气机机匣、高压压气机机匣、燃烧室机匣、轴承机匣、涡轮机匣、中央传动机匣、附件机匣等；在涡扇发动机上，与涡喷发动机上不同的机匣还有进气机匣、风扇机匣、中介机匣等[5]。

发动机各机匣结构的基本功能要求是：

（1）有足够的刚度和强度，并在此前提下，尽量减轻重量；

（2）各段机匣间要保证准确可靠的定位、固定和密封；

（3）流路气动损失小；

（4）装拆维修方便、工艺性好，综合成本低。

1. 压气机机匣的功能与结构要求

压气机作为航空发动机的核心部件之一，其主要功能是对进气道流入的空气减速扩压，经过压缩的气体进入燃烧室与燃油充分混合，然后进行燃烧，最终产生推力。由于在实际工作运转中，压气机内部会出现不稳定的流动现象，造成压气机性能急剧下降，从而导致发动机整机的各种运行问题和故障发生。压气机机匣是保证压气机内部流动稳定的部件，是气体通道的外壁。压气机机匣承受静子的重力、惯性力、内外空气压差、整流器扭矩、轴向力等。此外，压气机机匣还承受着热负荷、振动负荷，传递支撑所受的各种载荷。

压气机机匣一般分为进气机匣、中机匣和后机匣三部分。在大部分双转子涡扇发动机中，中机匣又分成低压压气机机匣和高压压气机机匣，中间还有一段过渡机匣，称为中

图 4-28　高压压气机机匣

介机匣。在高涵道比的涡扇发动机中，还有风扇静子机匣。中机匣是一个圆柱形或者圆锥形的薄壁筒，机匣内壁上加工有固定各级静子叶片的各种形式的沟槽，发动机转子支承在机匣内，是发动机的主要承力壳体。压气机中机匣有整体式和分半式两种结构（图4-28），在高压压气机中通常设计为双层机匣，外层机匣作为承力件，内层仅作为压气机气流通道的外廓。这种双层结构的承力机匣稍有变形时也不致影响叶尖间隙的变化。

2. 燃烧室机匣的功能与结构要求

燃烧室机匣是航空发动机的主要传力构件之一，属于航空发动机核心机匣的一部分，包容着在航空发动机中高速流动的高温、高压燃气。燃烧室机匣在航空发动机正常飞行包线内发生静力破坏的概率极低，但如果发生燃油阀失效、压气机叶片脱落、极端外物吸入（大鸟）、应急着陆等极端情况时，燃烧室机匣一旦发生破裂，燃烧室内的燃烧压力、温度及油气匹配将发生巨大改变，甚至可能导致爆炸燃烧，直接威胁航空发动机安全。因此，为了保证安全性，适航规章规定了在极限载荷下燃烧室机匣不能发生破裂失效。

燃烧室机匣由外机匣和内机匣构成，承受轴向力、径向力、扭矩、弯矩、振动负荷等（图4-29）。由于空气的压力，燃烧室内机匣承受径向压缩应力，容易压扁变成椭圆，失去稳定，因此内机匣一般都会采用加强筋作为加强结构。燃烧室的外机匣很少采用加强筋，因

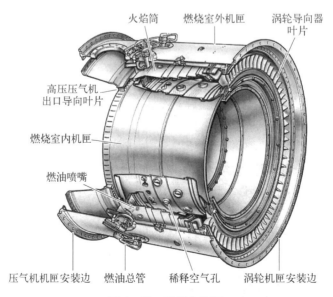

图 4-29　燃烧室机匣

为空气压力作用于燃烧室外机匣的内壁上,它使得外机匣拉伸扩张变圆,而不是像燃烧室内机匣那样受压缩变扁。燃烧室内外机匣都有安装边,这些安装边也起到加强作用。燃烧室内外机匣的前段构成扩压器,降低压气机气流速度,保证气流的稳定性。扩压器为流线型,进口有一平直段,一方面防止气流畸变影响出口温度场品质和防止气流扰动影响压气机性能,另一方面可减小叶片尾迹对燃烧室流场的影响。

3. 涡轮机匣的功能与结构要求

涡轮机匣通常是圆柱形或圆锥形的薄壁壳体,除固定导向器外,还借前后安装边分别与燃烧室和喷管连接,用于传递相邻部件的负荷,因此涡轮机匣是发动机承力系统的重要构件,其上作用有扭矩、轴向力、惯性力及内外压差。同时,有的机匣还直接或间接地构成了燃气通道的壁面,因此在工作时,受力、受热产生的变形与转子的振动和偏摆,以及零组件的制造误差等都会对叶尖径向间隙产生影响。因此,对涡轮机匣的基本要求如下:

(1) 既要保证机匣有足够的刚性,又要减轻机匣的重量,并便于装拆;

(2) 工作时,机匣相互间要能很好地定心;

(3) 转子与静子之间能保持良好的同心度;

(4) 尽可能减小涡轮叶尖径向间隙,以提高涡轮效率,但又要保证工作时转子与静止不至于碰坏。

大部分的涡轮机匣都设计成整体式的。为了便于装配,采用沿轴向分段。现代民航发动机一般将高低涡轮划分为两个单元体,因此涡轮机匣只要按高低压沿轴向分为两段即可。涡轮机匣前端与燃烧室外机匣连接,后端与后支承机匣相连接(图 4-30)。

 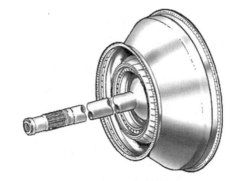

(a) 高压涡轮机匣　　　　　　　　　　(b) 低压涡轮机匣

图 4-30　涡轮机匣

涡轮径向间隙对涡轮效率有很大影响,据估算,对于一台先进的双级涡轮,涡轮的径向间隙若增加 1 mm,涡轮效率下降 2.5%,这将使发动机耗油率增加 2.5%,所以为了减少损失,提高效率,应尽可能减小径向间隙。

径向间隙的减小,可能造成发动机过渡态下转子和静子的相互摩擦。为了避免摩擦带来的严重后果,可在机匣内壁装上易磨材料,如封严涂层、蜂窝结构等。为了控制间隙,也会将涡轮机匣分为两层,两层之间通以燃烧室两股气流或某级压气机引来的空气,使涡轮外环外面不直接与空气接触。过渡状态下,外环反应速度减慢,以控制机匣和转子之间的热响应匹配。这样还可以将机匣的受热件与受力件分开,使温度较低的外层机匣受力。有时与燃气直接接触的内层机匣沿圆周分成若干扇形段,各段间周向留有一定间隙,允许自由膨胀。衬段可以采用挂钩式直接或间接地连接在涡轮外机匣上;也可以与导向叶片铸为一体,再用螺栓或螺钉固定在外机匣上。为了防止高温氧化及减小温度梯度,还可以在衬段上加工很多小孔,引入空气冷却。

4.2.2 机匣的工作环境和受力分析

机匣通常是圆柱形薄壁壳体,利用前后安装边与前后段连接,用于传递相邻部件的载荷。在工作状态下,机匣承受发动机的气体负荷和质量惯性力。这些负荷以轴向惯性力、内压力、扭矩和弯矩的形式作用在机匣上。在外加荷载作用下,薄壁壳类结构破坏的主要形式是屈曲失稳、永久变形、破裂等。

1. 机匣的压应力与失稳

在压应力条件下,薄壁结构容易出现失稳。圆柱壳的稳定问题一直是国内外学者研究的热点,在结构稳定范畴具有代表性。机匣类圆柱壳承受外载时,在轴压和外压两种典型工况下的稳定性问题尤为突出。通过假定几何形状为完善结构而无几何缺陷及边界条件为两端简支等,推导出在轴压作用下圆柱壳的屈曲临界应力经典解析表达式为

$$\sigma_{cr} = \frac{E}{\sqrt{3(1 - \nu^2)}} \cdot \frac{t}{R} \tag{4-8}$$

式中,E 和 ν 分别为材料的弹性模量和泊松比;R、t 分别为圆柱壳的中径和壁厚。由式(4-8)可知,机匣的壁厚和壳体半径是影响临界应力的主要参数。

当机匣类薄壁圆筒承受均匀外压作用时,假设筒体表面为标准的圆柱形并且壁厚分布均匀,施加两端简支的边界条件,弹性临界屈曲应力的 Mises 公式为

$$\sigma_{cr} = \frac{E\delta_e}{R_0(n^2 - 1)\left[1 + \left(\frac{nl}{\pi R_0}\right)^2\right]^2} + \frac{E}{12(1 - \nu^2)}\left(\frac{\delta_e}{R_0}\right)^3\left[(n^2 - 1) + \frac{2n^2 - 1 - \nu}{1 + \left(\frac{nl}{\pi R_0}\right)^2}\right]$$

$$\tag{4-9}$$

式中,δ_e 为圆筒有效厚度;R_0 为圆筒外半径;l 为长度;n 为屈曲时的周向半波数。式(4-9)对于长圆筒和短圆筒均有很好的适用性,以弹性小挠度理论为支撑,得到了广泛采用,许多薄壁压力圆筒的稳定性校核公式都以此为基础。由于外压圆筒在失稳时有可能伴随塑性变形发生,而作为临界应力的设计与校核的公式均以弹性模量为常数的前提推导而来,这样会面临超过比例极限后弹性常数不断变化的问题。因此,须将弹性模量替换为相应材料的切线弹性模量,进行多次迭代试算,经由大量试验的检验后归纳成经验设计公式和对应的曲线。

2. 机匣的热应力与热变形

对于采用双层机匣的发动机,燃烧室机匣和高压涡轮机匣组成的空腔中通入某级压气机引来的气体,从而实现对高压涡轮机匣的冷却,以控制转子和静子之间的热响应匹配。这样可以成功地将相邻部件的外部载荷及热载荷分开,使燃烧室机匣承受外部载荷,而高压涡轮机匣仅承受热载荷。但是高压涡轮机匣在发动机工作时可能受到不均匀的热输入,同时机匣材料属性的差异也会影响温度分布的均匀性,最终造成机匣的热应力并产生热变形。

稳态非均匀温度场下,圆环件内外壁温度不一致时,不考虑两端传热,温度仅沿径向发生变化,其温度分布函数方程为

$$T(r) = T_1 + (T_2 - T_1) \frac{\ln(r/a)}{\ln(b/a)} \tag{4-10}$$

式中,T_1 和 T_2 分别为内壁、外壁恒定温度值;r 为机匣的径向尺寸;a 为机匣的内径;b 为机匣的外径。此时,在机匣径向上的热位移 u_r 可用式(4-11)计算,当发生一定量的热变形之后,在机匣壁面上产生的热应力可由式(4-12)计算:

$$
\begin{aligned}
u_r = & \frac{1+\nu}{1-\nu} \cdot a \left[\left(\frac{r\ln r/a}{2} - \frac{r^2 - a^2}{4r} \right) \frac{T_2 - T_1}{\ln b/a} + \frac{T_1 r^2 - T_1 a^2}{2r} \right] + \\
& \frac{a}{b^2 - a^2} \left[\frac{T_2 b^2 - T_1 a^2}{2} - \frac{(T_1 - T_2)(b^2 - a^2)}{4\ln b/a} \right] \cdot \\
& \left[\frac{(1-2\nu)(1+\nu)}{1-\nu} r + \frac{1+\nu}{1-\nu} \frac{a^2}{r} - 2\nu r \right]
\end{aligned}
\tag{4-11}
$$

$$\varepsilon_r = \frac{u_r}{r} = \frac{1}{E} [\sigma_r - \nu(\sigma_\theta + \sigma_z)] \tag{4-12}$$

3. 机匣受到的摩碰力

为了满足航空发动机对整体结构紧凑、气动效率高、耗油率低等结构性能方面的要求,通常将叶尖间隙通常被设计得非常小,但这种设计同时也提高了叶片和机匣之间发生摩碰的概率。由于航空发动机转速高、叶尖线速度大,一旦发生摩碰,可能会导致转子系统失稳,也可能造成机匣的破裂,所以需要考虑发动机全工况条件下,机匣与转动叶片之间发生摩碰时产生的最大应力。

当发生摩碰时,摩碰载荷作用于叶尖处,可将摩碰力分解为切向的摩擦力 F_s 和垂直于叶尖横截面的径向力 F_N。一些成熟的接触碰撞理论为叶片-机匣的摩碰提供了多种法向和切向摩碰模型,这些模型也为开展摩碰叶片的动力学特性分析提供了依据。但是目前的模型也有不完善之处,这主要是因为叶片-机匣摩碰的情况复杂,如可能出现单叶片或多叶片摩碰、刮除涂层、摩碰生热、机匣变形等,理论计算模型需要不断修正。目前,对于法向摩碰力和切向摩碰力的计算模型如下。

(1)对于法向摩碰模型,主要从接触碰撞动力学理论出发建立模型,需要考虑叶片-

机匣摩碰过程中出现的局部塑性变形、摩擦产生的热效应、磨损造成间隙的变化、机匣振动及机匣变形等实际情况。

（2）对于切向摩碰模型，主要从库仑摩擦理论出发建立模型，需要进一步细化动静摩擦状态的判别，提出修正后的库仑摩擦模型，找到摩擦过程中不同运动状态（未接触、黏合与滑移）的转换位置和时间。

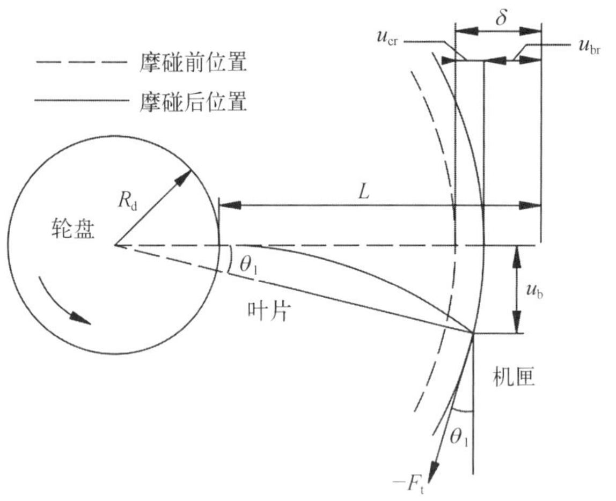

图 4-31　叶片-机匣摩碰模型

例如，Padovan 等[17]采用线性弹簧模型，推导出了叶片沿径向的变形和法向摩碰力之间关系的摩碰模型。当考虑到叶片旋转产生的离心刚化影响时，线性弹簧模型得到了修正。还有学者利用 Hertz 弹性接触模型研究了法向摩碰力与侵入深度的关系，当计算薄壁机匣的摩碰力时，需要考虑机匣变形对摩碰力的影响[18]，如图 4-31 所示。

无论何种模型，当计算叶片和机匣的摩碰力时都需要考虑两者共同的变形。叶片考虑弯曲变形，机匣考虑柔性变形及与支承刚度相关的整体位移。在推导法向摩碰力的过程中，将叶片-机匣摩碰看作准静态接触过程，假定轮盘为刚性，同时不考虑摩碰过程中的摩擦热效应。基于 Hertz 弹性接触模型，两弹性体碰撞所引起的法向摩碰力 F_n 应该满足式（4-13）和式（4-14），叶片和机匣之间的摩擦力 F_t 应该满足式（4-15）：

$$F_n = k_h u_{cr}^{3/2} \tag{4-13}$$

$$k_h = \cfrac{4}{3\left(\cfrac{1-\nu_1^2}{\varepsilon_1} + \cfrac{1-\nu_2^2}{\varepsilon_2}\right)}\left(\cfrac{R_1 R_2}{R_1 + R_2}\right)^{1/2} \tag{4-14}$$

$$F_t = \mu F_n \tag{4-15}$$

式中，k_h 为 Hertz 接触刚度系数，由转子叶片和机匣的材料属性和几何尺寸决定；u_{cr} 为机匣的径向位移；ν_1 和 ν_2 分别为转子叶片和机匣的泊松比；E_1 和 E_2 分别为转子叶片和机匣的弹性模量；R_1 和 R_2 为叶片和机匣在接触区域的曲率半径；μ 为叶片与机匣之间的摩擦系数。

4.2.3　机匣的典型失效模式

机匣是航空发动机上的主要承力部件，由振动、温差等引起的周期性应力会传递给机匣，并在机匣连接部位产生应力集中。由于低周疲劳、高周疲劳、热应力和蠕变等会造成机匣裂纹、变形等故障。另外，现代先进航空发动机为了提高性能、增加推质比，通常采取缩小转静子之间间隙的方式增加气密性，这样就势必会导致转静子之间摩碰的概率增大。正是由于机匣所受的载荷复杂,在实际使用中,航空发动机机匣的故障时有发生。

1. 疲劳开裂

机匣的基本特征是由圆筒形或者圆锥形的壳体和支板等组成的构件,在壳体上存在安装边和加强筋,还有可能引起应力集中的小孔、凸台、焊缝等。在发动机运转过程中,机匣承受气体载荷和质量惯性力,高温机匣还承受温差引起的热载荷。在飞机的起降循环过程中,这些载荷都会循环地加载在机匣上,可能造成机匣应力集中危险点区域的疲劳断裂[19-21]。图 4-32 显示的是某发动机排气机匣,该机匣为整体焊接结构,由环形锻件机匣、15 块超塑成型扩散连接空心固定支板与铸造内环前段焊接后形成机匣主体。环形锻件机匣设计为薄壁结构,前后各带安装边。图中显示该机匣固定支板的根部存在裂纹,起源位置存在加工形成的锐边,造成应力集中。主要有 1 条裂纹,长度为 15.80 mm,几乎贯穿了支板的全部宽度。

(a) 发动机排气机匣　　　　　　　　　　(b) 机匣支板裂纹

图 4-32　发动机排气机匣支板裂纹

支板疲劳裂纹起源于尖锐边角区域,然后向内部呈放射状扩展。在裂纹的扩展区可见明显的疲劳条纹,进一步证明裂纹随周期载荷扩展的特性(图 4-33)。

表 4-3 为针对燃烧室机匣的疲劳裂纹的故障模式、原因和故障影响进行的统计。由统计结果可知,循环应力在应力集中区域或焊接接头缺陷处诱发裂纹增长是导致故障发生的主要原因。其次,机匣开孔区域引起的应力集中也是导致裂纹开裂的重要原因。

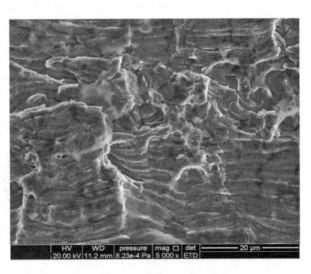

图 4-33　支板裂纹的微观形貌

表4－3 某燃烧室机匣疲劳裂纹统计表

编 号	故 障 模 式	故 障 原 因
1	燃烧室外机匣穿透性裂纹	氩弧焊定位后,安装座偏斜,工艺敲击校正引起初始裂纹,发动机振动引起高周疲劳裂纹
2	卸荷腔排气管安装座裂纹	导管安装间隙不均匀,组装敲击校正碰伤导管端面
3	外套穿透性裂纹	焊接工艺安排不合理,多次加热引起疲劳起源区存在热裂纹
4	螺栓孔裂纹	发动机振动引起螺栓孔边疲劳裂纹
5	放气安装座机匣裂纹	发动机工作引起局部高应力及焊接应力集中区疲劳裂纹
6	前套大孔边裂纹掉块	发动机振动引起孔边疲劳裂纹
7	安装座焊接处外机匣裂纹	发动机振动和工作循环引起高应力及焊接高应力集中区疲劳裂纹

2. 摩碰

为了不断提高航空发动机的推力/重量比和结构效率,就需要不断缩小发动机转静间隙,这就导致转子与定子发生摩碰的故障可能性不断提升(图4－34)。转子系统的摩碰是一个严重问题,一旦转子与静子发生摩碰,轻则引起发动机部件的异常振动、磨损,重则造成转动叶片或者机匣的破坏,甚至引发重大事故。

有关摩碰振动现象发生的条件、表现的特征及对结构的影响的研究,使人们认识到摩碰是一种复杂的物理现象,其发生是其他故障,如不平衡、偏心、热不平衡、流体诱导自激振动等导致的结果(图4－35)。

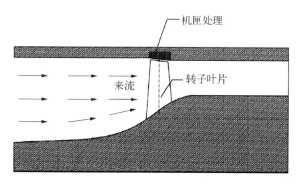

图4－34 机匣与转子叶片间隙控制

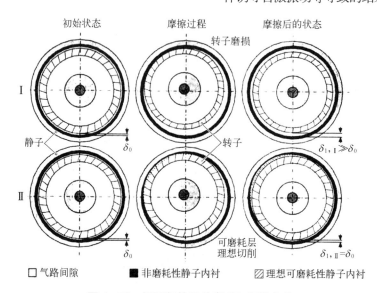

图4－35 机匣与转子的摩碰与间隙变化

1）发动机机匣与叶尖之间间隙变化

转叶与机匣的径向间隙（即气路密封）大小对发动机效率、功率和油耗有显著影响：径向间隙每增大 0.13 mm，发动机单位耗油量大约增加 0.5%；反之，径向间隙每减小 0.25 mm，涡轮效率约提高 1%。可见，间隙过大会降低发动机效率、质量流量及喘振裕度，这也使得转静间隙越来越小。然而，过小的间隙下，过渡态发动机工作状态突变会导致转静子摩碰、封严涂层磨损、卡滞等现象。在过渡状态转换的过程中，发动机机匣和叶尖之间的间隙变化存在如下几种情况（图 4-36）。

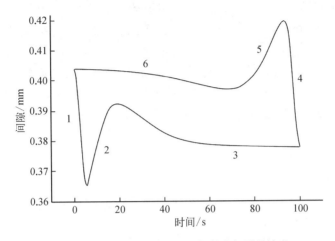

图 4-36　某航空发动机机匣与叶尖间隙的变化

（1）在飞机地面慢车阶段，转子和静子的温升均不显著，离心力对轮盘和叶片的弹性变形起了主导作用。转子叶尖和机匣之间的间隙迅速减小，此时转子叶片的叶尖和机匣之间可能发生摩碰。

（2）在飞机起飞爬升阶段，发动机进气温度增加，温度场引起的热膨胀开始发挥主要作用。机匣热惯性小，温升速率远高于热流面积很小且热惯性大的转子轮盘，机匣产生更大的径向变形，径向间隙随之增加。

（3）在飞机巡航阶段，转子轮盘温度逐渐达到稳定状态，轮盘（带叶片）在热变形和离心力作用下产生径向变形，叶尖间隙再次减小并逐渐趋于稳定，此时转子叶片的叶尖和机匣可能发生再次摩碰。

（4）在飞机下降阶段，发动机转速逐渐降低，叶盘离心力减小，轮盘（带叶片）径向变形减小，机匣和叶尖之间的间隙迅速增大。

（5）在飞机渐进着陆阶段，发动机压气机温度降低，热响应较快的机匣的收缩量高于冷却较慢的叶片，机匣和叶尖之间的间隙减小，有发生摩碰的可能性。

（6）在飞机地面滑行阶段，发动机转速和温度处于稳定状态，机匣和叶尖之间的间隙趋于稳定。

2）振动环境引进的摩碰

机匣是发动机的骨架，它连接着发动机的各个部件：内部连接涡轮、燃烧室；外部连接排气管道、油路、冷却管道等，机匣的振动直接反映发动机整机的振动水平。现代航空发动机机匣的薄壁设计使得结构模态密集并表现出一定的几何非线性,从而导致振动问题异常突出。较大的振动往往导致机匣变形,从而造成转子叶片和机匣之间的摩碰。目前,对于机匣振动的研究主要有结构激振、噪声激振和气流激振三个方面,典型的激振源有如下几点:

（1）发动机转子或螺旋桨的不平衡质量是引起承力系统及其构件振动的重要激振因素;

（2）有的发动机由于停车后转子系统的周向温度分布不均,使转子处于热弯曲变形状态,如果此时再起动,容易引起发动机的整机振动;

（3）若发动机转静摩碰或转子支点构件的不同轴度过大,会引起机匣承力系统的行波振动;

（4）高速气流经过叶栅、承力支板时产生的尾流,旋转失速或喘振等引起的气流压力脉动,或者主燃烧室供油系统的压力脉动等因素可能激起火焰筒或燃烧室机匣的振动。

通常,航空发动机的转子通过轴承支承在静子机匣上,而机匣支承在基础上,为了减小转子的振动及调节转子的临界转速,在轴承与轴承座之间往往加有弹性支承和挤压油膜阻尼器[22]。因此,它们之间的运动相互耦合、相互影响,从而在结构和动力学上构成了转子-轴承-支承-机匣耦合系统。随着航空发动机性能的不断提高,人们试图通过修改结构几何构型以充分利用材料特性来进一步地提高推重比和结构效率,其重要措施之一就是缩小发动机转静间隙,并在转静件上采用封严结构（蜂窝、封严涂层等）[23-25],使之达到最小间隙,这就加剧了转静件间的摩碰可能性。转静摩碰故障的严重后果将使转静间隙增大、轴承磨损、叶片折断,直至机械失效。

历史上发生过与摩碰相关的整机问题,导致严重事故、造成重大经济损失。例如,据美国运输部报道,在1962~1972年的417百万飞行小时中,10.2%的发动机转子事故是由转静子之间的摩碰引起的;1994~1996年,因发动机摩碰故障导致4架F-16战斗机失事,另有339台架次直接或间接因发动机摩碰故障而被迫停飞;国内某发动机在台架试车过程中,油门由慢车推至90%、中间或加力状态时,转子系统振动最大幅值达到标限值的158%,振动总量增加至352%,从而导致发动机设备排气温度剧增,继发燃油的大面积泄漏,伴随强烈的压力波动脉冲。在故障发生后的拆机检测中发现,转子系统低压转子二级涡轮工作叶片与机匣封严间隙外环产生了极其严重的破坏性摩碰,封严机匣外环短时间内脱落并与工作叶片发生严重摩碰,造成了叶片损伤,使转子系统低压转子突发不平衡故障,转静件间在严重摩碰的同时激发大量设备间的摩擦和附加力矩。因此,研究过渡态下转静子的摩碰问题,探讨摩碰故障的发生机理和演化规律,对于发动机设计和运维均有非常重要的意义。

4.2.4 预防机匣失效的主要措施

1. 柔性机匣设计

发动机转子和机匣之间的摩碰力主要与发动机的转子和静子的刚度相关,当两者的刚度较大时也会产生较大的摩碰力,因此两者的柔性化设计是解决转子-机匣摩碰的有效手段。CFM56、GE-90的机匣在结构上均不同程度地采用了结构轮廓外形的异型曲线优化设计样式,不仅可以有效减轻结构重量,也能大幅降低结构受热或受机械力时的结构刚度。

对于航空发动机涡轮结构,机械应力与高温导致的热应力之间的矛盾直接影响其力学性能。结构支撑自由度大,保证结构可以自由热膨胀时的热应力水平低,但机械强度差;刚性较好的结构支撑设计可以有效降低机械应力,但会限制热变形,产生较大的热应力。民航发动机采用的循环对称截锥环结构可以有效解决这一问题,该结构由内向外分别为内环支撑、内环锥段及其冷气孔、导向叶片、波纹状吸能环和外环支撑,其弹性支撑环状结构具有承力与吸能的双重力学效应,通过不同机械载荷与温度载荷工况下的弹性支撑构型设计,可以协调结构内部机械应力与温度应力的分布,改善应力集中现象,提高结构的疲劳使用寿命。

2. 机匣防摩碰设计

当叶片与机匣发生摩碰时,摩碰力的冲击载荷将直接作用于转子叶片,叶片将产生强迫振动应力,其结果是叶片承受冲击载荷。为了降低摩碰的危害,常采用在机匣内壁喷涂可磨耗封严涂层的措施[26,27]。这种涂层不但可以减小叶片和叶片之间的间隙,使航空发动机效率得以提高,同时可提升发动机的安全运行性能(图 4 - 37 和图 4 - 38)。

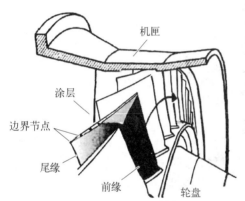

图 4 - 37 发动机压气机叶片-涂层-机匣结构

图 4 - 38 涂敷于机匣上的可磨耗封严涂层

随着压缩空气温度的逐级升高,可磨耗封严涂层的使用温度从 300℃ 提升到 1 100℃,现代可磨耗封严涂层的最高温度已达 1 350℃。可磨耗封严涂层一般由基相、润滑相和一定量的微小孔洞组成。根据使用温度的不同,基相可以是金属相或陶瓷相,常用的金属相有镍、铝、铜及其合金等,常用的陶瓷相主要是氧化钇稳定氧化锆;常用的润滑相材料有石墨、硅藻土、膨润土、六方氮化硼等,如表 4 - 4 所示。

表 4 - 4 常见可磨耗封严涂层材料

序 号	材料牌号	成 分	喷涂工艺	使用温度/℃
1	Metco 600NS	聚苯酯	等离子	<325
2	Metco 601NS	Al12+Si40+聚苯酯	等离子	<325
3	Metco 307NS	Ni25+石墨	火焰	<480

序　号	材料牌号	成　分	喷涂工艺	使用温度/℃
4	Metco 610NS	铝青铜14+聚苯酯	等离子	<650
5	Metco 314NS	Ni4Cr4Al21+膨润土	火焰	<815
6	Metco 2042	CoNiCrAlY+聚苯酯/BN	等离子	<850
7	Metco 2395	YSZ0.8hBN4.7+聚苯酯	等离子	>1 000
8	Durabrade 2192	DySZ0.8hBN4.7+聚苯酯	等离子	>1 000
9	Durabrade 219X	YbSZ0.8hBN4.7+聚苯酯	等离子	>1 000
10	CM-49	NiCrAl+SiO_2	等离子	1 100
11	CM-20	NiCoCrAlY+聚苯酯	等离子	1 100
12	CM-25	NiCoCrAlY+(ZrO_2+BN)	等离子	1 150

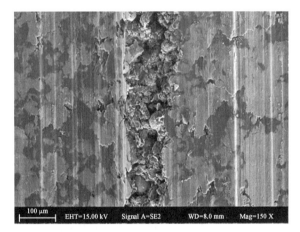

图4-39　可磨耗封严涂层表面磨痕

涂敷于压气机机匣表面的封严涂层是可磨耗封严涂层,主要有铝硅-聚苯酯涂层和铝硅-立方氮化硼涂层两种。当压气机叶片与机匣封严涂层摩碰后会改变涂层的状态,从而改变转、静子之间的原有间隙。因为可磨耗封严涂层的硬度较低,所以压气机叶片与之摩碰后,涂层表面会留下类似"犁沟"的磨痕(图4-39)。

叶片侵入量不同时,涂层表现出不同的表面形态。低侵入速率下的表面粗糙度明显高于高侵入速率时的粗糙度。结合涂层和叶尖的表面形貌可知,影响刮磨表面粗糙度的因素是叶尖上黏附物的形状(图4-40)。当叶尖处黏附物为块状时,表明叶尖在结束刮磨前发生较多的是叶尖、转移物颗粒与涂层之间的三体磨粒磨损,最终形成图4-41中所示的粗糙刮磨区形貌,因此

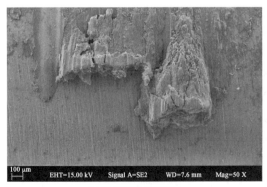

(a) 叶尖颗粒状黏附物

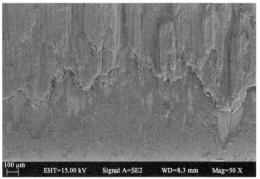

(b) 叶尖层状黏附物

图4-40　摩碰过程中转动叶片叶尖的黏附物

刮磨后涂层表面的粗糙度较大。当叶尖处黏附物质为层状时,表明叶尖在结束刮磨前发生的是叶尖-与涂层之间的二体磨损,形成的粗糙刮磨区面积较小,因此刮磨后涂层表面的粗糙度较小。

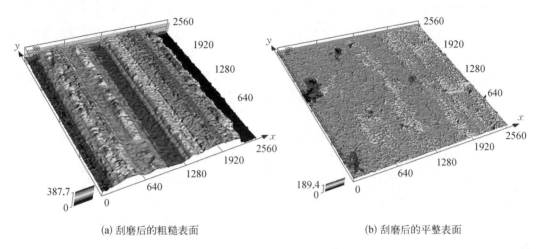

(a) 刮磨后的粗糙表面　　　　　　　　　　　(b) 刮磨后的平整表面

图 4 - 41　涂层表面粗糙度变化(单位:μm)

4.3　涡轮导向叶片

一般将涡轮转子叶片称作工作叶片,将涡轮静子叶片称作导向叶片。涡轮导向叶片位于涡轮工作叶片前方,在燃烧室中爆发的高温高压燃气流经导向器叶片时会被整流且在收敛通道中将局部压力能转换为动能,然后加速,最终产生一个角度,从而更加有效地撞击下一列转子叶片。

4.3.1　涡轮导向叶片的功能和结构要求

1. 涡轮导向叶片的功能要求

涡轮部件中温度最高和承受热冲击最猛烈的零件当属导向叶片,对其功能的要求如下。

(1)在高温环境中具有足够的刚度和强度,以保证高温燃气以设计的角度冲击到转动叶片。

(2)在高温下有高的抗氧化和抗热腐蚀的能力。由于其工作温度很高,这一要求尤为突出。

(3)具有良好的抗热疲劳与抗热冲击的性能,以保证其具备良好的使用寿命。

(4)具有良好的工艺性,可分解,便于制造和更换修理。

2. 涡轮导向叶片的材质要求

高温合金是一类以金属镍、铁、钴元素为基,能在 600℃ 以上的高温且承受一定应力的条件下长期工作,并具有优异的抗氧化、抗腐蚀能力的先进结构材料,一般可分为变形高温合金、铸造高温合金和粉末高温合金。航空发动机涡轮叶片最初普遍采用变形高温合金材料,但是变形高温合金的使用温度一般在900℃以下,随着材料研制技术和加工工艺的发展,抗高温能力更强的铸造高温合金逐渐成为涡轮叶片的候选材料。美国从20世纪50年代后期开始尝试使用铸造高温合金涡轮叶片,苏联于20世纪60年代中期应用了铸造涡轮叶片,英国于20世纪70年代初采用了铸造涡轮叶片。而随着航空发动机的推重比越来越高,使得变形高温合金和普通的铸造高温合金难以满足其越来越高的温度及性能要求,因而国外自20世纪70年代以来纷纷开始研制新型铸造高温合金,先后研制了定向凝固高温合金、单晶高温合金等具有优异高温性能的新材料,其中单晶高温合金已经发展到了第3代。20世纪80年代,又开始研制了陶瓷叶片材料,同时在叶片上开始采用防腐、隔热涂层等技术。

我国对于高温合金的研制始于20世纪50年代,1957年成功研制出第1种变形高温合金涡轮叶片材料,即GH4033。20世纪60年代初,我国相关部门联合开展技术攻关,解决了GH4033、GH4037、GH4049等材料的生产质量和工艺问题,书写了我国发动机涡轮叶片用变形高温合金的新篇章。在变形高温合金成功研制的基础上,我国又相继研制了K403、K405、K417、K418和K423等一系列等轴晶铸造高温合金,满足了国内航空发动机生产中以铸代锻,导向叶片和涡轮叶片铸造化的要求,并于20世纪70年代应用于航空发动机制造。20世纪70年代末,我国开始了定向凝固柱晶高温合金、单晶高温合金、金属间化合物基高温合金等新材料的研制工作,先后研制成功了DZ4、DZ22、DZ125等定向凝固柱晶高温合金,DD3、DD4、DD6等单晶高温合金,IC6、IC6A、IC10等金属间化合物基高温合金,并已应用于我国各型号航空发动机涡轮工作叶片和导向叶片的制造中。从表4-5列出的我国涡轮叶片采用的主要材料的概况中看出,航空发动机的发展对涡轮叶片用材料的使用温度提出了越来越高的要求;我国涡轮叶片材料也从变形高温合金发展到了单晶高温合金和金属间化合物基高温合金,其使用温度从700℃提高到了1 100~1 150℃。

表4-5 涡轮叶片主要材料概况

序号	材料牌号	材 料 类 别	用 途	使用温度/℃	应 用 时 间
1	GH2302	变形高温合金	工作叶片	800	20世纪60年代
2	GH4033	变形高温合金	工作叶片	700	20世纪60年代
3	GH4037	变形高温合金	工作叶片	850	20世纪60年代
4	GH4049	变形高温合金	工作叶片	700	20世纪60年代
5	GH4220	变形高温合金	工作叶片	950	20世纪80年代
6	GH710	变形高温合金	工作叶片	950	20世纪80年代
7	GH738	变形高温合金	工作叶片	815	20世纪70年代
8	K403	等轴晶铸造高温合金	工作叶片、导向叶片	900~1 000	20世纪70年代
9	K405	等轴晶铸造高温合金	工作叶片	950	20世纪70年代
10	K417G	等轴晶铸造高温合金	工作叶片、导向叶片	900	20世纪70年代
11	K418	等轴晶铸造高温合金	工作叶片、导向叶片	900	20世纪70年代
12	K423	等轴晶铸造高温合金	导向叶片	1 000	20世纪70年代
13	K441	等轴晶铸造高温合金	导向叶片	1 100	20世纪90年代
14	K4002	等轴晶铸造高温合金	工作叶片	1 000	20世纪80年代

序号	材料牌号	材 料 类 别	用　途	使用温度/℃	应 用 时 间
15	K640	等轴晶铸造高温合金	导向叶片	1 000	20 世纪 80 年代
16	DZ4	定向凝固柱晶高温合金	工作叶片、导向叶片	1 000~1 050	20 世纪 80 年代
17	DZ5	定向凝固柱晶高温合金	工作叶片、导向叶片	1 000	20 世纪 80 年代
18	DZ417G	定向凝固柱晶高温合金	工作叶片、导向叶片	980	20 世纪 90 年代
19	DZ22	定向凝固柱晶高温合金	工作叶片、导向叶片	1 000~1 050	20 世纪 90 年代
20	DZ125	定向凝固柱晶高温合金	工作叶片、导向叶片	1 000~1 050	20 世纪 90 年代
21	DZ125L	定向凝固柱晶高温合金	工作叶片、导向叶片	1 000~1 050	20 世纪 90 年代
22	DD3	单晶高温合金	工作叶片、导向叶片	1 040~1 100	20 世纪 90 年代
23	DD4	单晶高温合金	工作叶片、导向叶片	1 000~1 050	20 世纪 90 年代
24	DD6	单晶高温合金	工作叶片	1 100	21 世纪
25	IC6(IC6A)	金属间化合物高温合金	导向叶片	1 150	21 世纪
26	IC10	金属间化合物高温合金	导向叶片	1 150	21 世纪

3. 涡轮导向叶片的冷却结构

涡轮叶片是航空发动机中承受热载荷和机械载荷最为苛刻的零部件,也是发动机的关键安全件。针对如何在减少冷气流量的情况下提高涡轮进口燃气温度这一技术难题,一方面是研制新型耐高温材料和热障涂层,另一方面就是实施先进可靠的高效冷却技术。

现代航空发动机高压涡轮导向叶片典型冷却结构(图 4－42)主要包括扰流柱、气膜孔及热障涂层等。叶片前缘受冷气/燃气压比限制,常采用致密气膜孔冷却(图 4－43)。叶盆、叶背前部低速区常采用气膜或冲击加气膜冷却的复合冷却形式,叶背高速区主要采用冲击冷却形式。叶背后部冲击冷却的冷气会经叶片尾缘的扰流肋对尾缘区域进行冷却,最后从叶片尾缝排出,叶片尾缝排气结构主要有全劈缝和半劈缝。导向叶片的缘板常采用冲击加气膜的冷却方式。受性能需求的影响,发动机涡轮前温度逐渐升高,给涡轮导向叶片冷却设计带来了各种问题和矛盾:

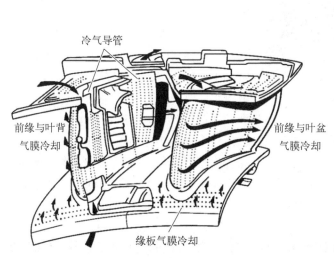

图 4－42　涡轮导向叶片的冷却

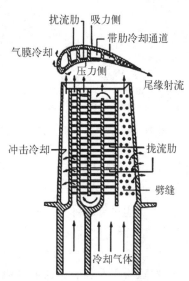

图 4－43　典型叶片的内部通道冷却

（1）叶片前缘受高热负荷,叶片前缘冷气侧与燃气侧的压比较小,因而难以进行复杂冷却设计;

（2）致密气膜孔设计受叶片强度、可加工性及冷气量等因素制约;

（3）叶背中后部出现燃气分离、转捩换热增加与气膜孔开孔区域限制,导致叶片高热负荷区域难以充分冷却;

（4）叶片尾缘受壁厚限制,采用全劈缝会影响涡轮性能,采用半劈缝则冷却不足。

4. 涡轮导向叶片的安装形式

导向器由导向器内、外环和一组导向叶片所组成。导向叶片一般采用耐高温合金制造,特别是第一级导向叶片的材料是发动机中耐热要求最高的。第一级导向器紧挨着燃烧室出口,其内外环可以靠燃烧室内、外机匣支承,一般呈双支点形式,有些发动机涡轮前轴承的力要通过此处传出,因此在结构上要很好地处理固定传力与允许零件自由膨胀之间的关系。为了减小热应力,导向叶片采用的连接方案,通常有两端自由支承,一端固定、另一端自由支承。由两片或更多片导向叶片固接在一起形成叶片组。

第二级及其后的各级导向器都处于两级工作叶轮之间,因此只能采用外端固定的悬臂结构,作用在导向叶片上的负荷通过叶片外端传到外环上去,由于后几级导向叶片都比较长,为了增加刚度,应使叶片内冠在工作时相互靠近,并形成气流内通道。后几级导向叶片工作温度较低,所以一般不用通气冷却。

图4-44 典型导向叶片的挂钩式安装方式

图4-44所示的斯贝发动机高压第2级导向器叶片即为挂钩式。导向器叶片叶冠的后缘有安装边,与机匣上的安装边相靠。3片或4片叶片焊成一组,每组叶片的安装边上有一小孔,与涡轮机匣安装边上的销钉相配,并用卡环将其固定。叶冠前缘有向前伸出的安装边,插到机匣相应的环槽中,导向叶片就可以挂装到机匣上。

由于导向器叶片底座上还要固定级间封严环,这时,封严环既要通过导向器叶片定心于机匣上,又要允许导向叶片径向自由膨胀。为此,封严环先固定于支承环上,支承环前安装边上开有均匀分布的矩形槽,每个导向叶片底座前缘向下伸出一方形凸块,插在支承环相应的矩形槽中。

矩形槽允许导向叶片凸块的前后与上下移动,但周向却不能移动。因此,将支承环也即封严环通过导向叶片定心于机匣上,并具有良好的热定心性能。支承环后安装边上开有环形槽,导向叶片底座后缘向下伸出的挡边插入环形槽中,限制支承环前后移动。

5. 涡轮导向叶片的热障涂层

热障涂层在高温载荷下形成沿涂层厚度的高温度梯度,减弱向基底的传热,还可以提升抗腐蚀、冲刷和侵蚀的能力,是发动机高温部件的关键防护层。应用于发动机燃烧室壁面上的热障涂层主要为"Y_2O_3 部分稳定的 ZrO_2（YSZ）陶瓷面层"和"MCrAlY 金属黏结层（其中 M 为 Ni、Co 或 NiCo）"双层结构，一般采用等离子喷涂的方法制备，涂层具有明显的层状结构。涡轮导向叶片中应用的热障涂层的材料和燃烧室热障涂层相同，但是为了抵抗更高的温度和更大的热失配，涡轮导向叶片上的热障涂层一般采用电子束物理气相沉积（electron beam-physical vapor deposition，EB-PVD）的方法制备。这种方法制备的涂层具有纵向柱状结构，可以通过"柱簇"之间的协调变形释放热膨胀差异导致的失配应力（图 4 - 45）。

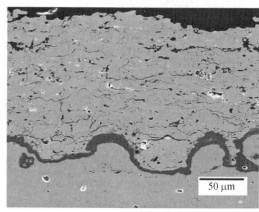

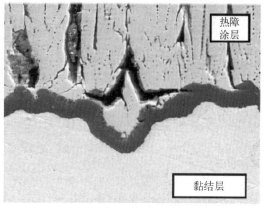

(a) 层状结构热障涂层　　　　　　　　　　(b) 柱状结构热障涂层

图 4 - 45　热障涂层的结构

4.3.2　涡轮导向叶片的工作环境和受力分析

为了避免受到外部机械力的影响，涡轮导向叶片一般采用挂钩式安装，但是由于工作过程中受到不均匀的温度场，涡轮导向叶片依然存在较大的内应力，从而导致温度梯度较高的区域出现热疲劳裂纹，因此工作过程中的循环温度场是涡轮导向叶片的主要失效原因。

为了保证涡轮导向叶片在高温环境中长时间工作，需要依靠冲击冷却、对流冷却、气膜冷却等技术进行防护。冷却技术为叶片带来了有效防护，同时也在冷却场周边形成了较高的温度梯度。利用有限元方法对典型涡轮导向叶片的表面温度场进行分析，在进行叶片传热计算时，通常预先求出叶片和燃气交界面及内冷气流和燃气交界面的对流换热系数、热流密度等。根据给定的进出口压力对动量方程进行求解，确定流场中各节点的压力和速度；利用进口温度、湍流模型及能量方程求解整个计算域内各节点的温度值，从而实现固体温度场计算，典型的计算结果如图 4 - 46 所示。

从图 4 - 46 中可以看出：从轴向来看，涡轮导向叶片前缘的温度最高；从径向来看，涡轮导向叶片的端部温度较高。热应力由材料弹性矩阵 $[D]$、单元几何矩阵 $[B]$、节点位移列阵 $\{\delta\}$ 和 $\{\varepsilon_0\}$ 决定。在物体不受外力载荷的条件下，节点位移列阵 $\{\delta\}$ 由几何体的热膨胀决定。热应力 σ 可由如下公式计算得出：

$$\sigma = [D](\{\varepsilon\} - \{\varepsilon_0\}) = [D][B]\{\delta\}^e - [D]\{\varepsilon_0\} \qquad (4-16)$$

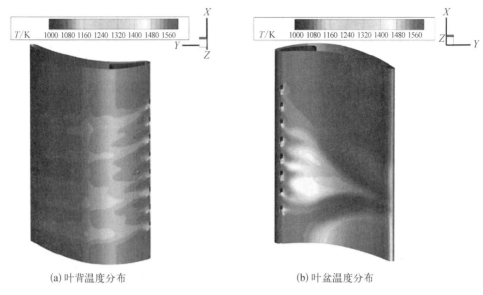

(a)叶背温度分布　　　　　　　　(b)叶盆温度分布

图 4-46　典型涡轮导向叶片的温度分布

　　根据热应力计算结果,典型涡轮导向叶片的热应力分布如图 4-47 所示。叶片前缘应力达到峰值后迅速下降,整个加热过程中热应力的峰值出现在叶片的端部。对比之前的温度场计算结果可知,由于前缘处温度及热应力较高,因此更易造成热损伤。虽然叶片最大应力出现在端部,但该处温度较低,不易造成结构损伤。尾缘热应力较高且作用时间较长,因而也易遭受热冲击的影响而破坏。

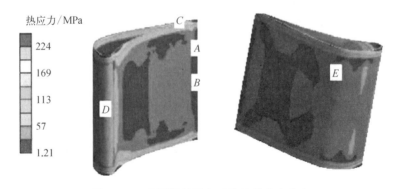

图 4-47　典型涡轮导向叶片的热应力分布

4.3.3　涡轮导向叶片的失效模式

1. 涡轮导向叶片热障涂层的 CMAS 腐蚀

　　民航飞机飞行过程中,会遇到各种不同的工况环境,发动机会摄入大量沙尘、火山灰、跑道碎屑及各种环境污染物,这些吸入物在高温下附着于发动机热端部件,如涡轮叶片、燃烧室壁等。研究发现,沉积物的成分主要为 CaO、MgO、Al_2O_3 和 SiO_2,简称 CMAS,如图 4-48 所示。CMAS 的熔点随成分变化而变化,但一般来说,当工作温度超过 1 200℃时,

CMAS 即开始熔化,高温熔体会沿着叶片表面 TBC 中的微裂纹、孔隙内渗,同时与涂层组分反应,导致涂层相成分和微观结构破坏,加速涂层失效,使得叶片合金直面高温燃气,损害发动机性能(图 4 - 49)。此外,CMAS 还会堵塞叶片冷却通道,造成局部过烧。在沙土聚集且夏季常有沙尘暴和霾的地区服役的涡轮机叶片上发现了沉积的沙子,这些沙子的粒径小于 10 μm,能够绕过颗粒分离器进入冷却和燃烧系统,在燃烧的气体中反应并主要以 $CaSO_4$ 和其他结晶硅酸盐的形式沉积到涡轮叶片上,并产生冷却孔堵塞问题,但是由于 $CaSO_4$ 熔点高,通常不会观察到过度腐蚀。对燃烧室、涡轮叶片 TBC 的剥落原因进行分析,发现都与高温熔融相的沉积和渗透有关,而熔融相中都存在 CaO、MgO、Al_2O_3 和 SiO_2,也就是 CMAS。当涡轮叶片表面温度达到 CMAS 的熔点时,会激活一种冷冲击分层的机制,这种机制会导致涂层的分层和剥落。随着研究深入,研究者们意识到 CMAS 对 TBC 的危害极大。发展至今,CMAS 腐蚀问题已成为当前 TBC 领域的研究热点和难点。

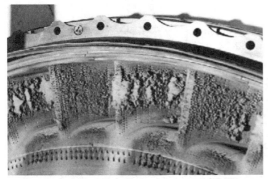

图 4 - 48　涡轮导向器上的 CMAS 沉积

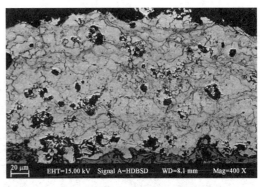

图 4 - 49　熔融态 CMAS 在陶瓷涂层中的渗透

2. 涡轮导向叶片基体超温

发动机出现燃烧室积油起火、起动喷嘴油压过低、油体雾化不良、涡轮进口周向温度不均等现象,会导致涡轮导向叶片的服役温度急剧升高,当服役温度超过工作允许温度时,即遭遇超温服役。根据超温时间的不同,可分为长时超温和短时超温;而根据超温温度幅值的不同,通常分为过热和过烧,其中过热指服役温度高于合金最高工作温度而低于其固相线温度的情况;而过烧指服役温度超过合金固相线温度的情况(图 4 - 50)。过热容易引起叶片发生组织退化;过烧可使叶片发生初熔并形成液膜。液膜的产生使叶片的承载能力显著下降,并形成裂纹,直至发生断裂。

对于镍基高温合金,其主要的强化机理是 γ' 相沉淀强化,在基体 γ 相上均匀分布着颗粒状 γ' 相,形成弥散强化。经过固溶时效处理后的 γ' 相呈立方状分布,它对温度变化比较敏感,其形貌的变化能真实地反映出合金所经历的环境温度。以 K465 高温合金(图 4 - 51)为例,研究表明:当 $T \leqslant 1\,050\,℃$ 时,晶界上的连续链状碳化物变粗且失去连续性,γ' 颗粒有轻微聚集和球化;当 $T = 1\,180\,℃$ 时,γ' 相球化明显并开始回熔;当 $T = 1\,210\,℃$ 时,γ' 相球化、回熔更加明显,但 $\gamma+\gamma'$ 共晶相基本保持不变;当 $T \geqslant 1\,240\,℃$ 时,共晶 $\gamma+\gamma'$ 相基本回熔完毕;$T = 1\,270\,℃$ 时,合金发生了初熔。需要指出,低于固相线温度的初熔温度是指在合金枝晶结晶时,由于偏析产生的分布在枝晶间局部区域的低熔点共晶体或低熔点相开始熔化的温度。例如,含 Hf 的高温合金中的 Ni_5Hf 和高硼合金中的 M_3B_2 硼化物共晶体,这些低熔点相均会降低合金的固相线温度,使得材料在经历低于固相线温度时发生了熔融特征,这将给合金的性能带来致命的伤害。因此,一旦发动机导向叶片经历严重的超温现象,一定要谨防高温合金基体的过热和过烧。

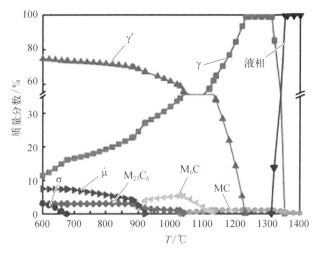

图 4 - 50　镍基高温合金的相图[28]

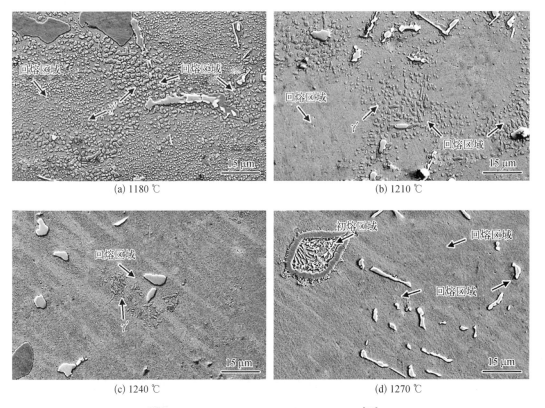

(a) 1180 ℃　　　　　　　　　　(b) 1210 ℃

(c) 1240 ℃　　　　　　　　　　(d) 1270 ℃

图 4 - 51　K465 高温合金中的 γ′ 相形貌[28]

3. 涡轮导向叶片的裂纹

航空发动机的热端部件在起动停车和平稳运行等运行周期会承受复杂的热载荷。作为紧靠燃烧室的一级导向叶片,其使用条件最为苛刻,直接暴露在高温燃气中,处于温度最高、应力最复杂和环境最恶劣的位置。有时由于外部空气中包含微颗粒,使得导向叶片处于高速粒子撞击的恶劣环境中。因此,在高温、高压和外物撞击的影响下,涡轮导向叶片也更容易发生失效,常见的失效形式包括热疲劳、热腐蚀、蠕变和冲蚀。为提高叶片的抗高温能力,这些叶片通常由镍基高温合金制成,并涂有隔热涂层。此外,引入冷却系统的一级导向叶片在降低叶片整体温度的同时,也会在涡轮机叶片中产生更大的热梯度。温度变化引起的发动机的叶片膨胀收缩会导致交变应力,随着循环的累积,最终会导致疲劳裂纹的萌生。若裂纹扩展穿透整个叶片,则会导致叶片内部冷却系统的损伤和循环冷却气的中断(图 4-52)。

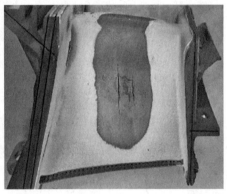

图 4-52 高压涡轮导向叶片前缘损伤

图 4-54 所示的故障叶片的基体材料为 K417G 高温合金,该合金可在 900℃ 以下长期工作,熔化温度范围达到 1 281~1 327℃。为了实现更好的热防护,在合金基体表面制备 YSZ 热障涂层。故障低压涡轮导向叶片表面存在较严重的高温氧化变色现象,叶片前缘热障涂层脱落部位的基体发生烧蚀,并伴有裂纹生成。将叶片前缘烧蚀部位裂纹打开,断口磨损较严重,断面起伏较大,表面氧化严重,呈灰黑色。断口可见放射棱线和疲劳弧线特征,表明该断口的性质为疲劳,根据放射棱线汇聚方向进行判断,疲劳起源于叶盆侧表面区域,呈多源线性特征(图 4-53)。在扫描电镜下对断口进行微观观察,可见热障涂

图 4-53 故障导向叶片宏观断口形貌

层有开裂现象(图 4-54)。根据放射棱线收敛方向判断,疲劳起源于叶片叶盆侧涂层与基体结合处,扩展区可见高温氧化颗粒和疲劳条带特征(图 4-55)。

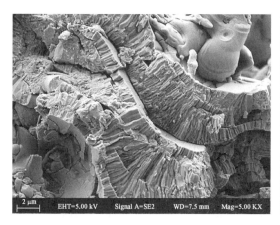

图 4-54 故障叶片断口区域的裂纹

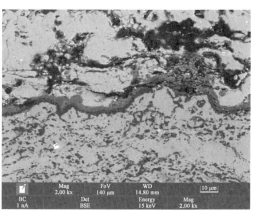

图 4-55 断口区域的疲劳条纹

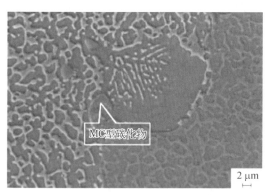

图 4-56 断口附近区域的基体组织

在故障叶片断口附近区域进行取样分析,经过切割、制样、研磨、抛光后,采用扫描电镜对叶片金属基体组织进行检查。高温合金基体的金相组织如图 4-56 所示,可见叶片组织有明显的超温现象,γ′相相互连通形成通道,晶界处可见明显的 MC 型块状碳化物。

在实验室条件下对 K417G 高温合金进行高温环境模拟试验,温度选择室温、980℃、1 150℃、1 200℃。不同温度条件下,K417G 高温合金的组织微观形貌如图 4-57 所示。

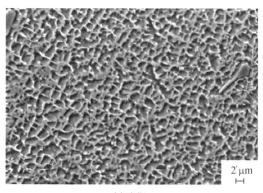

(a) 室温

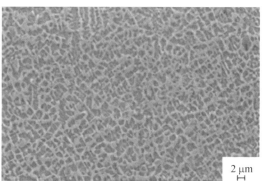

(b) 980℃

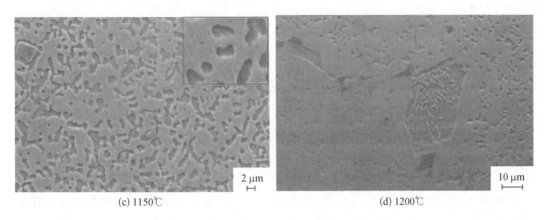

(c) 1150℃   (d) 1200℃

图 4-57 K417G 合金不同温度条件下的组织

通过图 4-57 发现,原始状态下,K417G 高温合金的组织由 γ 基体和 γ′相组成,γ′相呈细小块状,均匀地分布在 γ 基体上,并相互连接成网格状;980℃以上时,γ′相开始连通长大;当温度超过 1 150℃时,γ′相发生回熔,部分区域的 γ′相上析出二次 γ′相;当温度为 1 200℃时,γ′相的晶内回熔非常明显,同时在晶界处还保留着 MC 型碳化物。

采用维氏硬度仪,在载荷为 100g、加载时间为 10 s 的试验条件下,对完成试验后的试样进行显微硬度测试,随着温度的升高,平均显微硬度值呈递增趋势(图 4-58)。

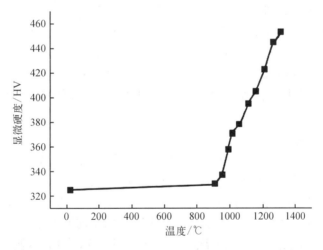

图 4-58 K417G 合金在不同温度条件下的显微硬度变化

K417G 高温合金中的 Cr、Mo 等 γ 相强化元素富集在枝晶内部,Al、Ti 等 γ′相形成元素富集在枝晶间。在对 K417G 高温合金进行固溶强化热处理的过程中,枝晶间富集的元素向枝晶内部快速扩展。随着温度不断升高,枝晶间的溶质原子逐渐发生溶解,扩散到枝晶干的基体内,对合金硬度起到提升作用。但是当温度超过 1 200℃时,基体的硬化会给合金性能带来负面影响。由于叶片基体硬度值偏高,会降低其塑性与抗冲击韧性,对疲劳裂纹的萌生起促进作用。

综合分析,低压涡轮导向叶片在工作过程中,超温和热循环造成热障涂层脱落,并使得基体直接暴露在高温环境中。基体在高温作用下发生元素扩散,造成叶片基体组织演化并提高硬度值。过高的硬度导致基体韧性下降,同时降低叶片的抗疲劳性能。在发动机工作循环的交替高低温作用下,叶片基体发生烧蚀并伴有疲劳裂纹萌生和扩展。

4.3.4 预防涡轮导向叶片失效的主要措施

1. 抗CMAS腐蚀性能的改善

发动机叶片上CMAS的形成会大大降低热障涂层的服役寿命。因为高温下,CMAS会与YSZ中的稳定相Y_2O_3发生反应,从而损耗YSZ中的钇。钇的损耗又会引起ZrO_2熔融并发生相转变,导致t'相不稳定。CMAS沉积到YSZ中还会引起涂层应力增大,使表面层刚度增加,并导致涂层内产生分层,加速涂层剥蚀。另外,CMAS还会增大顶层陶瓷涂层的热膨胀系数,提高热循环过程中的应变能,这都会加速涂层失效。

研究发现,在传统YSZ涂层中掺杂合适元素,可以使CMAS形成一种氧基磷灰石相,从而极大地抑制CMAS向涂层内部侵蚀。在YSZ中添加Al、Ti等元素诱发提前结晶来抑制CMAS的继续渗入,是目前有效增强涂层抗CMAS性能的方法之一。在YSZ涂层中添加Al,Al在高温下不仅可以优先形成致密的Al_2O_3膜,减缓CMAS向涂层渗入,而且还会促进沉积物的结晶形核,从而抑制CMAS向涂层进一步渗入。与Al相似,Ti作为一种形核剂加入后也可以提高沉积物的结晶率。另外,如果掺杂Si,还能够降低界面层的浸润性能,从而减少CMAS的侵蚀。

改变涂层结构也是提高抗CMAS性能的重要方法。例如,在烧绿石结构的$Y_2Zr_2O_7$中渗入的CMAS就比一般结构的YSZ少很多。对于YSZ内层+稀土锆酸盐($Ln_2Zr_2O_7$)烧绿石外层的双层热障涂层,由于烧绿石外层可以减少CMAS的渗入,其抗CMAS侵蚀的性能得到极大提高。虽然$Sm_2Zr_2O_7$+YSZ和$Gd_2Zr_2O_7$+YSZ的双层结构的热循环寿命略差,但是都几乎没有CMAS侵入,这也为人们研究新的抗CMAS涂层提供了一种重要参考。

2. 高应变容限热障涂层

大气等离子喷涂(air plasma spray, APS)工艺成本低,适用性强,制备的陶瓷面层内部含有15%左右的孔隙,具有优异的隔热性能,因而在商业发动机制造中应用广泛。但是APS涂层呈连续层状堆叠结构,面层容应变能力较差,陶瓷面层/TGO界面容易出现应力集中,从而诱发开裂。利用EB-PVD技术可以制备柱状结构的陶瓷面层,通过柱间纵向开裂释放陶瓷面层/TGO界面上的热失配应力,所以采用EB-PVD技术制备的热障涂层可以承受更高的失配应变,具有比APS热障涂层更高的热循环寿命。采用近10年提出的悬浮液等离子喷涂(suspension plasma spraying, SPS)技术、等离子喷涂-物理气相沉积(plasma spray-physical vapor deposition, PS-PVD)技术等均可制备类似柱状结构的YSZ陶瓷面层。近年来,一种利用纵向裂纹增加YSZ陶瓷层应变容限的方法引起了研究者的关注。这种方法是利用表面集中加热的方式使陶瓷面层产生垂直于界面的纵向裂纹,纵向裂纹的存在可以减缓陶瓷面层与TGO界面处的应力集中,释放界面失配应力,延长涂层热循环寿命。这种方法工艺简单、成本低,但是纵向裂纹是通过表面集中加热的方式产生的,密度不高且形态无法控制,因此涂层的循环寿命不稳定,使得涂层在应用上受到很大的限制。

3. 陶瓷基复合材料叶片

高温金属材料(如镍、钴或铁基超合金)常用于制作涡轮发动机的叶片,但是其通常在超过其熔点温度的环境下服役,所以热稳定性得到极大挑战。为了提高发动机的功率和转换效率,寻找一种能够承受更高温度的新材料来增加发动机热端部件的服役温度成为备受关注的问题。陶瓷基复合材料(ceramic matrix composite,CMC)能承受 1 250℃ 以上的高温,因而成为下一代航空发动机高温部件的主要候选材料[29]。

CMC 不同于金属材料,制成的热端部件在工作时不需要进行气冷,并且还能改进零件的耐久性,从而极大地提高发动机的推力和工作效率。2013 年,罗尔斯·罗伊斯公司(简称罗罗公司)采用碳化硅纤维增强碳化硅陶瓷基复合材料(SiC_f/SiC CMC)制造成发动机高压涡轮叶片进行试验,结果显示,叶片质量可减小 50% 左右。但是,CMC 在高温下的水氧腐蚀限制了其在发动机上的应用。以 SiC_f/SiC CMC 为例,在高压涡轮机的高温氧化条件下,会形成一层 SiO_2 保护膜来阻止氧气继续进入,但是 SiO_2 层又会与水蒸气反应生成气体的氢氧化物,从而导致 SiC_f/SiC CMC 基体的失效,所以在 CMC 基体上制备一层环境障涂层(environmental barrier coating,EBC)是解决这一问题的关键。

EBC 通常由黏结层、过渡层和顶层三部分构成(图 4-59)。黏结层一般由 Si 元素组成,主要作用是确保 EBC 与 CMC 基体结合良好;过渡层一般由硅酸盐和莫来石混合而成,主要起抗高温氧化和抑制与水蒸气反应的作用;顶层由硅酸盐构成,主要起到抗高温腐蚀和抗外来物冲击的作用。

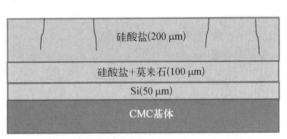

图 4-59　EBC-CMC 系统的基本结构

虽然目前 CMC 仅初步用于喷嘴、燃烧衬底、外罩、排气组件和高压涡轮零件等部位,研究还不是很成熟,但是随着对下一代大推力航空发动机的要求越来越高,CMC 及其表面的环境热障涂层必定会受到越来越多研究者的关注。

思 考 题

4.1　民航发动机燃烧室的功能要求有哪些? 实现其技术指标需要克服的困难有哪些?

4.2　燃烧室的基本构件组成是什么? 燃烧室的燃烧过程如何?

4.3　在燃烧室稳定工作的状态下,火焰筒内壁的热障涂层温度为 1 150℃,金属壁面的温度为 1 000℃,已知热障涂层的热膨胀系数为 1×10^{-6} K^{-1},弹性模量为 20 GPa,涂层厚度为 0.2 mm,金属壁面的热膨胀系数为 1.58×10^{-6} K^{-1},忽略金属的蠕变过程,试计算热障涂层内部的失配应力和界面能量释放率。

4.4　喷油嘴结焦积碳的原因有哪些? 积碳后的影响有哪些?

4.5　发动机机匣结构的基本功能要求有哪些? 有哪些机匣需要有包容能力?

4.6　假设发动机压气机转动叶片的叶尖圆周半径为 800 mm,机匣半径为 805 mm,叶尖和机匣摩碰后机匣的径向位移为 0.2 mm,叶片的弹性模量为 210 GPa,机匣的弹性模量为 200 GPa。利用 Hertz 模型计算叶尖和机匣摩碰过程中的径向应力。

4.7 在发动机的典型工作循环中，叶尖和机匣之间的间隙是如何变化的？

4.8 高温合金的过热和过烧分别在什么温度条件下产生的？影响如何？

4.9 未来陶瓷基复合材料叶片在使用过程中可能发生哪些失效形式？应该怎样防护？

参 考 文 献

［1］金如山,党进,刘富强.新一代航空发动机燃烧室［J］.工程热物理学报,2022,43（2）：543-552.

［2］CîRCIU I, ROTARU C, LUCULESCU D, et al. Aircraft engine combustion chamber performances-numerical evaluation［J］. Applied Mechanics and Materials, 2015, 811：167-171.

［3］许璠璠,杨眉,柴象海,等.航空发动机燃烧室机匣轻量化设计方法［J］.航空科学技术,2021,32(12)：27-34.

［4］《航空发动机设计手册》总编委会.航空发动机设计手册第9册：主燃烧室［M］.北京：航空工业出版社,2001.

［5］李书明,赵洪利.民航发动机构造与系统［M］.北京：中国民航出版社,2015.

［6］GHOSE P, PATRA J, DATTA A, et al. Prediction of soot and thermal radiation in a model gas turbine combustor burning kerosene fuel spray at different swirl levels［J］. Combustion Theory and Modelling, 2016, 20(3)：457-485.

［7］彭云晖,林宇震,许全宏,等.双旋流空气雾化喷嘴喷雾、流动和燃烧性能［J］.航空学报,2008(1)：1-14.

［8］姚兆普,朱民.非预混火焰热斑产生和演化的理论计算［J］.推进技术,2012,33(4)：530-535.

［9］ANDREINI A, BACCI T, INSINNA M, et al. Modelling strategies for the prediction of hot streak generation in lean burn aeroengine combustors［J］. Aerospace Science and Technology, 2018, 79：266-277.

［10］杨姗洁,彭徽,郭洪波.热障涂层在 CMAS 环境下的失效与防护［J］.航空材料学报,2018,38(2)：43-51.

［11］FATIH K, GUVEN G M, GULTEKIN G. Application of thermal gradient and thermal cycling tests to Al_2O_3/CYSZ functionally graded TBC in the presence of simultaneous hot corrosion and CMAS effects［J］. Surface & Coatings Technology, 2022, 444：1-11.

［12］JIAYI F, JING W, LEI G, et al. Finite element analysis on temperature field and stress distribution of thermal barrier coatings by laser modification and CMAS corrosion［J］. Corrosion Communications, 2022, 6：29-39.

［13］WO H, DEARN K D, SONG R, et al. Morphology, composition, and structure of carbon deposits from diesel and biomass oil/diesel blends on a pintle-type fuel injector nozzle［J］. Tribology International, 2015, 91：189-196.

[14] 杨虞微.现代航空燃气涡轮发动机故障分析与智能诊断关键技术研究[D].南京：南京航空航天大学，2007.

[15] HE Q, XIE Z, XUAN H, et al. Ballistic testing and theoretical analysis for perforation mechanism of the fan casing and fragmentation of the released blade[J]. International Journal of Impact Engineering, 2016, 91: 80-93.

[16] ZHENZHONG C, FAN Z, DINGGUO Z, et al. Failure mechanisms of bolted flanges in aero-engine casings subjected to impact loading[J]. Chinese Journal of Aeronautics, 2021, 34(12): 125-144.

[17] PADOVAN J, CHOY F. Nonlinear dynamics of rotor/blade/casing rub interactions [J]. Journal of Turbomachinery, 1987, 109(4): 527-534.

[18] 赵洋,华一雄,张执南,等.基于 Hertz 接触理论的叶片-机匣摩碰模型[J].上海交通大学学报,2019,53(6): 660-664.

[19] 秦丽晔,吴素君,赵海涛,等.航空发动机机匣损伤容限评估及剩余寿命预测[J].北京航空航天大学学报,2011,37(7): 895-900.

[20] 高双胜,曲伸,杨烁,等.航空发动机薄壁机匣疲劳裂纹修复焊接变形控制[J].焊接学报,2016, 37(4): 95-97,123,133.

[21] 李艳明,孟令琪,佟文伟,等.GH738 高温合金涡轮机匣开裂原因[J].机械工程材料,2021,45(7): 94-99,110.

[22] 罗忠,王晋雯,韩清凯,等.组合支承转子系统动力学的研究进展[J].机械工程学报,2021,57(7): 44-60.

[23] SMARSLY W, ZHENG N, BUCHHEIM C S, et al. Advanced high temperature turbine seals materials and designs[J]. Materials Science Forum, 2005, 492-493: 21-26.

[24] ZHANG B X, MARSHALL M. Investigating the application of a honeycomb abradable lining in the turbine stage of an aero-engine[J]. Tribology International, 2018, 125: 66-74.

[25] LU B, MA X J, WU C G, et al. The wear of seal fins during high-speed rub between labyrinth seal fins and honeycomb stators at different incursion rates[J]. Materials, 2021, 14(4): 979-996.

[26] YI M Z, HE J W, HUANG B Y, et al. Abradability evaluation and tribological behaviour of abradable seal coating[J]. Transactions of Nonferrous Metals Society of China, 1998, 8(3): 459-467.

[27] YI M Z, HE J W, HUANG B Y, et al. Friction and wear behaviour and abradability of abradable seal coating[J]. Wear, 1999, 231(1): 47-53.

[28] 郭小童,郑为为,肖程波,等.K465 高温合金短时超温后的显微组织退化及拉伸性能,材料工程,2018,46(10): 77-86.

[29] 杜昆,陈麒好,孟宪龙,等.陶瓷基复合材料在航空发动机热端部件应用及热分析研究进展[J].推进技术,2022,43(2): 113-131.

第 5 章
QAR 数据在发动机失效分析中的应用

发动机的可靠运行离不开基于各种数据分析的监控系统。通过监控系统一旦发现了异常,就需要进一步进行故障诊断,确定发生故障的类型。而对于已经发生了故障处于失效状态的部件,则需要进一步按照前面章节所述方法进行失效分析,确定根原因,提出改进措施。

随着数据采集技术的不断提高和大数据应用领域的不断拓展,QAR 数据分析在发动机状态监控、故障诊断、性能分析、安全评估和寿命预测中起到了越来越重要的作用。

5.1 QAR 概述

5.1.1 监控系统及数据

航空发动机状态监控和故障诊断的主要方法包括: 气路系统的监控诊断、振动系统的监控诊断、滑油系统的监控诊断及无损探伤检测诊断等[1-3]。

机载飞机状态监控系统(aircraft condition monitoring system,ACMS)通过安装在飞机及发动机上的大量传感器实时采集数据,对飞机状态和发动机性能进行实时监控。采集到的数据首先传送到数字式飞行数据采集卡(digital flight data acquisition card,DFDAC),DFDAC 将这些模拟信号、数字信号和离散信号全部转换成 ARINC429 格式编码,再送至飞行数据记录器(flight data recorder,FDR)或快速存储记录器。DFDAC 还将部分数据传送给数据管理组件(data management unit,DMU),它通过飞机通信寻址和报告系统(aircraft communication addressing and reporting system,ACARS)由通信系统(高频或甚高频)传输给国际航空电信协会(Society International de Telecommunication Aero-nautiques,SITA)的地面国际民航信息交换系统(SITA 系统)或 ARINC 网络,再由航空公司的计算机接收,以便实时了解飞机状态。

ACMS 所采集到的数据主要包括三种应用途径:

(1)通过 FDR 和 QAR 进行存储,用于维护人员分析飞机性能及发动机状态;

(2)通过 ACARS 经空/地数据链传送至地面基站,再由地面网络运营商传送至原始设备制造商(original equipment manufacturer,OEM)及航空公司并用于飞机及发动机的实时监控和性能分析;

(3)通过机载打印机、多功能显示屏等设备将数据实时呈现给机组人员,方便其随时

了解飞机运行状况。数据传输流程如图 5－1
所示。

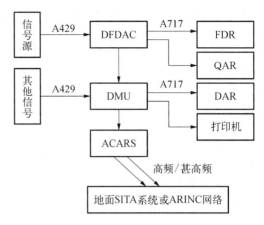

图 5－1　飞行数据传输流程图

　　20 世纪 70 年代,FDR 被引入了民航界。
这种设备首次利用磁带作为存储介质,记录
飞机飞行的各种数据。80 年代,美国军方首
次采用了固态存储器记录飞行数据。但由于
在发生坠机时早期固态存储器的生存性无法
满足当时的国际 FDR 标准,直至 90 年代,固
态存储器才应用于民用航空领域。后来,航
空公司发现,从 FDR 中获取数据并不方便,因
而通常只在出现了重大问题的情况下才会去
获取数据。FDR 记录装置需要首先从飞机上
取出来,然后下载数据,整个过程需要几个小时之久。并且由于 FDR 记录装置本身的特
性,这个过程还经常受到数据缺失和传输错误的困扰。

　　以上的这些问题导致了第一代 QAR 的诞生。QAR 采用可移动的存储媒介,每隔一
秒准确地记录下来自飞机各系统在地面慢车、起飞、爬升、巡航、降落等全航段的大量数
据,利用这些数据可以很好地还原飞机工作状态,并且借助于数据处理系统可以很直观地
查看飞机在各个阶段的数据变化信息,连续完整地反映整个航程中各系统的实际运行状
况,连续记录时间最多可达 600 h。它使用数据磁盘作为数据存储介质,实现了飞机飞行
数据的便利存取,弥补了 FDR 不便于提取数据的缺点,极大地提高了航空公司对飞机飞
行数据的使用水平。

　　进入 21 世纪,出现了无线 QAR。这种 QAR 数据的下载已经不再依靠存储介质的转
移,而在飞机落地后直接通过无线传输实现数据转移。QAR 数据也有了更加广泛的用
途,它不仅可以分析飞行品质,还可以协助工程师通过数据分析进行日常排故等,在航空
公司的安全生产中发挥着越来越重要的作用。

　　ACARS 是现阶段国际民航通用的一个可寻址空/地通信数据传输系统,其特点是可
实时下传数据,可以在第一时间发现故障,得到了国内外航空公司的普遍采用。发动机生
产厂家或航空公司在接收到 ACARS 传输的监控数据后,需要及时对数据进行处理并分
析。为了更全面、更准确地分析 ACARS 提供的监测数据,发动机生产厂家通常会开发出
具有监控和故障诊断功能的健康管理系统,例如,普·惠公司、通用电气(General Electric,
EC)公司和罗尔斯·罗伊斯公司(简称罗罗公司)分别开发出应用于自身发动机的发动机
健康管理(engine health management,EHM)系统、燃气涡轮发动机分析系统(system for the
analysis of gas turbine engines,SAGE)和 COMPASS 等监控系统,并不断更新自身产品。近
年来开发出的基于网络版的监控系统,如普·惠公司的先进诊断和发动机管理(advanced
diagnostic and engine management,ADEM)系统、通用电气公司的远程诊断(remote
diagnosis,RD)系统,这些监控系统都可以很好地利用互联网手段,实时准确监控发动机
状态。

　　虽然 ACARS 传输的数据具有实时性强的优点,但是受到数据传输技术及费用的限

制,包含的数据量小、参数信息少,无法满足航空公司对飞机及发动机状态监控的深层次研究需要。

QAR 数据信息量大,几乎包含了飞机发动机整个飞行阶段的全部重要信息,航空公司在获取 QAR 数据后,由工程师对 QAR 数据进行分析,可以获得更深层次的分析结果。由于 QAR 中包含了飞机和发动机各个部件的大量监控数据,工程师首先需要筛选出有价值的数据,再借助于各种分析工具判断飞机和发动机是否处于正常运行的状态。

5.1.2 QAR 数据分析在发动机维修工作中的应用

QAR 数据原始忠实地记录了来自飞机各系统的大量运行参数,连续完整地反映飞机系统在运行中的实际状态或失效的征兆信号,可为分析和排除飞机故障提供强有力的帮助。

在飞机系统的故障分析和诊断过程中,经常会遇到一些与飞机运行密切相关而在地面测试中又无法重现的故障现象。另外,由于在飞行中需要观察和监控的信息量非常大,飞行员往往只会将精力集中在主要的参数和警告提示上,所以航后对故障现象的描述不够全面和准确,而 QAR 对飞机飞行参数和系统运行参数的全程记录,正好弥补了这一缺陷。QAR 译码的数据,可以为维修人员提供客观全面的飞机运行参数,准确再现飞行过程中故障出现的状况;维修人员利用这些译码数据结合飞机相关系统自身记录的故障代码等信息,通过理论知识的分析,就可以较为直观地推定导致故障现象发生的原因,从而定位故障源,采取有效措施排除故障,因此它是飞机系统故障诊断的重要工具。

根据波音公司的《飞机维修手册》(Aircraft Maintenance Manual,AMM)中第 5 章的有关规定,当飞机飞行过程中出现某些超限运行状况时,必须尽早对飞机进行特定的检查以确认飞机结构是否损伤或是否存在潜在隐患。这些限制参数主要包括着陆时的垂直加速度(硬着陆)及其相应的滚转角(坡度)、巡航时的空速或马赫数(超速)、放襟翼后的空速(带襟翼超速)和收放起落架的空速(起落架空速限制)。一般来说,这些参数都只能通过 QAR 译码才能翔实地反映出来。若忽略这些参数,不能及时实施相应检查,可能为飞行安全埋下隐患。

发动机在出现某些故障之前,往往会在与其性能密切相关的数据上反映出变化,当变化发展到一定程度就会爆发故障,因此对性能参数进行分析和监控,有助于及早发现故障隐患,同时可以根据参数变化的特点来分析故障原因,为发动机安全运行提供保证。

5.1.3 发动机性能分析中常用的 QAR 数据

飞机的飞行阶段一般包括:慢车阶段、起飞阶段、爬升阶段、巡航阶段、下降阶段、进近阶段和着陆阶段。在飞机的各个飞行阶段中,巡航阶段是一个运行时间最长、各种性能参数相对稳定的飞行阶段,因此经常需要提取巡航阶段的数据进行状态监控和性能分析。

稳定巡航数据的选取,要求飞行速度、高度、总温、总压等条件在特定的范围波动。不同厂家规定的巡航状态条件略有不同,但基本要满足:

(1) 飞行高度大于 20 000 ft;

(2) 马赫数波动幅值小于 0.012;

（3）油门杆稳定时间大于 3 min。

在参数种类的选取上，可根据需要选择不同的参数。可以首先粗略选取与所分析问题相关的参数，然后利用相关性分析等数学工具，筛选出相互独立的、能够全面反映所研究问题的那些参数。在发动机的状态监控及性能分析中最常采用的参数有以下几种：

（1）发动机转速（N_1、N_2）；

（2）发动机燃油流量（fuel flow，FF）；

（3）发动机排气温度（exhaust gas temperature，EGT）；

（4）发动机振动值（压气机、涡轮部分）；

（5）发动机滑油/液压油压力值和温度值及警告、旁通状态；

（6）飞行条件，如飞行高度 ALT、飞行马赫数 Ma、大气总温（total air temperature，TAT）、大气静温（static air temperature，SAT）、大气总压等。

5.2　数据的预处理

因其特别的数据压缩和保存格式，QAR 数据能在有限的空间里保存大量飞机监控系统的实时数据。为了识别 QAR 数据，首先需要对 QAR 数据进行解码，将它转化为可视化的性能参数列表，然后根据分析需要进行不同的数据预处理。

5.2.1　标准化修正

不同航班，飞机所经历的外界条件（如外界环境总温、总压）不同。根据航空发动机原理可知，同一台发动机在不同的工作条件下，其主要性能参数差别很大，所以不同航班的原始性能数据通常无法直接用于相互分析和比较。针对这一问题，相似理论给出了很好的解决方法，用于消除外界条件对发动机性能参数的影响。

相似理论指出：在几何相似的前提下，一台发动机或者几台不同的发动机在各种各样的条件下工作时，如果对应截面上的同名物理量的比值（相似参数）分别相等，则称发动机的这些工作状态是相似的。整台发动机工作状态相似的充分必要条件为：飞行马赫数和换算转速不变，即 $Ma_0 =$ 常数；$n_1/\sqrt{T_{t2}} =$ 常数，其中 n_1 为实际转速，T_{t2} 为压气机进口总温。

根据发动机相似理论，可以将 EGT、N_1、N_2、FF 修正至统一的大气条件下，从而消除外界条件对发动机性能参数的影响，增强不同航班间数据的可比性。N_1、N_2、EGT、FF 的相似修正公式分别为

$$N_{1\mathrm{cor}} = \frac{N_{1\mathrm{raw}}}{\sqrt{T_{t2}/T_0}} \tag{5-1}$$

$$N_{2\mathrm{cor}} = \frac{N_{2\mathrm{raw}}}{\sqrt{T_{t2}/T_0}} \tag{5-2}$$

$$\mathrm{EGT}_{\mathrm{cor}} = \frac{\mathrm{EGT}_{\mathrm{raw}}}{\sqrt{T_{t2}/T_0}} \tag{5-3}$$

$$FF_{cor} = \frac{FF_{raw}}{(T_{t2}/T_0)^{0.5} \cdot P_{t2}/P_0} \qquad (5-4)$$

式中,下标"raw"表示原始数据;下标"cor"表示修正后的数据;N_1 为低压转子转速(%);N_2 为高压转子转速(%);EGT 为排气温度(℃);FF 为燃油流量(lb/h, 1 lb ≈ 0.454 kg);T_{t2} 为压气机进口总温(K);T_0 为标准状态大气温度(K);P_{t2} 为压气机进口总压(psi,1 psi ≈ 6.894 76×10³ Pa);P_0 为标准状态大气压力(psi)。

5.2.2 功率修正

航班飞行中除外界条件的差异外,飞行中所用的推力也会影响发动机性能参数值。普·惠公司的发动机主要采用发动机压比(engine pressure ratio, EPR)表征推力值。由于不同航班巡航状态机组所取的推力值不同,即使同一台发动机性能参数进行了相似修正也不能完全具有可比性。因此,为实现不同航班巡航数据的比较,必须根据发动机基线将数据进行功率修正,换算成为相同的 EPR 下的性能参数,才可以最终实现数据的对比。

根据普·惠公司的《发动机健康监控手册》中对于发动机性能的表述,发动机基线,即相似修正后的性能参数 N_1、N_2、EGT、FF 与 EPR 的关系,可以近似认为是线性关系,只要有四大性能参数与 EPR 成线性关系的斜率 k_{N_1}、k_{N_2}、k_{EGT}、k_{FF},即可以将参数修正到统一的推力设定值下,使不同航班间的巡航数据具有完全的可比性。修正公式为

$$DATA_{cor} = DATA_{raw} - k(EPR_{raw} - EPR_{std}) \qquad (5-5)$$

式中,$DATA_{raw}$ 为修正前数据;$DATA_{cor}$ 为修正后数据;EPR_{raw} 为实际推力值;EPR_{std} 为设定的标准推力值;k 为该参数与 EPR 的斜率关系。

5.2.3 去噪与平滑

发动机气路性能数据本质是一种混有较强随机噪声的非平稳时间序列数据,获取过程无法避免噪声数据的干扰。发动机测量参数较多,有温度、压力、流量、转速、振动等,采集的数据如果不进行去噪平滑处理,则不能准确反映发动机的运行状态和发展趋势。因此,原始数据需要进行去噪与平滑处理,排除干扰数据,然后进行监控诊断分析,才能得到比较可靠的结果。

不同参数的噪声类型不同,去噪方法有所差异。针对噪声频率与参数频率不同的情况,可以设置截止频率通过滤波的方式将噪声数据移除,如转子转速;变化平稳的确定性信号可以利用自相关分析分离出噪声信号,如振动参数;非平稳信号可以利用双谱技术检测故障信号,如进气道动压信号。可以采用数据挖掘技术对噪声点进行处理,数据挖掘中异常点的识别主要有物理判别法和统计判别法。

1. 物理判别法

航空发动机的各参数之间往往具有某些内在关系,根据各参数之间的相关关系可以判断数据突变是误差导致的还是故障导致的。例如,在航空发动机健康状态监测中,发动机排气温度 EGT、低压转子转速 N_1、高压转子转速 N_2 和燃油流量 FF 之间存在正相关关系。若某时刻参数 EGT 突然增大,而其他参数变化不大,则表明在此种情况下,往往是参

数 EGT 的测量出现误差或是传感器发生问题,而不是航空发动机的性能在短时间发生了突变,因而可以判断该突变数据为误差点,应该去除。

2. 统计判别法

统计判别法以统计学习理论为基础,包含了若干判别准则,其中,应用最广泛的是拉依达准则。拉依达准则又称 3σ 准则,表示根据正态分布规律,数据序列随机误差落在 $\pm 3\sigma$ 以外的概率很小,只有大约 0.3%,如果其中发现有大于 3σ 的数据,则可认为是异常数据,应予以去除。可按顺序依次选取若干个数据作为样本,然后根据样本均值与标准差来判断数据是否在 $\pm 3\sigma$ 之外,在 $\pm 3\sigma$ 之外的数据认为是异常数据,应进行剔除处理。异常数据剔除之后应进行补充,补充方法依据数据的分布特征进行。

航空发动机气路参数序列中往往存在大量波动变化,若不加以平滑处理,则很难准确判断发动机性能趋势和实际健康状态,常见的平滑方法有移动平均法和指数平滑法。

1. 移动平均法

移动平均法(moving average method,MVM)是指依次计算一定项数的数据平均值,以此平均值来反映该数据的发展趋势,其基本原理是通过均值消除数据突变,减小不规则变动。移动平均法中的平均项数 N 越大,则平均作用越强,处理后的数据越趋于平缓。通过权重分配,移动平均法又可分为简单移动平均法和加权移动平均法。

2. 指数平滑法

指数平滑法(exponential smoothing method,ESM)是在加权移动平均法基础上发展起来的一种数据分析方法,只是其处理过程包含全部数据,并且代表权重的平滑常数以指数形式递减。指数平滑法与移动平均法有所异同,简单移动平均法只考虑移动项数之内的数据且所有数据权重相同,加权移动平均法考虑了权重的影响,赋予近期数据更大的权重,但也只考虑了移动项数之内的数据。而指数平滑法则考虑了过去所有的数据,同时随着数据的远离,权重赋予逐渐收敛为零。指数平滑法中某项数据的指数平滑值是该项数据实际值与前一项数据平滑值的加权平均,根据平滑次数的不同,指数平滑法又可分为一次指数平滑法、二次指数平滑法等。

一次指数平滑法适用于趋势变化不明显的数据平滑,公式如下:

$$y_n = ax_n + (1 - a)y_{n-1} \tag{5-6}$$

式中,y_n 为 n 项数据平滑值;y_{n-1} 为 $n-1$ 项的数据平滑值;x_n 为 n 项数据实际值;a 为平滑常数,其取值范围为[0,1]。当 a 等于 1 时,$y_n = x_n$;当 a 等于 0 时,$y_n = y_{n-1}$。平滑常数取值表明,a 越接近于 1,远期数据的影响作用下降越快;a 越接近于 0,则远期数据的影响作用下降越慢。

二次指数平滑是在一次指数平滑的基础上再次进行指数平滑,适用于具有线性变化趋势的数据平滑。

下面通过实例观察去噪平滑的效果。选取某航空公司某飞机装载的左右两台 PW4077 发动机的 QAR 原始数据(2012 年 8 月),通过提取巡航数据,每航班每台发动机巡航态下选取一个均值作为监控数据,通过分析左右发动机的主要气路性能参数发现高压转子转速出现了不一致,因此,将左右发高压压气机数据单独提取进行分析,但从原始数据图中很难判断具体是左发还是右发出现不正常状况。下面对左右发高压转子转速 N_2 进行相似修正,再经过去噪和平滑处理,得到的处理后的数据如图 5-2 所示,其中图 5-2(b)为数据去噪平滑后的放大图。

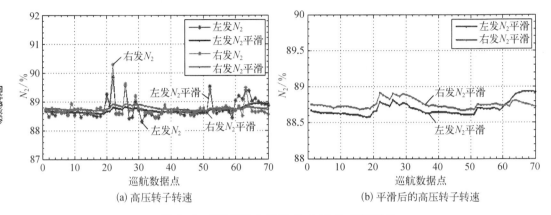

(a) 高压转子转速   (b) 平滑后的高压转子转速

图 5-2   PW4077 左发 N_2 和右发 N_2 平滑对比

由图 5-2(b)可以很明显看出,造成发动机差异的原因是左发 N_2 值突然上升,因此可以将故障定位于左发。

5.2.4   归一化处理

在对发动机参数进行回归分析的时候,各种参数的数量级有较大的差别,为保证回归分析中不同类别的各参数的影响程度一致,可通过归一化变换,将各个参数的实际值转化为无量纲的数值,最终将不同尺度的参数数据进行换算,在一个共同的标准下进行比较分析,使得测量数据尽可能地均匀分布,可以提高数值计算的稳定性。数据的归一化计算公式为

$$\mathrm{DATA}_{map} = (\mathrm{DATA}_{raw} - \mathrm{DATA}_{minvalue})/(\mathrm{DATA}_{maxvalue} - \mathrm{DATA}_{minvalue}) \quad\quad (5-7)$$

式中,DATA_{map} 为归一化后的参数数据;DATA_{raw} 为归一化前的参数数据;$\mathrm{DATA}_{minvalue}$ 为参数数据中的最小值;$\mathrm{DATA}_{maxvalue}$ 为参数数据中的最大值。

5.3   QAR 数据在发动机状态监控中的应用

5.3.1   阈值监控

阈值监控是航空发动机监控管理中一种最基本的监控方式,其基本原理是将 QAR 数据中与性能密切相关的气路主要性能参数,如压力、温度、转子转速、燃油流量等,经过相似转换成为海平面标准大气条件下的标准数据,并将所得数据与其相应气路参数的红线值进行对比,从而判断发动机是否性能衰退或超限发生故障。阈值监控的具体步骤如下:

(1) 对原始数据进行筛选,确定需要监控的参数;

（2）按照稳定巡航条件对航段进行划分；

（3）对各航段的数据进行去噪与平滑处理；

（4）进行标准化修正，将数据统一修正到标准海平面状态；

（5）将处理后的数据与设定的阈值进行对比并绘图。

不同发动机的各项性能指标差异有时较大，而且同型号发动机在不同飞行阶段时的性能参数也会表现出不同的变化趋势，因此对于不同型号的发动机，在不同飞行阶段有时会设置不同的红线值。另外，由于不同运营商对发动机机队的关注侧重点不同，如航线飞行环境、发动机使用年限、结构故障征兆等会影响运营商对发动机的关注度，因此厂家可在一定范围内对各种红线值进行自定义修改或添加，并可增加预警值，以方便工程人员进行监控。

以某型发动机数据为例，查阅手册可知，其地面起动 EGT 红线值为 725℃、起飞推力 EGT 红线值为 950℃，对其进行阈值监控，如图 5-3 所示，图中显示各阶段数据均未超过红线值，若出现超过红线值的情况则应报警。

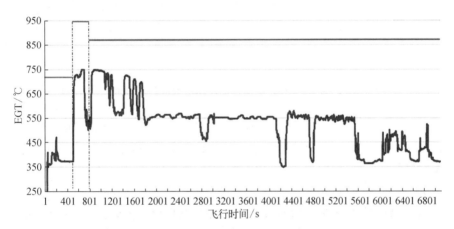

图 5-3　某型发动机阈值监控示意图

5.3.2　趋势监控

监控系统以发动机基线为基准工作线，通过 ACARS 将每个航班中满足稳态报文条件点的数据经数据预处理后与相应基线值作差，获得性能参数小偏差，小偏差的计算公式如下：

$$\Delta EGT = EGT_{cor} - EGT_B \qquad (5-8)$$

$$\Delta FF = \frac{FF_{cor} - FF_B}{FF_B} \times 100\% \qquad (5-9)$$

$$\Delta N_2 = \frac{N_{2cor} - N_{2B}}{N_{2B}} \times 100\% \qquad (5-10)$$

式中，角标 cor 代表修正后的实际监测数据；B 代表基线点数据。

由小偏差数据的历史发展趋势构成发动机趋势报告图，供相关工作人员作进一步分析，如图 5-4 所示为 EHM 系统提供的以半图式数据图表显示的发动机性能趋势报告图。

```
REPORT ID: CRTRND        GE ENGINE CONDITION MONITORING PROGRAM    SAGE V4.1.1 - JUL 2001    REPORT DATE: 03/07/2013
                         CRUISE PERFORMANCE MONITORING  - FROM 01/01/1980 TO 03/07/2013              PAGE: 1

            AIRTYP              ENGTYP              ENGSN      INSDAT N1MOD TCC  FNRAT CONFIG      CONTROL      SELECTOR (SCALES
B2161    -1 B737-800           CFM56-7B26           876286     090625   1   0    0.0                                    VARIED)

            20...30...40...EGT..60...70...80              -2....X...-1...X..N2...X...1....X...2
SMOOTH   0....1.VIB2....3              -4...-2....0..F/F..4....6....8      3....4....VSV...6....7          CRZ   OIL OIL MAINT ALT
DATE                                                                                             SLOATL TMP PRS CODES CTR
063009A  V=0.3 R=0.1        30.0                -2.75    N2=-0.23   VSV=-999.00                   64.38  -5  -5        0
063009B  V=0.3 R=0.1        30.0                -2.75    N2=-0.23   VSV=-999.00                   64.38  -5  -5        0
090112C  RV       .     G                      .   F                X      2    .                63.34  -5  -5        0
100112C  *            G                        .   F                X   2    .                   63.35  -5  -5        0
110112C  RV       .     G                      .   F                X      2.                    62.94  -5  -5        0
120112C  RV       .     G                      .   F                X   2    .                   63.16  -5  -5        0
010213C  RV       .      G                      .   F               X   2    .                   61.73  -5  -5        0
012113   RV       .      G                      .   F               X      2.                    60.70  84  51        0
012213   RV       .      G                      .   F               X      2.                    60.58  85  53        0
012213   RV       .      G                      .   F               X      2.                    60.76 101  50        0
012313   RV       .      G                      .   F               X      2.                    59.98 104  49        2
012313   RV       .       G                     .   F               X      2.                    59.86  86  49        0
012413   RV       .       G                     .   F               X      2.                    60.22  83  50        0
012413   RV       .       G                     .   F               X      2.                    60.46  92  48        0
012513   RV       .       G                     .   F               X      2.                    60.49 105  48        0
012513   RV       .       G                     .   F               X      2.                    60.67  77  50        0
012613   RV       .       G                     .   F               X      2.                    60.78 103  50        0
012613   RV       .       G                     .   F               X      2.                    60.57  80  50        0
012713   RV       .       G                     .   F               X      2.                    60.85  85  47        0
012713   RV       .       G                     .   F               X       2.                   60.92  82  47        0
012813   RV       .       G                     .   F               X       2.                   60.34  89  47        1
012813   RV       .       G                     .   F               X       2.                   60.70  82  48        0
012913   RV       .       G                     .   F               X       2.                   60.29  85  51        0
012913   RV       .        G                    .   F               X       2.                   59.90  98  49        0
013013   RV       .        G                     .   F              X       2.                   59.84  88  49        0
013013   RV       .        G                     .   F              X       2.                   59.59  99  47        0
013113   RV       .        G                     .   F              X       2.                   59.63  90  48        0
013113   RV       .        G                     .   F              X       2.                   59.53  96  46        0
020113   RV       .         G                    .   F              X       2.                   59.21  90  49        0
020113   RV       .        G                     .   F              X       2.                   59.43  81  50        0
020213   RV       .        G                      .   F             X       2.                   59.39  90  49        0
```

图 5-4 EHM 系统提供的发动机性能趋势报告图

这种显示方式是为了适应早期计算机平台的技术水平而采用的。进入 21 世纪,从各方面来讲,这一显示方式已不能满足更精细的分析,因此出现了很多不同的、数据显示更清晰的显示方式。

当发动机趋势报告中出现异常现象,即监控数据与基线值之间的差异出现较大变化时,监控系统将提交异常信息数据给诊断系统,诊断系统根据异常数据状态量偏差,再进一步通过指印图诊断方法或故障模式识别方法确定故障原因,从而为工程技术人员提供诊断依据。

航空发动机基线是实现趋势监控和故障诊断的不可或缺的要素,是表征发动机正常运行的依据,是状态监控、气路分析、机队管理等重要技术的核心所在。

基线方程是指同一类型处于良好工作状态的发动机(或新发动机),其性能参数在标准状态下的换算参数与控制量之间的函数关系,有些文献定义的基线还包括与其他飞行参数之间的关系。其中,表征基线的性能参数通常为四项,分别是发动机排气温度 EGT、发动机低压转子转速 N_1、发动机高压转子转速 N_2、发动机燃油流量 FF,而控制量因发动机生产厂商不同而有所差异,GE 公司生产的发动机采用低压转子转速 N_1 作为发动机控制量,普·惠和罗罗公司生产的发动机则采用发动机压比 EPR 作为发动机控制量。对于一种型号的发动机而言,其每项表征基线的性能参数都对应一条基线,所有基线的总和就构成了该型号发动机的基线库。

发动机基线难以获取是因为基线代表了发动机生产厂商的某些机密技术,具有重要商业价值,厂商一般将基线隐藏于各自开发的发动机性能监控系统中,使用者必须购买其监控系统才能对发动机进行监控,并且使用者在使用监控系统时只能通过实时数据获取与基线的小偏差,无法知晓基线方程的具体形式。为了实现自主的发动机趋势监控,也可以通过数据挖掘,自己建立基线方程,如利用已有的趋势图和报文数据、新机的 QAR 数据等,首先获取满足基线条件的基线点,再通过一定的数学工具进行建模,从而建立显性或隐性的基线方程。如图 5-5 为通过自主挖掘的基线进行发动机性能参数监控的 B747-400 四发部分参数小偏差变化趋势图。

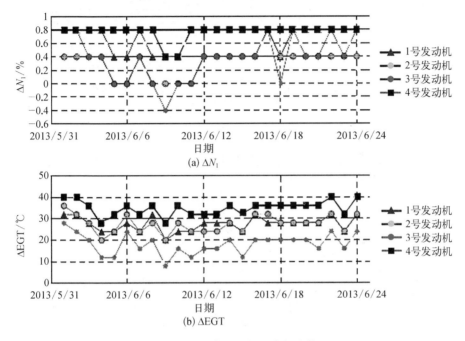

(a) ΔN_1

(b) $\Delta \mathrm{EGT}$

图 5-5　性能参数小偏差变化趋势图

小偏差的超限阈值可根据厂家提供的监控软件初步设定,再根据实际情况自行调节。

5.3.3　双发差异监控

双发差异分析是航空公司经常采用的一种监控分析方法,指同一架飞机上安装位置不同的同型号发动机,正常工作状态下,控制条件和工作条件基本相同时,每台发动机各项性能的参数变化趋势应基本保持一致,并且各发动机之间的差异处于一种稳定状态,不会出现较大的波动。这时将两台发动机的同类参数进行对比,相当于两台发动机互为基线,进行异常对比分析。

实际情况下,因发动机的制造公差、安装公差、调整公差、仪表系统误差及一些未知的误差等,导致两台发动机性能上略有差异,称为差异初值,因此监控得到的性能参数并不完全相同。但这种性能参数之间的差异相对于性能参数本身影响不大,而且正常工作时,该差异处于一种稳定的状态下不会出现较大的波动,当这种差异出现较大波动时则可能发生了故障,工程师根据波动的程度和方向作进一步分析,可判断故障类型。

根据双发差异监控原理可绘制双发差异监控图,包括左右发动机中的 FF、EGT、N_1、N_2 四个参数,分别以监控参数为纵坐标、以巡航稳定时段(QAR 数据中数据记录间隔为 1 s)为横坐标绘制二维坐标图,图 5-6 为 EGT 双发差异监控数据图,图中选取发动机正常工作时的 1 200 个点。

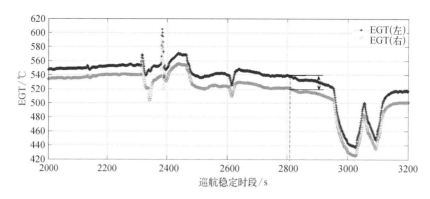

图 5-6　双发差异监控图

当发动机发生故障时,故障发动机性能参数会产生暂时性的突越,从而偏离正常工作趋势,这时可从双发差异图中明显看出,如图 5-7 所示。

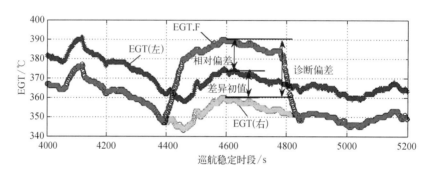

图 5-7　EGT 偏差关系参考图

从图 5-7 可看出,右发 EGT 明显突然增大,双发差异初值改变,意味着右发出现了故障,至于具体的故障原因,则要通过进一步的故障诊断来定位。要注意两台发动机的差异初值的方向,正确确定两台发动机的实际偏差。

与趋势监控不同的是,趋势监控是监控数据与基线数据作对比,且每个航班基本只提取一个点,重点监控历史发展趋势。而双发差异监控是同一架飞机上两台发动机的相同性能数据作对比,且监控的是同一航班的 QAR 数据,可以监控全航段的数据,也可重点监控巡航阶段的数据。

5.4　QAR 数据在发动机故障诊断中的应用

鉴于航空发动机系统的复杂性,可将航空发动机故障诊断分为两类,一类是指针对发动机控制检测系统及发动机附属电子设备的诊断;另一类是指针对发动机自身运行的气路状态的诊断,也就是气路故障诊断。航空发动机气路故障诊断是航空发动机排故的重要方面,是通过分析发动机运行时的气路性能参数变化程度和趋势走向对发动机性能状态做出判断和预测的过程。目前,气路诊断方法主要包括基于气动热力学关系的数学模型分析法、基于指印图的故障诊断法、基于数据驱动的智能分析法。本节主要介绍与

QAR 数据相关的故障诊断方法。

气路故障诊断的基本原理是利用发动机的可测性能参数(如排气温度、转速、燃油流量等)与基线进行比较,并对由此产生的小偏差进行监控,了解发动机的运行状况。当监控数据出现异常时,需要对异常数据进行故障诊断。因此,这里的小偏差数值就是检测、隔离和确定部件是否存在故障的依据。

5.4.1　基于指印图的故障诊断

航空发动机在一定飞行条件和一定 EPR 下,其特性参数,如排气温度、转子转速和燃油流量等都有一组对应的值。发动机正常工作时,同一运行条件下所测的参数基本不变,当出现故障时,会引起参数发生不同程度的变化。不同故障状态下性能参数与基线的小偏差值的偏移大小和方向各有不同,通过测量故障参数与基线的小偏差,可求出故障系数表,将其绘成样条图,如同五指般长短不一,即指印图。每种故障都有特定的参数偏移量与之相对应,不同故障对应的不同参数偏差量可以作为故障诊断的依据。

每次发生同类故障时的参数偏差量不一定相等,但对应成比例。指印图中的故障为小偏差故障,根据小偏差故障数据的线性关系,不同程度的同类故障数据之间存在比值关系。当实际偏差数据与指印图偏差数据的比值为 1 时,表示该故障与指印图中对应故障的类型和程度完全一致;当比值为 N 时,表示该故障与指印图中对应故障的类型一致,但故障程度为指印图故障程度的 N 倍,N 大于 1 则表示实际故障程度更重,N 小于 1 则表示实际故障程度更轻。图 5-8 为 PW4000 发动机的指印图节选。

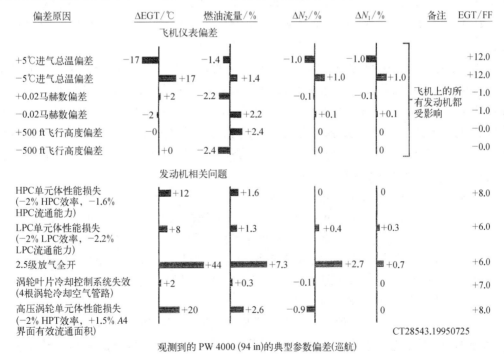

图 5-8　PW4000 发动机指印图

HPC 表示高压压气机;LPC 表示低压压气机;HPT 表示高压涡轮

图 5-9　实际排故检测结果

选取某航空公司的一起故障案例进行诊断分析,首先测得性能参数小偏差出现异常,其偏差值分别如下:ΔEGT 为 22%,ΔN_2 为 1%,ΔN_1 为 0.2%,ΔFF 为 2.8%,经与指印图进行匹配分析,认为故障属于高压压气机组件性能损失。如图 5-9 所示,实际排故时可见高压压气机的叶片出现了损伤。

由于性能差异、测量差异及各种随机干扰因素的影响,很难获得完全符合指印图中某一故障的数据,因此可按照概率统计的方法获取最接近的故障类别。

指印图故障诊断方法可以将故障隔离到单元体及单元体相应部件,此方法快捷方便,但需要大量的技术支持,对数据的精确度和故障样板的准确性要求较高,而且目前指印图中的故障样板数量有限,对于一些指印图中没有给出的故障无法诊断。

5.4.2　基于数据驱动的模型故障诊断

发动机故障诊断的实质是对发动机工作状态进行分类和识别[4]。模式是指根据某一类事物的特点归纳出来的具有特征性的事物,代表了同类事物的共性。识别就是利用计算机对某些事物进行分类,尽可能地根据事物特征将其归为某一模式,以实现归类的过程。

基于数据驱动的模型故障诊断属于统计学习理论的智能分析法,就是将某一故障状态下的性能参数特征经过相应处理后得到表征该故障特征的矢量集合。不同故障的矢量集合具有个体特征,因而能够相互区分。基于统计学习的模式识别方法就是研究各种划分特征空间的方法进行研究对象的分类。现代模式识别的方法主要有模糊识别法、基于神经网络的智能模式识别和支持向量机分类识别法等,其中支持向量机作为一种新的有效的统计学习方法成为近年来的热点[5-8]。

1. 基于单分类支持向量机的故障诊断

支持向量机(support vector machine,SVM)方法是在统计学习理论的万普尼克-泽范兰杰斯维(Vapnik-Chervonenkis dimension)理论和结构风险最小原理的基础上建立的,通过二次规划求取样本的最优分类面,根据有限的样本信息在模型的复杂性(即对特定训练样本的学习精度)和学习能力(即无错误地识别任意样本的能力)之间寻求最佳折中,以期获得最好的推广能力(或称泛化能力)。

机器学习本质上就是一种对问题真实模型的逼近,模型与问题真实解之间的误差就称为风险。引入泛化误差界的概念,真实风险由两部分构成,一是经验风险,代表了分类器在给定样本上的误差;二是置信风险,代表了在多大程度上可以信任分类器在未知数据上分类的结果。经验风险最小化原则是经验风险确实能够逼近真实风险。

置信风险与两个量有关,一是样本数量,样本数量越大,学习结果越有可能正确,此时置信风险越小;二是分类函数的 VC 维,显然 VC 维越大,推广能力越差,置信风险会变大。统计学习的目标从经验风险最小化变为寻求经验风险与置信风险的和最小,即结构风险最小,SVM 正是这样一种努力使结构风险最小化的算法。

由于很多实际问题都不是线性可分的,支持向量机的基本思想是通过某种非线性映射 $\varphi(\cdot)$ 将输入向量 x 映射到一个高维空间 Z,在这个高维空间中构造最优分类超平面,从而构造线性判别函数来实现原空间中的非线性判别函数。

1)线性支持向量机

SVM 是从线性可分情况下的最优分类面发展而来的,基本思想可用图 5 - 10 所示的二维情况说明。图中实心点和空心点代表两类样本,H 为分类线,H_1、H_2 分别为经过各分类样本中离分类线最近的样本点的直线,且该直线平行于分类线,它们之间的距离称为分类间隔。最优分类线就是要求分类线不但能将两类样本正确分开(训练错误率为 0),而且使分类间隔最大。

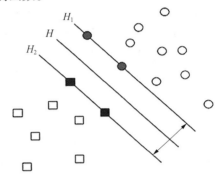

图 5 - 10　线性可分情况下的最优分类线

2)非线性支持向量机

对于非线性问题,可以通过非线性变换转化为某个高维空间中的线性问题,在变换后的空间求最优分类面。这种变换可能比较复杂,因此这种思路在一般情况下不易实现。但是在对偶问题中,不论是寻优函数还是分类函数都只涉及训练样本之间的内积运算,这样,在高维空间实际上只需进行内积运算,而这种内积运算是可以用原空间中的函数实现的,甚至没有必要知道变换的形式。根据泛函的有关理论,只要一种核函数满足 Mercer 条件,它就对应某一变换空间中的内积(图 5 - 11)。因此,在最优分类面中采用适当的内积函数就可以实现某一非线性变换后的线性分类。

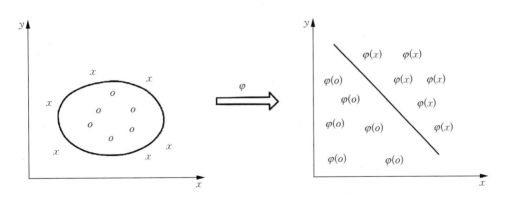

图 5 - 11　非线性核函数变换

概括地说,支持向量机就是首先通过用内积函数定义的非线性变换将输入空间变换到一个高维空间,在这个空间中求(广义)最优分类面。支持向量机分类函数形式上类似于一个神经网络,输出是中间节点的线性组合,每个中间节点对应一个支持向量。

支持向量机的算法最终转换成一个二次型寻优问题,理论上说,得到的将是全局最优点,解决了在神经网络方法中无法避免的局部极值问题;算法将实际问题通过非线性变换转换到高维特征空间,在高维空间中构造线性判别函数来实现原空间中的非线性判别函数,同时它巧妙地解决了维数问题。目前,支持向量机方法在涡轮发动机故障诊断、性能趋势监控、振动故障检测、气路故障检测及喷气燃料的物理性质的变化监测等方面已有很多应用。

2. 基于多分类支持向量机的故障诊断

支持向量机分类研究的对象是二分类问题,而发动机故障诊断问题是一个多分类问题,因此如何针对多类问题进行分类成为研究的必要。针对多类分类问题的支持向量机称为多分类支持向量机,多分类支持向量机在进行分类时需要构造合适的多类分类器,目前多类分类器的构造方法主要有直接法和间接法。

直接法是一次性考虑所有样本,直接在目标函数上进行修改,并求解一个多目标函数的优化问题,一次性得到多个分类面,此方法看似简单,实际的求解过程比较复杂,分类精度也不高。因此,直接法的实际应用不多,只适用于小型问题。间接法是通过组合多个二分类器来实现多分类器的构造,此方法比较容易实现,使用更为普遍。

3. 基于聚类算法的航空发动机故障诊断

采用传统的监督型智能学习技术进行故障诊断,需要收集整理各种故障样本,但由于发动机气路故障种类繁杂,还可能以各种方式组合,用监督型智能学习技术进行故障诊断存在较大困难。发动机在实际运行中,大量 QAR 数据都属于正常状态数据,因此可采用基于密度的聚类算法对发动机进行性能异常的检测。聚类分析是一种无监督机器学习技术,不需要提前设置超限阈值或故障模型,只需要基于大量正常 QAR 数据即可识别异常发动机。

基于聚类算法的航空发动机性能异常检测主要有以下三个关键步骤。

1)通过发动机 QAR 数据变换将时间序列转换为高维向量

发动机 QAR 数据不能够直接应用到聚类分析中,还需要对其进行数据预处理工作,包括数据丢失填充及异常点处理等。在处理完这些之后,需要对原始 QAR 数据中的上百个发动机参数进行特征提取,避免训练参数过多导致维数灾难,降低数据挖掘的效率。

2)通过主成分分析降维解决数据稀疏性和多重共线性问题

发动机 QAR 数据变换后形成的矢量通常具有数千维的特征,这些特征维度是采样点个数和所选择的发动机监控参数个数的乘积。例如,如果在 100 个时间步上各选取 100 个发动机的监控参数,将得到一个 10 000 维的特征空间。因此,为了避免维数灾难,提高检测效率,使用主成分分析(principal component analysis, PCA)方法来减少维数。

PCA 的思想主要是将原始数据 n 维特征映射到 k 维空间特征上($k < n$),从而得到新的 k 维正交特征,这 k 维特征通常称作主成分。PCA 方法的基本原理如下:假设 x_1, x_2, $\cdots$, x_n 是原变量参数,z_1, z_2, $\cdots$, $z_m (m < n)$ 为新变量参数,则有

$$\begin{cases} z_1 = l_{11}x_1 + l_{12}x_2 + \cdots + l_{1n}x_n \\ z_2 = l_{21}x_1 + l_{22}x_2 + \cdots + l_{2n}x_n \\ \qquad\qquad\qquad \vdots \\ z_m = l_{m1}x_1 + l_{m2}x_2 + \cdots + l_{mn}x_n \end{cases} \tag{5-11}$$

式中，z_1，z_2，$\cdots$，z_m 分别为 x_1，x_2，$\cdots$，x_n 的主成分，其中 z_1、z_2 分别为第一主成分和第二主成分，其余依此类推，是线性组合中方差由最大到最小依次递减的线性组合。一般根据主成分贡献率，只选取方差最大的，即包含原始数据信息量最多的前几个主成分来降低数据的维数。

每一个主成分 z_j 在原变量 x_j 上的载荷为系数 l_{ij}，确定载荷 l_{ij} 是 PCA 的主要目标。计算载荷 l_{ij} 要满足：① z_i 与 $z_j(i \neq j; j = 1, 2, \cdots, m)$ 相互无关；② z_1，z_2，$\cdots$，z_m 是一组两两正交的非零向量。

3）采用 DBSCAN 分析检测高维空间中的聚类簇和异常点

密度聚类算法假设聚类结构能通过样本分布的紧密程度确定，它是基于样本密度的连接性不断发展聚类成簇[9]。在密度聚类算法中比较出名的算法是具有噪声的基于密度的空间聚类(density-based spatial clustering of application with noise，DBSCAN)算法，它对样本分布紧密程度的描述主要是基于一对邻域参数 ε 和 MinPts。其中，ε 表示在一个点周围邻近区域的半径，MinPts 表示邻近区域内至少包含的点的数量。DBSCAN 算法与其他聚类算法相比的主要优点是不用事先确定簇的数量，就可以很好地区分出具有任意复杂形状的簇，同时还能够找到不属于任何簇的异常点。

DBSCAN 算法先任意选取数据集中的一个核心点为起始点，再由此出发确定相应的聚类簇，直至由事先设定的邻域参数找出所有核心点；然后选取另一个尚未被访问过的数据点，重复相同的过程，直至样本中的所有数据全部走完聚类过程，其聚类过程示意图如图 5 - 12 所示。经过聚类之后形成的簇自然被视为正常情况，而噪声则会被视为异常情况，也正是由于 DBSCAN 算法自身带有异常值检测这一特性，可以用来对发动机进行异常检测。

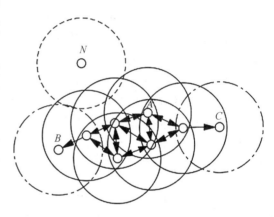

图 5 - 12　DBSCAN 算法聚类过程示意图

4. 航空发动机故障诊断案例

1）高压涡轮叶片断裂故障诊断

某航空发动机在 2008 年 6 月 10 日的 c 航班处于正常运行，N_2 主轴振动的振幅在 0.01~0.04MILs SA，在 2008 年 6 月 11 日后故障出现，N_2 主轴的振动值达到 0.6MILs SA 以上。

建立故障分类器，选取 9 个气路参数：中间级压力、中间级温度、海拔、N_1、N_2、EGT、EPR、空气总温和燃油流量 FF；选取 20080610a 航班巡航阶段的样本点，选择 One-Class SVM 类型和径向基核函数，建立 OCSVM 故障分类器模型。

如表 5 - 1 所示，OCSVM 故障分类器模型(20080610a)的正类率为 87.055%，其结果不是很高的原因在于 QAR 数据为发动机实际工作数据，含有大量噪声，为保证良好的泛化性，模型的正类率略有下降。利用该故障分类器模型，分别对 20080610c、20080611b、20080613d 航班发动机参数进行检测，检验结果如表 5 - 1 所示。

表 5-1 基于 OCSVM 故障分类器模型的故障检测结果

编　号	正　类	负　类	正类率/%
20080610a	1 614	240	87. 055
20080610c	5 963	625	90. 513
20080611b	965	5 627	14. 639
20080613d	1 541	2 076	42. 604

表 5-1 中,20080610c 航班的正类率达 90.513%,高于 OCSVM 故障分类器模型的正类率,发动机的实际工作状态与分类器模型的工作状态相近,此时发动机处于健康状态;20080611b 巡航段的正类率急剧下降,仅为 14.639%,此时发动机可能有异常变化,两日之后,20080613d 的诊断正类率也仅为 42.604%,再次验证了发动机工作状态已不处于健康状态,可能存在故障。该案例中,工程师通过孔探发现是高压涡轮叶片发生了断裂。

2）VSV 系统故障诊断

发动机可调静子叶片(variable stator vane,VSV)是防止喘振的重要系统,一旦发生故障,会导致可调静子叶片调节延迟或调节角度不合理,直接导致压气机转子叶片进口处的相对速度发生变化,进气攻角随之偏离设计状态,甚至会引发喘振,间接导致其他故障的发生,影响发动机的高效运行。

利用基于支持向量机建立 VSV 调节规律模型,对发动机 VSV 的位置进行监控,发现某一航班下降阶段的 VSV 实际位置与模型的回归计算值存在较大偏差,VSV 开度预测如图 5-13 所示,预测相对误差率如图 5-14 所示,其中矩形框内为相对误差率开始变大的阶段。

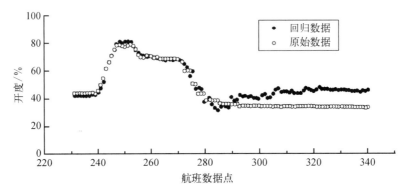

图 5-13 VSV 开度预测

由 VSV 调节规律模型的预测结果可以看出,在初始阶段,VSV 开度的真实数据与回归数据吻合程度较高,相对误差率维持在-5%~5%。从该航班的某一点开始,VSV 开度的真实数据与回归数据有较大的差别,相对误差率聚集在-20%~20%。在矩形框之后的部分,VSV 开度的实际数据与预测数据一直保持较大偏差,相对误差率最高达到 43%,远超正常状态值,因此确定 VSV 系统出现了故障。

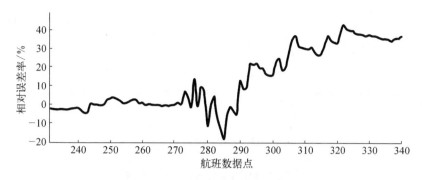

图 5－14　VSV 开度预测相对误差率

3）喘振故障诊断

由于发动机喘振的故障样本较少,且喘振故障模型只需识别出是否喘振即可,因此可以将喘振发生时的特征参数为输入参数,通过单分类支持向量机构建喘振诊断模型,将发生喘振的点与非喘振点进行区分,实现发动机的喘振故障诊断。

选取某航空公司发生喘振的故障样本(共 223 个)作为模型的训练样本。模型的输入参数有 EGT、FF、N_1、N_2、P_2、$P_{2.5}$、P_3、P_5 共 8 个参数,输出为类别标签 1 和-1,其中 1 代表喘振点,-1 代表非喘振点。通过单分类支持向量机构建喘振故障诊断模型,模型训练样本计算得到的分类准确率为 95.07%,训练结果如表 5－2 所示。

表 5－2　喘振故障诊断模型的训练结果

训练样本数量/个	分类准确数量/个	分类错误数量/个	分类准确率
223	212	11	95.07%

选择某一航班的 216 个样本用于模型的后续验证,其中有 10 个样本是喘振发生时的故障数据,其他样本为发动机正常状态时的数据。喘振故障诊断模型的验证结果展示在表 5－3 中。

表 5－3　喘振故障诊断模型的验证结果

训练样本数量/个	分类准确数量/个	分类错误数量/个	分类准确率
216	212	4	98.15%

由表 5－3 知,经过验证,模型的分类准确率达到了 98.15%,只有 4 个正常状态点样本识别错误。对于其他样本,模型能够准确识别。由此说明,使用单分类支持向量机建立的喘振诊断模型有一定的学习推广能力,可作为判断发动机是否喘振的依据,提高诊断准确率。

利用基于单分类支持向量机建立的喘振故障诊断模型,对前面 VSV 系统故障发生的初始航段进行测试,模型分类结果如图 5－15 所示。

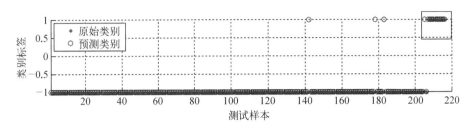

图 5‐15　模型测试的类别标签

由图 5‐15 可知,矩形框内大部分点的类别标签判断为 1,即大部分点被诊断为喘振状态,说明在 VSV 发生故障的阶段,发动机确实发生了喘振。经工程师排故检查,诊断结果为 VSV 作动筒出现故障,造成可调静子叶片不能根据发动机实际工况调节,引发喘振,并于后期造成空中停车。

综上,通过基于支持向量机建立的 VSV 调节规律模型,可判断发动机 VSV 系统是否正常,若 VSV 系统发生故障,则可通过喘振故障诊断模型判断是否引起了喘振。另外,为了尽快解决工程问题,提高发动机排故效率,两个模型可灵活使用。例如,先通过喘振故障诊断模型判断发动机是否进入喘振状态,然后基于 VSV 调节规律模型判断喘振是否由 VSV 系统故障导致。

5.5　QAR 数据在发动机性能评估与寿命预测中的应用

5.5.1　发动机单元体性能评估

传统的发动机模型不仅需要必要的热力学公式,还需要压气机、涡轮等单元体的特性及发动机的控制规律,其过程复杂且特性和控制规律不易获得,给热力计算及性能分析带来很大困难。QAR 装置记录了大量的发动机实际工作状态,而发动机内部的调节规律及部件的特性隐藏在这庞大的数据中,如果在发动机模型中直接加入特定点的实际 QAR 数据,将其与热力学理论相结合,就能在一定程度上解决所分析的发动机特性及控制规律难以获取的问题,使得对运行的发动机进行热力学分析成为可能。

传统的建模方法与结合 QAR 的建模方法都是从发动机进口开始,按照单元体顺序依次建立发动机部件级热力学模型,其最大的不同在于前者需要通过部件特性图和发动机控制规律确定发动机的稳定共同工作点,而后者只需要根据发动机的工作状态选取一组实际的 QAR 数据直接代替一个稳定的发动机工作状态点,这样就可以获得各部件在工作状态下的性能关系。

1. 发动机单元体效率计算

效率是综合反映单元体性能的最常用指标,因此计算各单元体效率对单元体性能的评估有着重要的意义。

一台发动机由很多单元体组成,每一个单元体都可以看作一个独立的工作单元,其中最主要的就是压气机和涡轮的效率。

压气机效率,是指在增压比相同的情况下,理想状态与绝热状态下压气机耗功的比值。涡轮效率,是指在落压比相同的情况下,绝热状态与理想状态下涡轮功的比值。根据发动机热力学模型可计算理想状态下(定熵过程)压气机与涡轮在一定压比时的进出口总温,而 QAR 中记录的总温为实际总温,由此可得到理想功与绝热功,从而可获得压气机与涡轮的效率。

下面选取 PW4077D 发动机某航班的一个实际巡航工作点,该状态的发动机 QAR 数据如表 5-4 所示。

表 5-4　某实际巡航点气动参数

海拔/m	T_5/℃	T_2/℃	P_2/psia	P_{25}/psia	P_3/psia	P_5/psia	T_{25}/℃	T_3/℃
38 080	347.5	-36.125	4.710 9	16	137.5	5.296 9	68.25	405

将数据代入非设计点热力学模型求解得各截面理论温度 T_{25i}、T_{3i}、T_{5i},如表 5-5 所示。

表 5-5　各站位理论温度

T_{25}/℃	T_{25i}/℃	T_3/℃	T_{3i}/℃	T_5/℃	T_{5i}/℃
341.4	332.45	678.15	605.43	620.65	572.33

将表 5-4 进行单位换算后与表 5-5 结合,代入效率计算公式,可计算单元体此刻的效率,见表 5-6。

表 5-6　各单元体效率

低压压气机效率/%	高压压气机效率/%	低压涡轮效率/%
88.59	83.89	90.44

选取半年内同一台 PW4077D 发动机不同航班的同一工作状态点,将参数进行相似修正后得到表 5-7。

表 5-7　修正后的巡航 QAR 数据

日　期	P_{2c}/psia	T_{2c}/℃	P_{25c}/psia	T_{25c}/℃	P_{3c}/psia	T_{3c}/℃	P_{5c}/psia	EGT_c/℃
2014-03-08	101 325	15	310 840	119.574 7	2 704 200	461.950 1	106 550	403.692 5
2014-04-15	101 325	15	321 590	120.457 5	2 703 400	467.384 8	106 430	402.400 7
2014-05-15	101 325	15	314 630	125.073 2	2 691 600	483.432 3	106 890	422.395 2
2014-07-04	101 325	15	297 310	118.457 9	2 523 800	470.154 4	101 860	416.165 4
2014-08-14	101 325	15	325 400	128.406 2	2 866 800	504.549 1	110 360	421.148 3
2014-09-02	101 325	15	281 480	116.360 8	2 515 000	483.277 4	103 260	431.686

对以上数据进行同样的计算,可看到该发动机的单元体效率变化,见表5-8。

表5-8 各单元体效率

参 数	2014-03-08	2014-04-15	2014-05-15	2014-07-04	2014-08-14	2014-09-02
低压压气机效率	0.885 9	0.882 6	0.880 1	0.879 3	0.875 7	0.874 0
高压压气机效率	0.849 2	0.847 5	0.844 8	0.842 2	0.840 9	0.839 6
低压涡轮效率	0.944 7	0.944 3	0.943 3	0.943 1	0.942 6	0.941 4

发动机单元体的性能是随着使用时间的增加不断衰退的,从表5-8可以看出,各个单元体的效率随使用时间降低的趋势比较明显,单元体效率的减小表明发动机单元体的性能在衰退,将实际运行中的单元体效率与新发动机单元体对比分析便可评估当前的健康状态。

2. 单元体性能分析

随着发动机在翼时间的增加,各单元体均会或多或少地产生性能衰退,当一个单元体产生性能衰退时,其余单元体均需要通过改变自身工作状态以满足发动机稳定工作要求,以保证各单元体之间仍满足共同工作条件[10]。一个有效的发动机单元体性能分析的方法就是建立表征该单元体性能的健康基准曲线,通过实际测量数据距基准曲线的偏差量进行单元体性能分析,偏差量越大,衰退越严重。

1) 基于效率和流通能力衰退量的单元体性能分析

描述发动机各单元体性能状态最直接也是最常用的两个参考量为单元体效率和流通能力,单元体效率和流通能力的下降标志着单元体性能的衰退。流通能力指在特定的控制规律条件下,控制参数一定时,对应单元体实测流量与设计流量的相对减少量。

对于发动机冷端的气体流量,目前国内主要通过在各单元体进气口安装测量耙,测量安装截面处的总温、总压、静压等参数,通过稳定状态下流体的连续性方程和能量方程计算空气流量值。影响高压涡轮和低压涡轮单元体流通能力的重要因素分别为各自第一级涡轮导向叶片区域面积,或者直接用 A_4 和 A_{45} 表示。由于涡轮的特殊结构和所处的高温、高压、高转速的工作环境,目前没有合适的流量传感器可以在该部位安装测量。单元体的性能改变不仅会体现在效率和流通能力的变化上,也会体现在各性能参数的改变上。因此,也可以通过建立气路参数与流通能力的关系,通过 QAR 数据中的气路参数来计算流通能力的变化量。

选择五大单元体的 10 个性能参数,分别为风扇效率 η_{fan}、风扇流量 q_{mfan}、低压压气机效率 η_{lpc}、低压压气机流量 q_{mlpc}、高压压气机效率 η_{hpc}、高压压气机流量 q_{mhpc}、高压涡轮效率 η_{hpt}、高压涡轮流量 A_4、低压涡轮效率 η_{lpt}、低压涡轮流量 A_{45}。8 个气路参数分别为 N_1、N_2、EGT、$T_{2.5}^*$、T_3^*、P_2^*、$P_{2.5}^*$、P_3^*,通过相关性分析,可知风扇流通能力下降,对 N_1、EGT、$P_{2.5}$ 三个参数的影响较显著;低压压气机流通能力下降,对 N_1、EGT 参数的影响较显著。高压压气机流通能力下降,对 EGT、$T_{2.5}^*$、$P_{2.5}^*$、P_3^* 四个参数的影响较显著。热端单元体效率衰退与流通能力衰退量成反比,可以通过 QAR 数据,采用数学方法建立气路参数与流通能力的数学关系,用气路参数的改变来计算流通能力的变化。

单元体效率和流通能力衰退量的获得,为单元体性能分析提供了一种最为直观也是

最常用到的方法,如图 5‑16 所示为某发
动机单元体的效率、流通能力对照图,可
依次进行各单元体性能分析,图中 LPT 表
示低压涡轮,HPT 表示高压涡轮,EFF 表
示效率,FCAP 表示流通能力。

　　2)基于健康基准曲线的单元体性
能分析

　　健康基准曲线是一组可以反映发动
机在任一时刻、任何工作状态下各单元
体性能状况的曲线组合。普·惠公司提
供的 MAP 软件,包含了利用健康基准曲
线分析在翼发动机单元体性能的模块。
*Module Analysis Program Network Training
Guide* 中也给出了采用部分参数建立的
健康基准曲线。

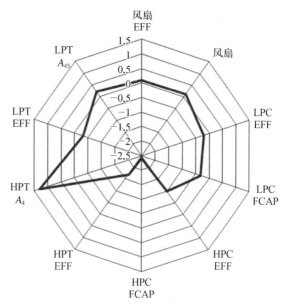

图 5‑16　单元体效率和流通能力衰退关系

　　根据发动机工作原理,选择表征各单元体性能的曲线组合,通过 QAR 数据可以建立
各个单元体的健康基准曲线。评估单元体健康状态时,可通过健康基准曲线的计算结果
和实际数据的对比来评估健康状态。表 5‑9 为通过 PW4000 发动机 QAR 数据获取的健
康基准曲线方程。选取某台 PW4077D 发动机经标准化修正后的 QAR 数据,见表 5‑10。

表 5‑9　PW4000 的健康基准曲线方程

单元体	基 准 线 方 程	允许偏差	评 估 准 则
风扇	$N_1 = 45.452\text{EPR} + 36.892$ $\text{WF} = 1.738\times10^6 N_1 - 1.405\times10^7$	$\pm 1\text{r/s}$ $\pm 5\%$	风扇衰退导致 WF 减小,N_1 增大
压气机	$P_{2.5}^*/P_2^* = 6.9495 T_{2.5}^*/T_2^* - 6.7853$ $P_{2.5}^*/P_2^* = 0.1379(N_1 - N_2) + 3.5809$	± 0.05 ± 0.05	HPC/LPC 衰退导致 $P_{2.5}^*/P_2^*$ 增大/减小
高压涡轮	$P_B/P_{49.5}^* = 0.0197\text{EGT} - 11.135$ $P_{2.5}^*/P_2^* = 0.1379(N_1 - N_2) + 3.5809$	± 0.5 ± 0.05	HPT 衰退导致 $P_B/P_{49.5}^*$ 和 N_2 减小,$P_{2.5}^*/P_2^*$ 增大
低压涡轮	$P_{2.5}^*/P_2^* = 0.1379(N_1 - N_2) + 3.5809$	± 0.05	LPT 衰退导致 $P_{2.5}^*/P_2^*$ 和 N_1 减小

表 5‑10　某台 PW4077D 发动机修正 QAR 数据

参　数	修正值	参　数	修正值
$N_1/(\text{r/s})$	88.76	EGT/℃	752.607
EPR	1.139	$P_{2.5}^*/P_2^*$	3.396
WF/(lb/h)	144 534 081	$T_{2.5}^*/T_2^*$	1.464
$P_B/P_{49.5}^*$	26.419	$N_1 - N_2/(\text{r/min})$	-1.717

将以上数据代入上述健康曲线方程依次进行计算,通过比较差值和允许偏差的关系,可以分析发现:风扇、压气机、低压涡轮性能良好,高压涡轮性能衰退。下发后经孔探发现,高压涡轮第一级导向叶片发生轻微烧蚀。

健康基准曲线可以反映发动机由出厂到退役任一阶段的单元体相对性能衰退量,使用发动机不同运行阶段的 QAR 数据建立健康基准曲线,对于分析同型号发动机相同运行阶段的单元体性能也具有参考价值[11,12]。基于 QAR 的健康基准曲线法是用发动机实际运行数据与同阶段的理论基准数据的差值进行某一时刻各单元体性能状态的评估,随着监控技术的发展,获得的气路参数增多,发动机的在翼时间增加,极大丰富了各阶段运行状态参数的获取,对于发动机全寿命阶段健康基准曲线库的建立有很大帮助。

5.5.2 基于单参数的整机性能发展及寿命预测

根据发动机连续检测的历史参数来确定目前的运行状态,可判断发动机工作是否出现异常,如果是故障状态,可通过故障发展规律来判断下发时间。通过全寿命周期的性能参数建立性能发展衰退模型,可用于预测当前发动机的性能变化趋势,通过剩余寿命来评估当前发动机的性能。

1. 预测方法分类

国内外常用的预测方法有以下几种。

1) 时间序列预测法

时间序列预测法是一种考虑变量随时间发展变化规律并用该变量以往的统计资料建立数学模型作外推的预测方法。由于其所需要的只是序列本身的历史数据,这一类方法在研究社会经济现象之间的数量关系方面有着广泛的应用,目前也常用来对发动机的性能参数发展进行预测,具体方法有时间序列分解分析法、移动平均法、指数平滑预测法、趋势外推法、灰色理论预测法等。

2) 指数平滑预测法

指数平滑法是在移动平均法的基础上发展起来的,是一种特殊的加权移动平均法。它是通过对预测目标历史统计序列进行逐层平滑计算,消除由于随机因素造成的影响,找出预测目标的基本变化趋势并以此预测未来。

3) 回归预测法

回归预测法主要是一种研究变量与变量之间相互关系的数理统计方法,应用回归分析可以通过一个或几个自变量的值去预测因变量将取得的值。回归预测中的因变量和自变量在时间上是并进关系,即因变量的预测值要由并进的自变量的值来旁推。建立回归模型有多种方法,如最小二乘法、支持向量回归机等。

4) 灰色理论预测法

灰色理论是邓聚龙教授于 1982 年 3 月提出来的[13],它对于预测规律性函数有明显优势。在现代军事、经济、农业、工业等领域及日常工作和生活中,人们已普遍把信息未知的系统称为"黑色"系统,用"白色"表示信息完全明确,而"灰色"系统则表示部分信息明确、部分信息不明确的系统。

灰色理论是现代系统论的新分支,应用灰色系统理论作预测的基本思路是设法使系统由"灰"变"白"。灰色系统的白化过程就是根据观测资料找出影响系统的诸因素,找出主要影响因子,用一定的数学方法尽可能消除未知的随机因素的影响,建立能对系统作预测的灰色模型。

5) 模糊预测法

模糊预测是以模糊数学基本理论作为计算和处理手段的预测方法,它是建立在模糊集合论基础之上的。利用模糊数学的方法,在处理偏差较大的数据时,不是简单地将数据认为是正确或错误,而是引入一个可信度的概念,当一个数据与基准数据相差很小时,认为该数据可信度很高;反之,可信度很低。可信度是一个介于 0~1 的数值,可信度的高低可以通过模糊函数计算而来,主要的模糊预测法有隶属度函数法、聚类分析法及模糊推理预测法等。

6) 神经网络预测法

这种方法是应用网络的高度非线性映射特征来拟合数据,对网络进行训练,并寻找历史数据与未来数据之间的关系,从而建立数学模型,达到预测的目的。

7) 混沌理论预测

美国著名的气象学家洛仑兹在数值试验中首先发现混沌现象,认为混沌现象的随机和无规则行为来源于确定性和有序性,它具有貌似随机却并非随机的特性。混沌时间序列内部具有确定的规律性,其重构出的混沌吸引子的相空间具有高精度短期预测性。

混沌时间序列内部存有确定性函数 F 模型,要想对控制系统进行精确预测,问题的关键在于函数 F 的求取。对具有混沌特性的时间序列建立神经网络模型,其输入变量的选取与相空间的饱和嵌入维数 m 有着密切的关系。经验表明:采用等同于相空间饱和嵌入维数的输入变量组合对非线性混沌系统建模,可有效地反映系统的全部特性,并且具有良好的外推能力,即泛化能力。

2. 基于滑动时窗策略的自适应 GA - SVM 发动机性能参数短期预测

为了预测发动机的性能监控参数的短期变化,常使用时间序列预测模型,而支持向量机等人工智能方法在时间序列预测模型中得到了广泛应用。传统的支持向量机建模方法存在一些问题,例如,有些凭借人为工程经验选择嵌入维数的方法不具有推广性,有的是对支持向量机核参数的选择困难,同时传统的人工智能方法还忽略了对建模数据的动态适应性,存在老旧数据信息影响预测模型精度的问题。针对这些问题,可采用基于滑动时窗策略的自适应 GA - SVM 在线预测模型,该方法的特点是能够根据实时更新的数据样本自动选择嵌入维数和自适应优化支持向量机超参数进行多步预测,可以得到较好的短期预测结果。

为了实时跟踪航空发动机性能参数的变化,要不断将发动机新的数据加入预测模型。因此,要采用滑动时窗策略在线建模,即预测模型的建模样本是窗式移动的,随着时间 t 的发展,在窗口中每进来一个新样本,同时就需要丢掉一个旧样本,如图 5 - 17 所示,图中 t 为采样时刻,V 为采样样本,n_{sv} 为时窗宽度。

支持向量机用于时间序列预测建模时,一些模型超参数会对预测精度有所影响,主要有惩罚参数 C、核函数参数 γ 和损失函数参数 ε。当训练样本实时更新时,可使用遗传算法(genetic algorithm, GA)实时自适应优化在线预测模型的超参数。

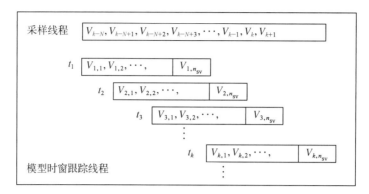

图 5-17　滑动时窗策略示意图

在航空发动机状态监控中,巡航状态下的排气温度偏差值(delta exhaust gas temperature,DEGT)是评价发动机是否健康的重要指标之一[14]。为了比较基于滑动时窗策略的自适应 GASVM 建模预测的效果,选取某发动机 15 个飞行循环的 101 个 DEGT 数据,同时采用传统的 GASVM 预测模型进行比较。

首先使用单步预测方式。为了充分吸纳足够数据信息,滑动时窗宽度不宜选择过小,在线模型利用时窗宽度 n_{sv} 为 61 的 DEGT 数据滚动得到训练样本来创建预测模型,同时对后 40 个数据作单步外推预测。

图 5-18 为两种方法的单步预测结果展示,从图中可以看出传统模型和时窗模型的初始外推预测数值大小相近;而对于后来的外推预测数据,时窗模型的外推预测数值要比传统模型的外推预测数值更贴近真实值。整体上来说,针对模型预测的跟踪效果,时窗模型明显优于传统模型。

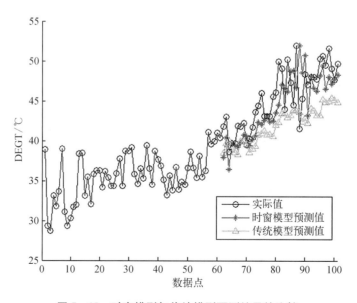

图 5-18　时窗模型与传统模型预测结果的比较

时窗宽度会对短期预测精度产生影响,一般随着时窗宽度的增加,可适当减少数据随机性噪声的影响,使吸纳的数据信息量足够多,有利于模型短期预测精度的提高。

一般情况下,单步预测开始时的预测精度较高,后期预测精度会逐渐降低,还可采用多步预测,更多地吸纳前期数据的信息。对本例数据采用不同的时窗宽度和预测步数进行比较,结果发现:在 5 步预测之内,不同时窗宽度下的预测效果评价指标虽然都在增加,但增加量不大;而在 5 步预测以上,一些时窗宽度的预测结果误差较大。因此,可以在短中期预测中选择 5 步预测,来获得更好的在线预测效果。

稳定的 5 步预测较单步预测可更早地预知发动机性能的变化趋势,留出更多的预警时间。通过预测的性能参数变化率,结合其余性能监控参数预测结果,可判断发动机在未来短期内是否处于异常状态,提前发现和排除潜在故障,避免重大故障的发生。

3. 基于发动机衰退模型的剩余寿命预测

工程实际中通常使用的在翼使用时间预测方法,第一种是根据限寿件(life limit part, LLP)的到寿日期,另一种是根据发动机排气温度裕度(exhaust gas temperature margin, EGTM)推算到零或最小限制值的时间。EGTM 是评价发动机当前性能状态的一项重要指标,也是各大航空公司在发动机健康状态评估中重点关注的指标[15,16]。EGTM 定义为发动机在海平面压力、拐点温度条件下作全功率起飞时,发动机排气温度 EGT_e 值与红线值 EGT_{red} 之间的差值,其中 EGT_{red} 为该型号发动机所允许的最大 EGT 值。拐点温度是指给定型号的航空发动机在海平面标准大气压和全推力/全功率(名牌推力/功率)起飞状态下,能保持该起飞推力/功率所能采取的最高外界大气温度,每种型号的发动机都有相应的拐点温度。EGT_{red} 由发动机热部件材料及部件冷却性能决定,EGT_e 由发动机核心部件的气动效率决定。在发动机使用过程中,核心部件的气动效率逐渐降低,导致 EGT_e 不断升高,EGTM 逐渐向阈值靠近。通过 QAR 数据,可以充分利用机队中原有的发动机历史数据,采用一定的数学方法建立衰退模型,利用新发动机到当前时刻的飞行小时数计算出发动机在翼剩余使用循环。

下面选取某航空公司机队中 36 台 CFM56‐7B 发动机两年多的修正 EGTM 数据,进行去噪、相似修正、平滑等预处理后,根据数据特点进行分段拟合,可以得到不同阶段 EGTM 随飞行小时数的拟合方程。

(1)初始磨合阶段,飞行时间为 0~3 000 h。在这一阶段,由于发动机的各个部件都处于磨合期,对于大部分的高推力发动机,EGTM 下降比较明显,一般在 20%~30%,其拟合方程为

$$EGTM = -0.005TSN - 1.14 \times 10^{-7}TSN^2 + 113.283 \qquad (5-12)$$

式中,TSN 表示新发动机到当前时刻的飞行小时数。

(2)性能平稳衰退阶段,飞行时间为 3 000~18 000 h。这一时间段内,发动机的各部件已经磨合良好,并且部件的性能完好程度高,因此发动机性能衰退率比较稳定而且衰退的幅度缓慢。一般情况下,这一阶段的衰退率为每 1 000 飞行小时衰退 2%~3%,其拟合方程为

$$EGTM = -0.004TSN + 6.77 \times 10^{-8}TSN^2 + 113.962 \qquad (5-13)$$

(3)后期快速退化阶段,飞行小时达 18 000 以后。在发动机接近返厂大修阶段,各个

单元体的性能退化都已经接近一个比较严重的状况,所以在发动机使用后期,性能的衰退速率是相当快的,一般要接近甚至超过初始使用磨合阶段。该型号发动机的最大使用寿命为 25 000 飞行小时左右。但实际中,CFM56 - 7B 型发动机的寿命一般不会达到 25 000 飞行小时,通常都小于这一数值,其拟合方程为

$$EGTM = 0.036TSN - 1.11 \times 10^{-6}TSN^2 - 205.345 \qquad (5-14)$$

图 5-19 为发动机 EGTM 与 TSN 的散点图。观察散点图发现变量之间呈现非严格的分段线性关系,可根据待测发动机的当前 EGTM 值和所处阶段,来代入上面给出的不同阶段的衰退模型进行下发循环数预测。

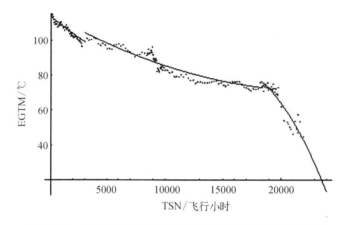

图 5-19 机队全寿命周期 EGTM 衰退及其分段拟合曲线

这种方法是通过机队的大量 EGTM 数据获取的模型,所以更多的是给出了机队的总体性能变化趋势,且计算简单便捷,但每台发动机的使用及维护都有差异,个体的寿命轨迹也不尽相同,所以采用这种方法很难得到个体发动机性能退化的准确结果。

4. 基于退化轨迹相似的在翼寿命预测

为了充分考虑发动机的个体性能差异,在已有较多历史样本的前提下可考虑采用基于退化轨迹相似的发动机在翼寿命预测方法。此方法无须使用准确的数学模型来描述发动机退化过程,适用于退化模式较为复杂且个体差异性大的预测对象。通过对比预测样本与历史样本的相似度来选取参照样本,依据相似度大小赋予参照样本相应权重得到预测样本剩余寿命,并针对航空发动机不同个体退化过程中初始性能与衰退速率存在较大差异的特点,可采用序列滑动与分段计算相似度的方法。

时间序列相似性度量是时间序列数据挖掘中的一项重要内容,任意两个时间序列不可能完全相同,需要通过定义相似度来衡量序列之间的相似程度。应针对目标序列的特点选取合适的度量方法,不仅可以提升计算效率,还能提高计算结果准确度。在相似性度量中需要满足允许不精确匹配,支持序列平移、伸缩、变形,选用的算法具有较高的计算效率等。

引入退化轨迹序列滑动的概念,使当前样本性能退化阶段起始点与历史样本性能退化起始点重合,从而可以较为有效地解决发动机初始性能状态不同的问题。根据相似性寿命预测的思想,接近寿命终止时刻的数据具有更高的参考价值,基于这一思想对相似度

算法加以改进,赋予性能衰退阶段在相似度对比时更高的权重。

图 5-20 中,有预测样本的性能指标序列和历史样本的性能指标序列,两条序列性能平稳阶段所经历的时间(飞行循环)相差较大,预测样本在 1 500 次飞行循环后到达性能明显衰退的时刻点,而历史样本则在 4 000 次飞行循环处才达到性能明显衰退点。如果直接进行相似度计算,则它们之间相似度很小。但如果将预测样本序列平移至历史样本序列处,会发现预测样本与历史样本在性能衰退阶段的退化轨迹的相似度非常高,依据相似性寿命预测的思想,两个退化轨迹相似的样本具有相近的剩余寿命,那么历史样本在预测样本剩余寿命中具有很高的参照价值。因此,通过序列滑动可以防止预测样本遗漏掉那些性能衰退阶段相似度较高的参照样本。

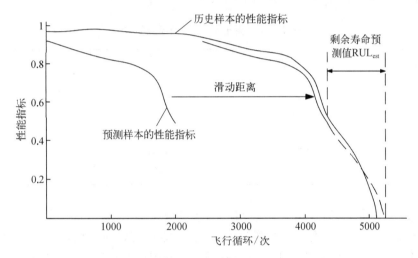

图 5-20　退化序列滑动示意图

EGTM 是最能够体现出发动机衰退状态的性能指标,下面选取机队中 26 台 Trent700 发动机作为研究样本,对数据作预处理后计算 EGTM 值。对所有样本完成聚类处理后,选择其中一个样本作为预测样本,剩余样本则作为历史样本分别与预测样本对比退化轨迹相似度,之后依据相似度大小对历史样本进行排序,选取其中相似度最高的 5 个样本作为剩余寿命预测时的参照样本,可根据 5 个样本的相似度分别给以不同的权重。参照样本若选得过少,会丢失有价值的参考信息,若选得过多,则会增大预测误差。机队中部分发动机的 EGTM 数据如表 5-11 所示,其中 CSN 表示新发动机或自上次大修后到当前时刻的飞行循环数。

表 5-11　部分发动机的 EGTM 数据

SN4＊＊＊2		SN4＊＊＊8		SN4＊＊＊7	
CSN/次	EGTM/℃	CSN/次	EGTM/℃	CSN/次	EGTM/℃
36	41	54	37.4	31	42.6
165	44.1	171	36.6	134	48.3
256	44.9	298	39.4	274	37.5
2 459	28.5	2 414	22.3	2 553	32.4

SN4＊＊＊2		SN4＊＊＊8		SN4＊＊＊7	
CSN/次	EGTM/℃	CSN/次	EGTM/℃	CSN/次	EGTM/℃
3 965	15.4	3 569	13.2	4 785	22.8
4 011	9.9	3 621	16.1	4 833	14.8
4 096	9.3	3 619	8.7	4 947	15.1

用上述方法在样本库中共选取 5 台发动机依次作为测试样本,剩余样本则作为历史样本,在 75% 寿命时进行预测,预测结果如表 5－12 所示。

表 5－12　基于 EGTM 的预测结果

发动机编号	实际 CSN/次	预测 CSN/次	相对误差%
SN4＊＊＊2	3 851	4 170	8.3
SN4＊＊＊3	4 006	4 234	5.7
SN4＊＊＊5	4 145	4 356	5.1
SN4＊＊＊7	4 760	4 384	7.9
SN4＊＊＊6	5 279	4 888	7.4

由表 5－12 可知,5 台测试样本预测结果的平均误差为 6.8%,其中最大误差为 8.3%,最小误差为 5.1%,误差均控制到 10% 以内,能够较好地满足航空公司预测需求。对于机队历史样本,从新发动机或大修后开始服役到因性能衰退下发所经历的飞行循环数大致满足以 4 400 为均值的正态分布,所以测试样本的实际寿命越接近样本均值,在一定范围内,可参考的样本数也就越多,理论上预测精度应该越高。

5. 基于模糊信息粒化的航空发动机寿命预测

前面分别采用了机队性能指标衰退率和匹配相似度大的单体衰退率来预测发动机剩余寿命,由于发动机在使用过程中存在着数据采集的随机波动性及外界维修干预等多种不确定因素,无论哪种方法都很难做到精确定量的预测。相比剩余寿命定量的预测,更关注的是剩余寿命变化的整体趋势和范围,因此还可采用基于模糊信息粒化的发动机剩余寿命区间预测。

信息粒化实际上就是将研究对象的整体分解成一个个的子部分,即一个个信息粒,然后对每个信息粒进行研究,主要过程为以下两个步骤:划分窗口和模糊化。步骤一是划分窗口,就是将时间序列数据切割为若干个宽度相同的子序列,作为后续模糊化过程的窗口;步骤二是模糊化过程,就是将分割后的每一个子序列窗口的数据作模糊化处理,生成一个个模糊集,这个窗口模糊化处理之后得到的模糊集就是模糊信息粒。其中,最重要和最关键的步骤则是模糊化的过程,模糊粒化后的数据能够表征人们所关心的相关特征信息。

采用模糊信息粒化建立发动机寿命区间的主要流程如下。

（1）数据预处理。针对原始航空发动机的寿命数据,进行等间隔采样及异常点分析和处理,得到满足建模条件的数据。

（2）模糊信息粒化。选择合适的粒化窗口大小进行模糊信息粒化,从而可以得到原始寿命数据的上界、下界和平均值。

（3）构建预测模型。对上界、下界和平均值序列分别进行回归建模,得到航空发动机性能衰退的最差、最优和一般情况下的预测模型。

（4）寿命预测结果。结合前面得到的预测模型,即可计算出发动机在最差、最优和一般情况下的剩余寿命,也就是剩余寿命区间。

选用某航空公司 B737-800 飞机的 CFM56-7B 发动机在两次大修期间的性能参数 EGTM 表征发动机的状态,使用 EGTM 和 CSN 表征发动机寿命,使用 50 次循环区间对数据进行等间隔采样。经过数据预处理之后的发动机寿命数据包含 400 个近似间隔的 EGTM 数据,将 EGTM 数据的前 360 个数据作为训练集,后 40 个数据作为测试集数据。

对 400 个样本数据进行窗口宽度为 2 000 的模糊信息粒化,得到粒化后的 10 个数据窗口,同时得到模糊信息粒化后的下界 Low、上界 Up 及平均值 R 分别如图 5-21所示。

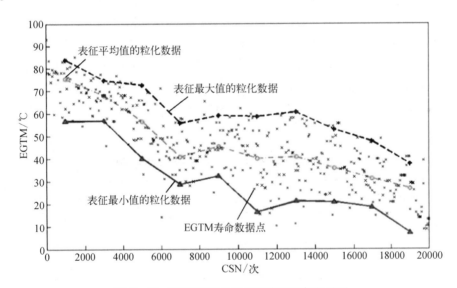

图 5-21　EGTM 寿命数据模糊信息粒化结果

经过试算可以发现,随着窗口的减小,粒化后的数据对原始数据的细节特征保存得越好;但继续减小窗口时,其粒化数据越接近原始数据,使用上述前 360 个模糊信息粒化后的 EGTM 训练集数据构建预测模型。对下界 Low、上界 Up 和一般水平 R 分别构建一次线性回归的预测模型,得到航空发动机最差、最优和一般情况下的衰退模型,预测结果如图5-22 所示。图中数据包含了同型号发动机机队经历的两次大修期间,CSN 为 18 000 次的航空发动机 EGTM 数据,其中包含了经过水洗及大修前后的数据。

从图 5-22 中可以看出,最差和最优衰退曲线基本将原始数据大部分包络在内部,表

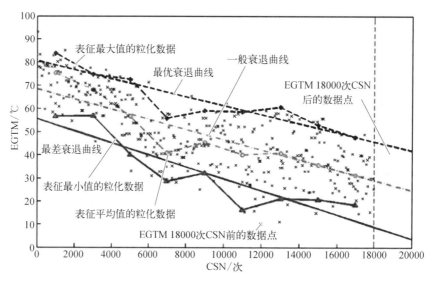

图 5-22　航空发动机 EGTM 区间寿命预测结果

明训练得到的模型具有较高可信度。用得到的线性回归模型对测试集数据进行预测,由图 5-22 可以看到,最优和最差衰退模型的预测曲线同样将 18 000 次 CSN 之后的原始 EGTM 数据全部包络其中,结果表明该寿命预测模型具有非常好的泛化能力。

对 18 000 次 CSN 后粒化窗口的模糊粒子参数数值预测的结果如表 5-13 所示,可以看出模糊粒子下界参数 Low 和一般水平参数 R 的预测值都很接近真实值,只有上界参数 Up 略高,但对于寿命预测,更关注寿命预测的下限和一般情况,同时又由于预测值的变化范围很好地包络了真实值,表明该模型可以很好地对航空发动机剩余寿命的区间进行预测。

表 5-13　EGTM 的寿命区间预测模型在测试集上的预测结果

模糊粒子参数	实 际 值	预 测 值
Low	7.114 8	6.321
R	26.677 9	26.794
Up	37.529 4	43.742

5.5.3　基于单参数的发动机性能评估

发动机性能衰退是指发动机在运营过程中,随着使用时间的延长,由于各种因素出现排气温度上升(EGTM 下降)、油耗增加及推力下降的现象。发动机性能衰退的情况可以在很大程度上反映其当前性能的好坏。当某一性能衰退参数超过其规定的限值时,则表征此发动机存在安全隐患,为保证飞机的飞行安全,根据发动机性能的衰退情况,维修人员需要及时地进行发动机拆换和维修。

EGTM 常作为衡量发动机性能衰退程度的重要指标,可根据当前发动机 EGTM 与机队 EGTM 阈值的相差距离来评估当前发动机性能,不同型号的发动机对应的 EGTM 阈值一般是不同的;可以根据机队 EGTM 的数据及发展规律,判定当前发动机所处的发展阶段,评估发动机当前的健康状态;可以根据历史 EGTM 数据,预测剩余循环数,根据剩余循环数判断发动机所处的健康状态;有的航空公司采用排气温度指数判断发动机的健康状态;也会根据一个机队中多台发动机的 EGTM 值,对其进行健康状况排位,以便根据健康状态比较来确定维修次序。

当采用 EGTM 数据作为健康指标区分发动机的健康状态时,可根据实际工程经验,针对不同机型确立不同衰退阶段的拐点值。图 5 - 23 为某型发动机性能衰退过程,由图可见,在发动机的不同循环周期,其健康指标呈现了不同下降速率的衰退。可根据历史发动机寿命周期内的 EGTM 下降速率发生明显变化的点设定不同的健康区间,根据当前发动机 EGTM 所处区间来确定发动机的健康状态。

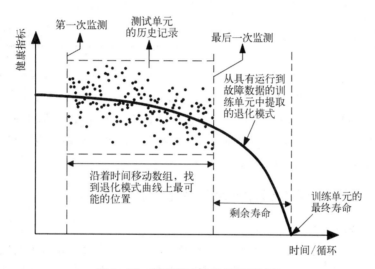

图 5 - 23　某型发动机性能衰退过程

不同的机型性能衰退的轨迹并不相同,所以应该根据不同机型机队的全寿命周期 EGTM 数据确定衰退的拐点值,用来判断同类发动机的健康状态。采用剩余循环数来评估当前发动机的健康状态时,可先采用前面所述各种方法对发动机进行寿命预测,根据剩余寿命所处区间来判断健康状态。有的航空公司采用 EHM 软件提供的燃油流量和排气温度指数 EGT index(即 EGT 指数)来评估发动机性能,EGT 指数越大,表示发动机性能越差。对应不同型号的发动机,EGT 指数有不同的计算公式,如表 5 - 14 所示。

表 5 - 14　发动机机型 - EGT 指数计算表

发 动 机 机 型	EGT 指数的计算公式
PW4000	$75\%\Delta EGT+25\%(6.8\times\%\Delta FF)$
JT9D - 7R4	$75\%\Delta EGT+25\%(6.5\times\%\Delta FF)$
V2500	$75\%\Delta EGT+25\%(11.6\times\%\Delta FF)$

早期航空公司根据发动机的 EGTM 对其进行性能排位,后来为了使性能排队更加贴近发动机的实际健康状况,常常增加一些对性能影响比较大的参数来综合考虑发动机的性能。表 5 - 15 为某航空公司以 EGTM 为主,兼顾发动机孔探、振动和滑油数据等得到的发动机性能排队。排队越靠前,性能越差,越需要尽早修理,恢复性能。

表 5 - 15　发动机性能排位

发动机编号	其他因素影响系数	排　位	EGTM/℃
Bxxx1	0.386 0	1	26.6
Bxxx2	0.396 3	2	32.1
Bxxx3	0.409 3	6	42.1
Bxxx4	0.399 0	4	38.4
Bxxx5	0.401 7	5	30.9
Bxxx6	0.398 7	3	32.4

基于单参数的发动机在翼寿命预测及性能评估方法具有直观、易操作的特点。航空发动机性能发展与多个性能参数密切相关,虽然 EGTM 是众多发动机性能参数中最能体现其退化程度的参数之一,但将任何一个参数单独进行分析,都难以准确描述发动机的综合性能。因此,除了用单参数进行性能评估外,要想更加准确地评估发动机的性能,还需从多方面考虑不同的因素对性能的影响。

5.5.4　基于多参数的寿命预测及性能评估

1. 健康指数的建立

考虑多种因素对发动机性能的影响时经常需要建立一个综合指数来对发动机性能状态加以评价,这个综合指数也称为健康指数。通常新发动机或大修后的发动机的性能状态最佳,在该状态下发动机对应的健康指数为1;当发动机因性能衰退出现故障,从而导致其无法正常工作时对应的健康指数为0。

从航空器运营的工程技术报告中可以发现,除了 EGTM 外,还会从各种气路参数、孔探结果、自(部件)全新状态起的使用时间(time since new, TSN)/自(部件)全新状态起的使用循环(cycles since new, CSN)、高低压转子的振动值等多种参数的变化上获得发动机的性能退化状态。统计现阶段的发动机状态监控指标,所涉及的参数类型如图 5 - 24 所示。

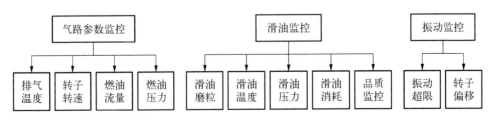

图 5 - 24　监测数据分类

因此,为了最大限度地涵盖与性能密切相关的数据信息,需要有针对性、层次性地选择用于多属性决策评估的数据种类。下面借鉴现阶段国内航空公司多种性能参数表征发动机健康状态的思想,分别采用不同的多参数融合方法,对发动机多种性能参数进行融合,建立发动机的健康指数。

1) 主成分分析方法

作为解决多属性决策评估问题的经典客观赋值方法,PCA 是现阶段使用最为广泛的方法,同时其简洁性、实用性都得到了很好的印证[17-20]。需要指出的是,PCA 的实质是将多项指标综合为少数几项综合指标的多元统计方法,而这几项综合指标即称为主成分,它其实是一种数学变换方法,通过线性变换将给定的一组可能相互之间线性相关的变量转化为一组不相关的变量(两两正交,即两两不相关的随机变量),经过这种变换后,变量的总方差不变,此时,具有最大方差、次大方差等,较小方差分别对应第一主成分,第二主成分,…,第 m 主成分,这样就可以利用少数几个主成分来反映原始变量(属性)的绝大部分信息,可以简化问题的复杂性,更直观地分析问题,降维计算见式(5-9)。

得到主成分后,计算主成分贡献率,它是指经过数据转换后第 i 个主成分方差占所有方差的比例,即

$$\rho_i = \frac{\lambda_i}{\sum_0^m \lambda_i} \quad (i = 1, 2, \cdots, m) \tag{5-15}$$

该主成分所提供的贡献率越大,表示这个主成分在综合信息方面的能力越优异。按照所有主成分的贡献率大小进行排序,通过将前 ρ_i 个主成分贡献率求和,即得到这 ρ_i 个主成分的累积贡献率。通常取累积贡献率>85%,此时可以认为 ρ_i 个主成分所拥有的信息量代表了全部性能指标所包含的全部信息。这时可将这 ρ_i 个主成分的贡献率作为系数与对应的主成分相乘再求和,即可得到由这几个主成分组成的健康指数(health index,HI),即

$$HI = \sum_0^p \rho_i Z_i \tag{5-16}$$

也可将 ρ_i 个主成分根据式(5-9)还原为性能参数 x 的函数,再代入式(5-14)整理成为以下形式的健康指数:

$$HI = \sum_0^n C_i x_i \tag{5-17}$$

式中,C_i 为重新整理后的系数;x_i 为性能参数;n 为保留的性能参数的个数。

2) ReliefF - PCA 方法

区别于主成分分析方法,ReliefF - PCA 方法在进行数据降维处理之前,需要对数据进行剔除,将相关性较小的数据属性剔除,再进行数据降维处理。通过此种方式,能够有效地扩大相关属性的比例,减少无关属性的干扰,有效地提高重要属性的影响,避免对融合后健康状态数据的干扰。ReliefF - PCA 方法的原理是:首先通过 ReliefF 算法对所有的性

能参数进行筛选,选择与发动机退化程度相关性较大的参数,再通过 PCA 方法对筛选后的性能参数进行降维处理。与主成分分析方法不同,该方法通过 ReliefF 算法约简相关性较小的参数,避免了信息污染,能够更好地对相关属性进行评估。

(1)基于 ReliefF 算法的退化参数筛选。ReliefF 算法是一种特征权重算法,通过区分相互靠近样本的能力对特征的有效性进行评价。对目标值为连续值的数据筛选退化参数,退化参数的权重越大,表示该参数在整机退化中的比例越大,反之比例越小。采用该算法可以对多种发动机状态参数进行筛选,得到与发动机性能衰退有较大相关性的参数。

(2)基于主成分分析法的退化参数融合。通过 ReliefF 算法可从众多的监测参数中筛选出与发动机性能衰退最相关的参数,但各参数之间可能会存在一定的相关性,因此,需要通过 PCA 方法进一步筛选,并通过相应的权重赋值,得到表征发动机性能状态的新的参数,并最终融合为健康指数。具体计算过程与式(5-9)、式(5-13)~式(5-15)相同。

3)基于 K-means-DBN 分层变权重的分析方法

发动机多种性能参数在退化过程中不同发展阶段的影响程度并不相同,即各性能参数的权重值随着性能退化而变化。采用基于分层变权重的性能评估方法,能够更好地捕捉不同性能参数在不同性能退化阶段中的权重变化。如图 5-25 所示,首先可通过聚类算法对发动机寿命周期内的数据进行阶段划分,然后通过深度置信网络(deep belief networks,DBN)对各阶段不同性能参数构建健康指标,最后完成航空发动机的性能评估。

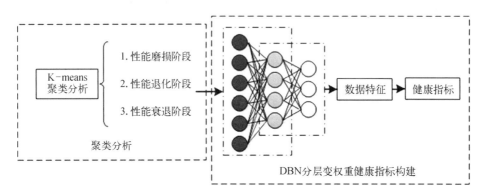

图 5-25 基于分层变权重的性能评估流程图

(1)发动机性能退化阶段划分。聚类分析是一种常见的数据分析方法,将待训练数据集分成许多簇,使得同一簇内的数据点的相似度尽可能大,而不同簇间的数据点的相似度尽可能小。可采用最为经典、使用最为广泛的 K-means 聚类算法对发动机全寿命周期内的历史退化轨迹数据进行聚类分析,分别得到发动机的不同退化阶段。

K-means 聚类算法简单易行,该算法对初始聚类中心的位置选取十分敏感,不同的初始聚类中心得到的聚类结果可能差异很大[21]。因此,如何选择发动机退化阶段的初始聚类中心十分关键。可根据发动机全寿命周期内历史寿命数据的实际剩余寿命作为指示量进行聚类计算。

（2）基于深度置信网络的健康指标融合。深度置信网络方法实际上就是由多个受限波尔兹曼机（restricted Boltzmann machine，RBM）迭代并由一个分类层（或回归层）组合而成的，相较于其他显性多属性决策评估方法而言，该方法在数据特征提取方面有运算速度快、自动性好、无须标签化处理等优势。

上面所提到的受限波尔兹曼机实质上是一种随机网络，包括可见层和隐藏层两部分，两部分之间存在着相互联系，而同一层之间的神经元不存在相互之间的关系。

深度置信网络进行特征提取的本质就是将训练数据作为输入量，中间经历多个RBM，逐层进行特征提取，最终实现全局最优特征数据提取。

通过以上三种多属性决策评估方法对多源监测数据进行降维处理之后，最终融合为一个能够表征发动机健康状态的健康指数。获取了健康指数，可采用以下方法评估发动机的健康状态：① 健康指数为 0~1，1 为最健康，0 为不健康，通过健康指数的数值即可判定当前所处健康状态；② 根据机队全寿命周期数据建立健康指数衰退模型。根据当前发动机健康指数，预测后期健康指数衰退到终点值所需要的循环数。可通过判断当前发动机健康指数和机队健康指数的发展规律相似性来预测剩余循环数，也可以通过判断当前发动机健康指数的发展规律与机队数据库中相似性最大的几台发动机进行对比，用以预测剩余循环数；③ 如果对一个机队的健康状态进行排队，可根据该机队不同发动机的健康指数进行排队。由于健康指数是综合了发动机多项性能指标的结果，可以从多个方面反映发动机的健康状态，因此比用单一参数进行性能排队更加合理。

2. 基于健康指数退化轨迹相似的发动机在翼寿命预测

在众多性能参数中选取与发动机性能退化相关性最强的性能参数，建立健康指数，然后采用 5.5.2 节的第 4 小节中基于改进的退化轨迹相似在翼寿命预测思想，对剩余寿命进行预测，具体过程如下。

（1）相关性分析：对已有的监测数据与发动机飞行循环之间的相关性进行分析，得到与性能衰退相关性最强的性能参数。

（2）相似修正：对原始数据进行相似修正，将气路性能参数换算到统一标准大气环境下。

（3）异常值剔除：选用狄克松检验法分别对 5 个性能参数监测数据进行异常值剔除。

（4）健康指数融合：用前面所述方法将评估发动机性能状态的多维数据融合为一维数据，即健康指数。

（5）聚类分析：对原始数据进行聚类分析，减少数据数量，突出各阶段特点。

（6）序列滑动：为解决不同发动机初始性能不同的问题，将序列进行滑动，使滑动后的序列与当前进行比较的历史样本序列满足相似度对比要求。

（7）分段计算相似度：基于越接近下发时的性能状态对于剩余寿命预测的指导意义越大的思想，对衰退轨迹进行阶段划分，然后进行分阶段的相似度计算。

（8）权重分配与寿命预测。

选取机队中的 5 个样本进行分析，如图 5-26 所示，5 条折线分别为 5 台发动机样本的健康指数序列,为了更好地对样本发展趋势进行分析,为每个样本添加了一条多次拟合曲线,其中黑色线为预测样本,其余4条线分别为4个历史样本。

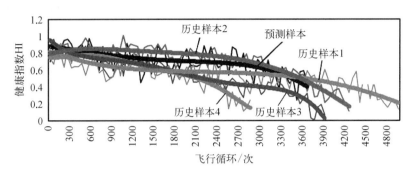

图 5-26　不同样本 HI 序列对比分析

从图 5-26 中可以看出,每个样本的健康指数序列呈明显下降趋势,但序列本身波动较大。究其原因认为:监测数据自身波动较大,导致融合后的健康指数序列在一定程度上受到这种波动的影响;在使用过程中,单元体或部件的更换也会较为显著地影响发动机整机性能;发动机在寿命周期中经历的不同等级维修和水洗也会有助于发动机性能得到不同程度的提升,所以序列的波动也切实地反映了发动机使用过程中的情况。

各样本健康指数序列的长期发展均呈下降趋势,普遍会经历性能平稳及性能明显衰退两个阶段。对比不同样本的健康指数序列可以看出:不同发动机个体的初始性能状态相差较为明显,性能平稳阶段所经历的时间(飞行循环)也有较大差异,在性能明显衰退阶段,衰退速率也不尽相同。历史样本 1 与历史样本 4 的初始健康指数虽然相差不大,但是在性能平稳阶段,历史样本 1 所经历的飞行循环要远远大于历史样本 4,并且历史样本 1 在性能衰退阶段的衰退速率要明显小于历史样本 4,这导致两者的在翼寿命相差明显。预测样本的退化轨迹与历史样本 2 的退化轨迹具有很高的相似度,历史样本 2 将作为参照样本为预测样本在翼寿命预测提供参照。

在机队中选取 5 台发动机数据作为预测样本,在其 75% 寿命处进行预测,其余样本则作为历史样本分别与预测样本进行退化轨迹相似度计算对比。表 5-16 为采用不同方法进行寿命预测的相对误差。

表 5-16　基于健康指数 HI 的寿命预测的相对误差

编　号	ARIMA[1]	LS－SVM[2]	相似性预测方法	改进后的相似性预测方法
4＊＊＊2	9.6%	6.9%	7.5%	4.7%
4＊＊＊3	11.3%	10.1%	4.3%	4.3%
4＊＊＊5	8.2%	7.3%	4.8%	3.9%
4＊＊＊7	9.4%	7.7%	5.4%	5.4%
4＊＊＊6	5.3%	4.8%	6.9%	5.0%

1 表示自回归综合移动模型;2 表示最小二乘向量机。

从预测结果来看,ARIMA 方法的平均误差为 7.36%,LS-SVM 方法的平均误差为 6.16%,基于退化轨迹相似的方法的平均误差为 5.78%,改进后的相似性预测方法平均误差为 4.66%。从平均误差来看,采用平移后再进行退化轨迹相似的预测方法具有更好的预测精度。与表 5-12 中同样采用改进后的退化轨迹相似方法进行的单参数预测相比,预测精度有明显提高。

3. 健康指数获取方式对发动机剩余寿命预测和性能评估的影响

下面采用国内某航空公司某型发动机机队 QAR 数据、可靠性月报及换发记录,通过层次分析法的三种不同方法获取健康指数,再通过改进后的相似性算法对剩余循环数进行预测,从而评价健康指数的获取方式不同对性能评估结果的影响。

利用稳态报文提取条件及 EGTM 提取条件从 QAR 中提取发动机历史监测数据,并根据飞机的可靠性月报及换发记录,得到发动机对应飞行循环数下的各性能参数数据。通过整理得到机队中各发动机的性能参数数据,包括 56 台发动机在两次大修间隔之间的各飞行循环下的性能参数:EGTM、ΔFF、ΔN_1、ΔN_2、P_1、P_3、Q_{oil}、$VIBN_1$、$VIBN_2$,其中包括气路参数和机械参数(各转子振动值 $VIBN_1$ 和 $VIBN_2$、日均滑油消耗量),将前 50 台发动机作为历史样本库数据,最后 6 台发动机作为算法测试样本。以测试样本的前 1500 个飞行循环中的各性能参数作为已知数据点,通过剩余寿命预测进行当前健康状态评估。表 5-17 为整理所得的发动机性能参数。

表 5-17　整理所得的发动机性能参数

编号	参数	飞行循环数							
		1	2	…	754	755	…	3 855	3 856
4***1	EGTM/℃	43.78	43.79	…	35.47	35.44	…	5.44	5.39
	ΔFF	0.89	1.37	…	1.81	1.52	…	2.10	2.15
	…	…	…	…	…	…	…	…	…
	ΔN_2	1.37	1.32	…	1.76	1.79	…	1.32	1.29
4***2	EGTM/℃	35.06	35.71	…	30.61	29.97	…		
	ΔFF	1.38	1.40	…	1.89	1.88	…		
	…	…	…	…	…	…	…		
	ΔN_2	1.21	1.12	…	1.57	1.47	…		
				⋮					
4**56	EGTM/℃	47.07	48.61	…	37.03	36.72	…		
	ΔFF	-2.55	-2.03	…	-1.27	-1.18	…		
	…	…	…	…	…	…	…		
	ΔN_2	1.19	1.25	…	1.72	1.73	…		

1) PCA 评估方法

将 9 种性能参数进行 PCA 变换,得到能够较好表征发动机退化状态的主成分,保留得到前三个主成分,根据主成分贡献率和主成分乘积之和,再代入主成分计算公式得到健康指标 HI 与性能指标之间的计算式为

$$HI = 0.542\,1\,EGTM + 0.232\,8\,\Delta FF + 0.134\,1\,\Delta N_2 \qquad (5-18)$$

2）ReliefF‑PCA 评估方法

采用 ReliefF 算法筛选出与发动机性能衰退密切相关的退化特征参数,通过计算得到各性能参数的权重值分布如图 5‑27 所示,图中虚线即为特征权重阈值。通过筛选,保留的性能参数为：EGTM、ΔFF、ΔN_2、$VIBN_1$、$VIBN_2$。

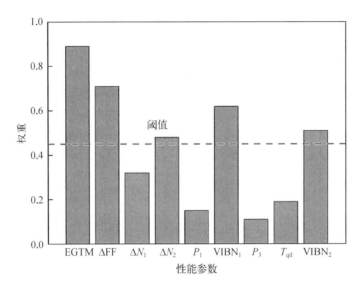

图 5‑27　性能参数权重分布

对保留的性能参数进行 PCA 变换,得到能够较好表征发动机退化状态的主成分,根据累计贡献率保留前三个主成分,按照前述方法,根据贡献率和主成分相乘求和,再将三个主成分回归为性能参数的关系,可得到此时的健康指数：

$$HI = 0.481\,2\,EGTM + 0.196\,9\,\Delta FF + 0.101\,3\,\Delta N_2 + 0.191\,5\,VIBN_1 + 0.029\,1\,VIBN_2$$
$$(5-19)$$

3）K‑means‑RBM 分层变权重评估方法

通过聚类算法对发动机历史寿命库中的时序数据进行退化阶段划分,聚类算法将整个发动机退化过程分成三部分：初始退化阶段、性能退化阶段、性能衰退阶段。对比可见,在发动机性能退化阶段的初期,发动机的气动性能变化不大,而与机械性能相关的性能参数占比相对较大,原因是发动机在退化过程前期造成性能退化的主要原因是部件磨损所导致的机械性损伤。而发展到退化阶段中后期时,发动机进入"磨合期",机械损失不再那么明显,而主要反映在气动性能上,即 EGTM 在发动机退化过程中所占的比例增大,由此整理出的三个阶段的健康指数也有明显不同,如式(5‑20)：

$$HI = 0.397\,1\,EGTM + 0.191\,1\,\Delta FF + 0.090\,1\,\Delta N_1 + 0.291\,6\,VIBN_1 + 0.030\,1\,VIBN_2$$
$$HI = 0.517\,3\,EGTM + 0.200\,9\,\Delta FF + 0.100\,1\,\Delta N_2 + 0.141\,5\,VIBN_1 + 0.040\,2\,VIBN_2$$
$$HI = 0.598\,3\,EGTM + 0.220\,1\,\Delta FF + 0.090\,1\,\Delta N_2 + 0.051\,9\,VIBN_1 + 0.039\,6\,VIBN_2$$
$$(5-20)$$

为了比较不同方法得到的健康指数与剩余循环数的关系,对 6 台测试发动机进行了寿命预测,结果如表 5 – 18 所示。其中,RSC 为测试样本的真实剩余飞行循环;EGTM_RSC 为基于单参数相似算法的剩余飞行循环预测值;PCA_RSC 为基于 PCA 融合相似算法的剩余飞行循环预测值;R – PCA_RSC 为基于 ReliefF – PCA 融合相似算法的剩余飞行循环预测值;K – DBN_RSC 为基于变权重聚类相似算法得到的预测值;$\Delta\omega_i$ 为不同方法的预测误差。

表 5 – 18　剩余寿命预测结果对比

编号	RSC	EGTM_RSC	$\Delta\omega_1$	PCA_RSC	$\Delta\omega_2$	R – PCA_RSC	$\Delta\omega_3$	K – DBN_RSC	$\Delta\omega_4$
1	2 338	2 132	8.81%	2 226	4.79%	2 398	2.57%	2 302	1.54%
2	2 866	2 637	7.99%	3 009	4.99%	2 947	2.83%	2 826	1.40%
3	3 136	2 828	9.82%	2 985	4.82%	3 198	1.98%	3 193	1.82%
4	3 221	3 046	5.43%	3 175	1.43%	3 268	1.46%	3 258	1.15%
5	3 784	3 492	7.72%	3 681	2.72%	3 711	1.93%	3 811	0.71%
6	2 684	2 349	12.48%	2 510	6.48%	2 738	2.01%	2 712	1.04%

在采用变权重聚类方法时,由于不知道当前发动机的健康状态,无法根据不同的区间来计算健康指数,可以先假设一个性能发展区间,根据该区间的性能特点计算健康指数,再根据计算所得健康指数检验开始区间判断的正确性。

通过预测结果和真实飞行循环的比较可以看出,基于单参数 EGTM 得到的预测误差明显高于其余三种预测方法,表明融合得到的健康指数能够较好地表征发动机的健康状态;与改进的 PCA 方法相比,基本 PCA 方法由于加入了参数敏感性的特征融合,能够有效减少预测的误差;同时,基于变权重聚类相似算法得到的结果误差最小,计算精度得到了明显提高,表明通过分阶段选择参数来表征发动机的健康状态更能贴近发动机的真实性能。

按照以上计算结果,根据实际剩余循环数对 6 台发动机进行健康状态排序,排序结果如表 5 – 19 所示。

表 5 – 19　依据剩余寿命进行健康状态排序结果

健康状态排序	编号	RSC	EGTM_RSC	PCA_RSC	R – PCA_RSC	K – DBN_RSC
1	5	3 784	3 492	3 681	3 711	3 811
2	4	3 221	3 046	3 175	3 268	3 258
3	3	3 136	2 828	2 985	3 198	3 193
4	2	2 866	2 637	3 009	2 947	2 826
5	6	2 684	2 349	2 510	2 738	2 712
6	1	2 338	2 132	2 226	2 398	2 302

表 5 – 19 为根据 6 台发动机的实际剩余寿命进行健康状态排序的结果,由表可知,

5 号发动机的健康状态最好,其次是 4 号,最差的是 1 号发动机。按照单参数预测和后两种融合方法预测的剩余寿命排序结果与真实排序结果相同,而按照基本 PCA 方法得到的结果中排序 3 和 4 与真实结果有所不同,这也说明在多参数的选择上要加以合理的筛选,才能获得更贴近实际的性能排队结果。

思 考 题

5.1 什么是 QAR 数据? QAR 数据在航空发动机状态监控与性能分析中可起到什么作用?

5.2 为什么要进行 QAR 数据的预处理? 预处理包括哪些方法?

5.3 在发动机状态监控中利用 QAR 数据常用的监控方法有哪些? 其原理是什么?

5.4 什么是基线? 发动机是如何利用基线进行监控的?

5.5 基于 QAR 数据的发动机故障诊断有哪些常用方法?

5.6 什么是指印图? 如何用其进行故障诊断?

5.7 什么是支持向量机? 采用支持向量机方法进行故障诊断的核心是什么?

5.8 采用聚类方法进行发动机故障诊断的原理是什么?

5.9 对发动机单元体和整机进行性能分析的参数分别有哪些?

5.10 为何要进行发动机的寿命预测? 寿命预测的方法有哪些?

参 考 文 献

[1] 张绍基.航空发动机控制系统的研发与展望[J].航空动力学报,2004,19(3): 375 - 382.

[2] 范满意.航空发动机全生命周期健康管理技术发展分析[J].航空动力,2022(3): 40 - 42.

[3] 刘勇,王朝,周平.一种民航发动机滚动轴承故障预警方法[J].推进技术,2022,43 (2): 295 - 304.

[4] TAMILSELVAN P, WANG P F. Failure diagnosis using deep belief learning based health state classification[J]. Reliability Engineering & System Safety, 2013, 115: 124 - 135.

[5] 尉询楷,陆波,汪诚,等.支持向量机在航空发动机故障诊断中的应用[J].航空动力学报, 2004,19(6): 844 - 848.

[6] 徐启华,师军.基于支持向量机的航空发动机故障诊断[J].航空动力学报,2005, 20(2): 298 - 302.

[7] CHEN Z Z, CAO S C, MAO Z J. Remaining useful life estimation of aircraft engines using a modified similarity and supporting vector machine (SVM) approach[J]. Energies, 2018, 11(1): 28.

[8] CUI J W, SHAN M X, YAN R Q, et al. Aero-engine fault diagnosis using improved

local discriminant bases and support vector machine[J]. Mathematical Problems in Engineering, 2014(1): 1 - 9.

[9] 孙昊,付旭云,钟诗胜.基于慢特征密度聚类的气路异常检测方法[J].航空动力学报,2021,36(10): 2218 - 2229.

[10] 李晓波.基于综合指数的单元体性能分析及其与整机性能的联系[D].天津:中国民航大学,2016.

[11] 曹惠玲,周百政. QAR 数据在航空发动机监控中的应用研究[J].中国民航大学学报,2010,28(3): 15 - 19.

[12] 曹惠玲,徐文迪,汤鑫豪,等.航空发动机基线挖掘方法对比分析[J].中国民航大学学报,2019,37(6): 12 - 17.

[13] 邓聚龙.灰色系统基本方法[M].武汉:华中理工大学出版社,1987.

[14] 刘渊,余映红,田彦云,等.航空发动机排气温度基线建模新方法研究[J].推进技术,2022,43(4): 16 - 25.

[15] 曹惠玲,李理,任炎炎,等.航空发动机涡轮结构参数对 EGTM 的影响研究[J].航空维修与工程,2016(1): 29 - 32.

[16] 彭鸿博,刘孟萌,王悦阁.基于起飞排气温度裕度(EGTM)的航空发动机寿命预测研究[J].科学技术与工程,2014,14(16): 160 - 164.

[17] 于文武,康力平,许春生.航空发动机单元体性能评估方法研究[J].航空计算技术,2007,37(5): 18 - 20,24.

[18] 周媛,左洪福.基于主成分分析和线性判别的航空发动机状态监视[J].中国机械工程,2014,25(11): 1433 - 1437.

[19] 黄远强,瞿红春,赵越超.基于主成分分析方法的航空发动机性能排队研究[J].航空维修与工程,2015(1): 75 - 77.

[20] FENG D, XIAO M, LIU Y, et al. A kernel principal component analysis-based degradation model and remaining useful life estimation for the turbofan engine[J]. Advances in Mechanical Engineering, 2016, 8(5): 1 - 13.

[21] CHEN Z Y, LIU Y, ZHOU P. A novel method to identify the scaling region of rough surface profile [J]. Fractals-Complex Geometry Patterns and Scaling in Nature and Society, 2019, 27(2): 1 - 10.

第 6 章
民航发动机失效调查

6.1 民航发动机失效调查与分析的目的

查找发动机失效的原因和机理,提出预防再失效对策的技术活动和管理活动称为失效分析[1-3]。民航发动机失效分析的目的在于分析和判断发动机的失效原因,找出有效的预防和补救措施,防止同类事故重复发生,是提高发动机可靠性和寿命的一项重要措施。失效分析首先要分析失效的原因,即"失效诊断";其次是采取相应预防和补救措施,即"失效对策"。

航空发动机失效分析的意义主要有以下几个方面[4]:

(1)找出失效原因,采取有效措施,使同类失效事故不再重复发生,避免更大的经济损失和人员伤亡;

(2)促进发动机技术的发展;

(3)促进发动机质量和可靠性的提高;

(4)失效分析为制订或修改技术标准提供依据;

(5)失效分析是仲裁失效事故、开展技术保险业务及对外贸易中索赔的重要依据。

6.2 民航发动机失效调查的基本概念及主要过程

6.2.1 失效

失效通常用来定义部件使用过程中的工作状态,当部件处于以下状态时称为处于失效状态:

(1)部件受损导致系统处于不安全的工作状态;

(2)部件在运行中不能保证系统性能良好,如发动机系统性能损失、部件寿命缩短或可靠性降低。

通过科学严谨的失效分析过程,设计者和制造商能以失效分析的结果为依据,设计和制造出可靠性更高的产品[5,6]。

6.2.2 事件与事故

在民用航空运输协会规定中,事故被定义为从人员进入飞机到离开飞机期间,发生的与飞机的运行情况有关联的如下情况：

（1）有人员在与飞机相关联的事件中死亡或者受伤；

（2）飞机受到严重损坏；

（3）第三方的财物在该事件中受到损失。

事件定义为除飞机事故之外的使飞机运行处于危险或不安全状态的情况。

6.2.3　根原因

根原因的定义是在发动机的设计、制造、运行、维护过程中的缺陷，因这些缺陷而导致一系列发动机事件。导致发动机失效的根原因举例如下：

（1）发动机的扩压器机匣加强筋上存在焊接质量问题；

（2）高压压气机轮盘的连接螺栓润滑存在问题；

（3）未按紧急服务通告规定的专门检测程序工作；

（4）装配前，错误地移动滚珠轴承，导致在滚珠表面留下工具划痕；

（5）变速箱装配未按《发动机手册》进行操作。

从上述根原因的案例中可以看出，根原因主要与制造和维修过程中的缺陷有关，当采取适当的措施之后，可以避免该类失效发生。根原因需要通过事件的逻辑次序来找到，并找出由根原因导致的失效事件次序。事件的次序必须详细而且经过证明，即使没有完全证明也要提供足够的证据。

6.2.4　失效分析概念及主要过程

查找失效原因和机理，提出预防再失效对策的技术及管理活动称为失效分析。发动机失效模式的分布随着发动机型号的不同而变化，而且不是所有的失效都会导致事件发生，有些失效仅会导致过早的性能损失或者部件寿命损失。失效分析的过程需要循序渐进客观地进行，可以分为以下几个步骤。

1. 组建失效分析调查组

当失效发生时，首先需要组建调查组来确定失效原因，并给出进一步的建议。在失效调查期间，要确定失效如何发生，发生的原因，以及需要怎么做才能减少失效发生频率或降低事件的严重性。对于可能造成灾难事件的失效，必须快速找到失效根原因，以便能够及时采取措施，防止此类失效的再次发生。

调查小组需要从各个学科中选择专家组成，每个成员必须与所有成员紧密合作，将数据、研究结果和想法等与其他专家共享。在解体受损的发动机之前，每一位小组成员都要了解自己的角色和任务。在调查期间，定期召开会议讨论所获悉的信息，确保事件次序中的每一个设想或方案都能通过合理的证据来证实。

2. 收集信息

1）拆卸前的检查

拆卸前的检查即发动机内部模块或结构的检查，主要内容包括以下几点：

（1）检查轴或机匣上的裂纹和缺陷；

（2）检查发动机轮盘、榫槽是否有裂纹和划痕；

（3）检查发动机动叶是否有裂纹或涂层损坏；

（4）检查所有的主轴轴承、轴承腔组件及相关密封件；

（5）检查主齿轮箱中是否存在损坏；

（6）检查所有零件是否有变形。

2）拆卸过程

（1）在拆解发动机的过程中，小心移动零部件，避免出现划伤磕碰等其他损坏；

（2）防止发动机某些开口处进入灰尘、脏物、保险丝、螺母、垫圈等外来物；

（3）如果有外来物进入发动机某些开口，必须停止拆卸，直到取出该外来物为止；

（4）避免用手指触摸破损的表面，这有可能改变破损表面的特征；

（5）避免把破损后掉下的碎片放在一起，这些金属碎屑之间相互接触有可能会导致破损面的证据被破坏；

（6）避免清理破损的表面，破损表面上存留的物质可能为分析后续事件提供一定的信息；

（7）能够通过材料或冶金学认定为有重要信息的证据应该尽快送往检测机构。

3）拆卸后的目视检查

（1）在发动机被拆解完并被移走后，检查是否存在刮擦碎屑、灼烧产生的碎屑及腐蚀掉落的碎屑等证据；

（2）用摄像机记录拆解的过程；

（3）用照相机拍摄拆解过程中所发现的发动机损坏部位；

（4）记录拆解过程中所观察到的情况；

（5）用表格或草图的形式描绘损坏部位。

4）对拆卸过程中的叶片进行编号

（1）大多数情况下，在拆解涡轮叶片时要对拆卸的每级涡轮叶片进行编号，编号标记对于分析事件发生顺序、观察连接件的损坏时至关重要，应注意，标记时使用的笔必须是厂家规定的型号；

（2）在使用规定的标记笔进行标记时，标记内容不能写在碳封严圈或者经过打磨抛光的接触表面上，标记本身的厚度有可能改变间隙尺寸；

（3）当部件在高温下工作时，如果使用含金属元素的笔标记在含有碳、锌、铜、铅等元素的部件上时，这些标记物质附着的区域会被腐蚀或导致晶粒间破坏。如果使用不正确的标记笔，该标记必须按照适当的流程正确清除。

5）背景信息采集

对发动机的失效模式进行分析的过程中，需记录下事件发生的背景。记录的内容主要包括：

（1）事件的发生地点和部件位置；

（2）事件的发生时间；

（3）飞机机型和 ID 号；

（4）发动机类型和序列号；

（5）发动机服役历史（总使用时间、总使用循环、自上次大修后的使用时间、自上次大

修后的使用循环、自上次返场的使用时间、自上次返场的使用循环);

（6）飞行条件(起飞、巡航、近进等);

（7）飞行相关操作人员;

（8）航班任务描述;

（9）飞行操作;

（10）发动机功率;

（11）飞行机组记录与评论报告;

（12）其他观察到的现象;

（13）之前发生过的事件。

6）记录受损部件的历史

（1）部件名称及编号;

（2）序列号;

（3）交货日期;

（4）安装日期;

（5）部件的供应商;

（6）生产批量;

（7）材料;

（8）制造过程;

（9）部件寿命;

（10）距部件上次检查的时间;

（11）对部件进行检查、修理的历史;

（12）部件设计更改的历史;

（13）制造过程更改的历史;

（14）其他观测报告。

7）从其他资料中获得的信息

在失效调查过程中,还必须参考其他一些重要资料,如孔探检查、飞行员报告、试车台报告、ECM II 报告、全权限数字发动机控制(full authority digital engine control, FADEC)/发动机电子控制(electronic engine control, EEC)系统故障报告、飞行数据记录仪报告、维修报告、服务通告条款、冶金报告、检查样本、碎屑检查样本、滑油分析报告、飞行报告等,这些资料可用于收集有关发动机失效的更多数据。

3. 确定失效的根原因

在失效调查过程中,一旦确定根原因,就要针对原有过程中的失效制定修正措施,改进的措施需要在调查结果的支持下,采用在实际生产中产生最低影响的改进方案。

在确定根原因的过程中需要注意,虽然确定了一个主要的失效部位,但这不一定是在整个过程中导致部件失效的根原因,最初的失效部位可能发生在发动机的某个部件或组件上[7,8],该处的失效引起了其他的失效,这种其他的失效被定义为二次失效。以下几种情况不属于失效的根原因:

（1）高周疲劳造成发动机第五级高压压气机动叶断裂;

（2）热疲劳造成发动机第一级高压涡轮动叶断裂；

（3）低周疲劳造成扩压器机匣出现裂纹；

（4）应力腐蚀造成第四级低压涡轮静叶涡轮螺栓失效；

（5）硫化作用造成高压涡轮动静叶失效。

4. 确定事件次序

在失效分析过程中，通过一个逻辑事件次序来解释根原因，过程中的错误可能会导致部件失效，这种失效可能发生在关键部位或系统的薄弱环节，综合失效会导致一系列的事件或其他部件的二次失效。以下给出一个确定事件次序的例子。

根原因：错误地使用旋转刀具加工轮盘的配平凸缘，即该操作没有执行正确的流程。

（1）事件一：图纸要求以 0.5 in（1 in＝0.025 4 m）的半径加工配平凸缘倒角时，实际加工半径却是 0.05 in。

（2）事件二：高应力集中使倒角附近出现高应力扩展。

（3）事件三：作用在轮盘上的一些低周循环和倒角附近的应力集中，使倒角半径处出现疲劳裂纹；

失效：当凸缘与轮盘相交的横截面区域不能承受给定的应力作用时，低周疲劳裂纹就会扩展到临界长度，从而导致轮盘断裂。

5. 制定修正措施

当确定了主要的失效点、过程中的缺陷及找到了防止进一步失效的方法时，就可以制定相应的修正措施。如果有许多修正措施可供选择，需要寻找最有效的方案，综合考虑成本、计划和修正的风险等因素，制定出从主要到次要的修正措施列表，由分析小组决定最有效的修正方案。

6. 监控修正措施

监控修正措施是为了保证修正措施切实落实，对修正措施实施过程进行跟踪，定期检查和评价，决定是否需要进一步的修正措施。

一旦证明修正措施是有效的，就可将其作为经验中的一部分进行保存，该资料可以用来避免在类似过程中再犯同样的错误。设计失效的案例分析得出的成果可作为设计标准的一部分：在生产过程中，它可以是加工工序、质量或检查标准的一部分；在过站检测或大修过程中，它也可以成为维修手册的一项标准。

7. 拟定失效分析报告

在航空工业中，失效分析报告对于保证产品的安全性和可靠性具有重要的意义，报告能够帮助营运人员及时采用修正措施，并帮助他们了解失效的原因，有助于避免失效的再次发生。拟定失效报告的程序及要求主要包括以下几个方面。

（1）明确用途：避免使用未经公认的缩写，技术术语必须解释清楚。

（2）尽量简洁：使用详细而准确的数据，在起始段陈述目的和结论。

（3）逻辑性：按顺序描述事件的发生和结果并给出适当的证明。

（4）在附录中提供必要的照片，以及由化学和冶金学测试得出的数据图表等。

6.3　发动机失效分析基本工具

6.3.1　鱼骨图法

鱼骨图又称石川图,是一种发现问题"根本原因"的方法,看上去有些像鱼骨,将问题或缺陷(即后果)标在"鱼头"处[9]。在鱼骨上长出鱼刺,上面列出产生问题的可能原因。

鱼骨图的制作通常分为两步进行。

(1) 分析问题原因/结构:① 针对问题点,选择层别方法(如人、机、料、法、环等);② 按头脑风暴分别对各层别类别找出所有可能原因(因素);③ 将找出的各要素进行归类、整理,明确其从属关系;④ 分析选取重要因素;⑤ 检查各要素的描述方法,确保语法简明、意思明确。

(2) 绘制鱼骨图:① 填写鱼头,画出主骨;② 画出大骨,填写大要因;③ 画出中骨、小骨,填写中小要因;④ 用特殊符号标识重要因素。

图 6-1 给出了零件上有蜂窝状小孔的鱼骨图案例,从图中可以清晰地看出各个可能发生问题的环节,便于进行调查研究。

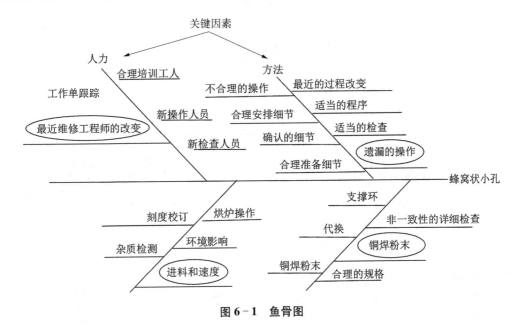

图 6-1　鱼骨图

6.3.2　事件树分析

事件树分析(event tree analysis, ETA)法是安全系统工程中常用的一种归纳推理分析方法,起源于决策树分析(decision tree analysis, DTA)。它是一种按事故发展的时间顺序由初始事件开始推论可能的后果,从而进行危险源辨识的方法[10-14]。这种方法将系统可能发生的某种事故与导致事故发生的各种原因之间的逻辑关系用一种称为事件树的树形图表示,通过对事件树的定性与定量分析,找出事故发生的主要原因,为确定安全对策提供可靠依据,以达到猜测与预防事故发生的目的。采用事件树分析法可以进行故障诊断、分析系统的薄弱环节、指导系统的安全运行、实现系统的优化设计等,是一个以有序的方法来证实失效的潜在根原因的方法,它依据事件的因果关系,提供了调查流程的完整记录。

事件树分析过程有助于使发生的事件顺序条理化和清晰化,可以体现发动机失效模式分析的每个重要线索。分析过程以实际证据为开始,结合事件内各个层次上可能的原因构建事件树,各个层次上的潜在原因必须经过证据证实,最后落实到一个或几个有缺陷的具体过程。

在失效调查中采用事件树分析根原因技术有以下优点:

(1)能够得到由所有收集的证据和现象组成的全面的事件说明;

(2)排除了与失效无关的原因;

(3)帮助确定多个导致失效的原因;

(4)对所有可能的失效原因进行彻底调查;

(5)帮助确定其他部件或相关操作过程的问题;

(6)向用户提供了直观的调查方法和步骤。

图6-2为滑油压力过低而导致的发动机事故的事件树。

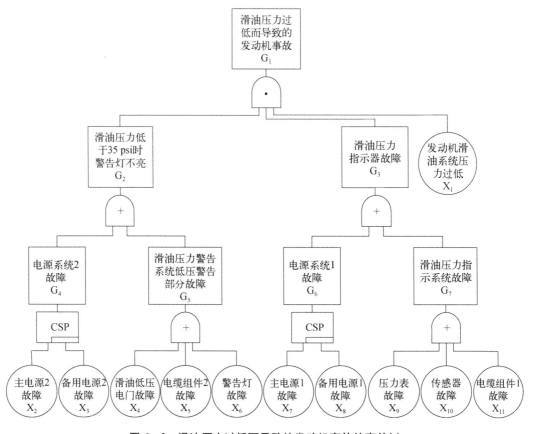

图6-2 滑油压力过低而导致的发动机事故的事件树

调查的最终目的是确定并执行正确的修正措施,跟踪并评估修正措施的实际效果是后续的必须环节。

6.4　失效分析检测手段

除了常规的力学性能检测外,失效分析的基本技术主要包括断口分析、无损检测、成分检测、金相显微镜分析、形貌特征分析、X 射线衍射分析等。

6.4.1　断口分析

对于断裂后的零件,断口是材料断裂后留下的表面,提供了诸如断口形貌、颜色变化、损伤等重要信息[15]。通常将分析分为宏观断口分析与微观断口分析两个方面。

1. 宏观断口分析

宏观断口分析是指在有照明的条件下,用肉眼、放大镜等对断口进行直接观察与分析。根据宏观断口的形貌可以判断裂纹起源区的位置及裂纹的类型,为进一步分析提供了重要的信息。通过宏观断口分析,结合零部件实际使用条件及典型力学试验条件下的断裂应力与断裂过程,可以确定断裂的模式,为分析断裂的机理提供方向。

失效零件的宏观分析不仅与受力状态及环境条件有关,而且与材料的性质及组织结构有关,通过宏观断口分析可以推断失效模式与原因,为微观分析提供必要的信息,可以认为宏观断口分析是失效分析的基础,也是失效分析成功与否的关键。

2. 微观断口分析

微观断口分析是指借助光学显微镜与电子显微镜等对断口进行放大后进行的观察和分析。对于失效零件断口形貌的微观断口分析,可以用于寻找断裂源、分析疲劳条带、观察腐蚀产物与微观缺陷等。

扫描电子显微镜是进行微观断口分析的重要仪器之一,它是利用电子束对样品表面进行扫描,与样品表面相互作用激发出各种信号,根据不同信号产生的机理,采用不同的信息检测器,实现选择性检测。通过对二次电子、背散射电子的采集,可以得到有关位置微观形貌和元素分布的信息。扫描电子显微镜主要用于观察裂纹源附近的形貌是否有夹杂物等特殊情况,以及观察断口上是否有裂纹,观察疲劳条带,判断韧性和脆性断裂等。

6.4.2　常规化学成分分析

通过化学成分分析可以确认失效零件是否符合设计制造对于材料的要求,化学成分含量是否与失效有关等关键信息。化学成分是决定零部件性能的基本要素,各元素对性能有着重要的影响,例如,钢材中加入合金元素,可用来提高钢的力学性能和工艺性能等。影响材料性能的一个重要因素是化学成分的超标,如主元素超标、杂质元素过高或混入其他元素,这些问题主要是金属冶炼过程中的工艺控制不当导致的。

常用的化学成分分析是 X 射线光谱分析,它是一种利用初级 X 射线光子或其他微观离子激发待测物质中的原子,使之产生荧光而进行物质成分分析和化学态研究的方法。按照激发、色散和探测方法的不同,分为 X 射线光谱法(波长色散)和 X 射线能谱法(能量色散)。

6.4.3　无损检测技术

无损检测是非破坏性检测,既可以在失效的零件上进行检测,也可以在服役或待用零件上进行检测[16,17]。无损检测通常是基于材料的物理性质因缺陷而发生变化,在不改变工作状态和使用性能的前提下,测量其变化量,从而判断零部件内部是否存在缺陷。

6.4.4　其他分析技术

1. 透射电子显微镜

透射电子显微镜是把经加速和聚集的电子束投射到非常薄的样品上,电子与样品中的原子因碰撞而改变方向,从而产生立体角散射。散射角的大小与样品的密度、厚度相关,因此可以形成明暗不同的影像,影像将在放大、聚焦后,在成像器件(如荧光屏、胶片及感光耦合组件)上显示出来。

2. X 射线衍射分析

X 射线衍射的基本原理是当一束单色 X 射线入射到晶体时,由于晶体是由原子规则排列成的晶胞组成,这些规则排列的原子间距离与入射 X 射线波长有相同数量级,故由不同原子散射的 X 射线相互干涉,在某些特殊方向上产生强 X 射线衍射,衍射线在空间分布的方位和强度与晶体结构密切相关。

6.5　失效调查案例

彗星(Comet)客机是英国德·哈维兰(de Havilland)公司研制的历史上第一架喷气式民航客机,在当时被认为是具有革命性的技术,在飞行速度、舒适性、载客人数等方面都代表了当时的最先进水平[18,19]。虽然在设计时采用了大安全系数设计,但在 20 世纪 50 年代,彗星 1 型客机发生了几起空中解体事故,调查结果发现机身的疲劳寿命远远小于测试给出的疲劳寿命。

6.5.1　事故回顾

1. 加尔各答事故

1953 年 5 月 2 日,英国海外航空公司 783 航班(客机 G‐ALYV)从加尔各答机场飞往德里,离港不久后航班遭遇强雷雨天气。飞行员和空中交通管制人员都认为风暴并没有大到不可穿越,此外机长对这条航线了如指掌,并且在这种天气状况下有过多次飞行经验。仅在起飞 6 分钟后,当飞机爬升到 7 500 英尺时,无线电通信中断。与此同时,各地的目击者证实"一架着了火的飞机从大暴雨中坠落",机上的 37 名乘客和 6 名机组人员无人幸免,全部罹难。

印度政府调查了事故并得出结论:导致加尔各答坠机事件的主要原因是"飞机穿越飚暴时机身的结构失效"。他们断定有两种可能的原因会使应力过载大到导致飞机坠毁:一种是风暴刮来的强阵风,另一种是飞行员穿越风暴时的过度操控。他们建议对残骸进行更彻底的分析来确定初始故障,而且应考虑修改彗星客机的飞行特性,以便能更好地"感受"操纵面上的负载。

2. 厄尔巴岛事故

1954 年 1 月 10 日,英国海外航空公司 781 航班的彗星客机 G‐ALYP 从罗马钱皮诺国际机场离港飞往伦敦。起飞 20 分钟后,飞行高度接近 27 000 英尺,从机组传回的半途中断的回话中推断,飞机发生了灾难性的意外故障,意大利厄尔巴岛上的目击者称飞机燃着大火坠入海中。机上 29 名乘客和 6 名机组人员全部遇难。

虽然坠机通常由所在国家的政府或民航局组织开展调查,但此次事故由英国民用航空管理局主导事故调查。事故调查期间,彗星客机机队被停飞,同时德·哈维兰公司对"所有可能造成空难的地方"进行改装。这些改装用来消除所有可能发生的故障,包括操纵面颤振、阵风导致的主要结构失效、飞行控制、突然失压、发动机着火、涡轮叶片失效、机翼疲劳。此次调查并没有考虑机身疲劳的问题,也没有对此进行任何补偿性改装。

机队进行了改装,残骸还在继续寻找,英国运输和民用航空部部长指出"已经计划好了改装的性质和程度……同时加尔各答空难彻底说明,我们不能排除事故可能由其他原因引起,两起事故原因可能相同"。大量的改装工程使人们相信造成两起事故的未知故障已经解决,彗星客机航班于 1954 年 3 月 23 日重新起航。

3. 那不勒斯事故

仅仅在两个星期后,1954 年 4 月 8 日,南非航空公司租借了英国海外航空公司的彗星客机 G‐ALYY,航班 201 从钱皮诺国际机场飞往开罗,飞行到 40 分钟时,飞机爬升到 35 000 英尺,此时飞机经历了灾难性的空中解体并坠入那不勒斯附近的海域,机上的 14 名乘客和 7 名机组人员全部罹难。

此次坠机后,英国海外航空公司紧急停止了所有彗星客机的航班。彗星客机的适航许可被吊销,随后所有彗星客机及其机队被无限期停飞。

由于那不勒斯事故的残骸碎片沉入约 3 300 英尺深的海底,只找到了极少的残骸碎片。从已经找回的残骸碎片来看,这与"那不勒斯事故和厄尔巴岛事故由相同的原因引起"的观点不谋而合。

为了寻找厄尔巴岛事故相关的余下残骸,采取了许多新措施,例如,第一次使用了水下电视摄像。截至 1954 年 8 月底,厄尔巴岛事故中 70% 的残骸碎片被寻回,见图 6‐3。

图 6‐3 已找回的厄尔巴岛失事飞机机身残骸的重建

6.5.2 机身测试

由于一直没有找出确切原因,调查人员决定对现有机身进行全尺寸测试:G‐ANAV 的不加压飞行测试和 G‐ALYU 的加压测试(图 6‐4)。为使测试以更安全的方式进行,

将机身浸没在水箱里。机身全部浸没在水里后,客舱泵入新水,直至客舱内压力到达 1P,
与飞行室相等。之后进行多次循环,用来模拟飞机飞行了多次航班。由于水是不易压缩
的液体,测试会更安全并且机身能够进行维修和再测试。如果使用空气进行测试,其结果
会与厄尔巴岛事故和那不勒斯事故一样发生灾难性的解体。

图 6‑4　彗星客机 G‑ALYU 在水箱中进行的压力测试

飞机 G‑ALYU 在测试前已经进行了 1 230 次加压飞行,机身在进行了 1 830 次水箱
"飞行"后,方形的前舱逃生口窗角发生失效(图 6‑5),该失效是转而进行疲劳失效调查
的关键因素。调查组制作了一个比例模型用来测试机身窗角的疲劳失效情况,根据所得
结果在厄尔巴岛附近的失事点增加了一片新的搜索区域。如图 6‑6 所示,在这片新的搜

图 6‑5　机身在前逃生舱口方形窗角处失效

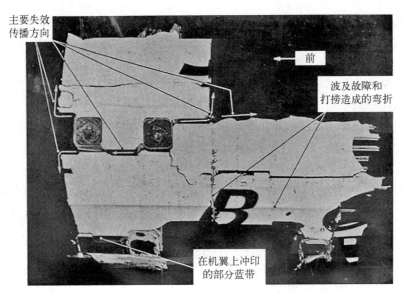

主要失效
传播方向

前

波及故障和
打捞造成的弯折

在机翼上冲印
的部分蓝带

图 6-6　G-ALYP 厄尔巴岛事故中的两个自动定向机窗口

索区域里,找到了同样为方形的自动定向机的窗户,其显示的疲劳现象,也被认定为厄尔巴岛坠机事件中第一处裂口的发生位置。

飞机 G-ALYU 在空气中和水箱中大约进行了 3 060 次加压"飞行",厄尔巴岛事故飞机加压飞行 1 290 次,那不勒斯失事飞机加压飞行 900 次,这些飞机的疲劳寿命都比德·哈维兰测试的 16 000 次安全循环低得多。

早在设计阶段,德·哈维兰公司就清楚认识到彗星客机将会有巨大的技术领先,他们有望成为第一个为公众提供加压喷气式飞机服务的公司。由于在彗星客机研发阶段并没有很多关于加压商用客机设计和生产的经验,德·哈维兰特别注重结构方面的测试,其中就包括高于正常压力下的机身压力测试。

国际民用航空组织(International Civil Aviation Organization, ICAO)和当时适用于任何由英国制造的民用航空器的相关规定中都要求设计压力为 $2P$,机身检验测试压力要达到 $1.33P$,这里的"P"是工作压差或者正常飞行中的期望压力。对于彗星客机,P 大约是 8.25 lb/in^2。ICAO 和英国政府都没有意识到加压飞行意味着什么,所以很多规章中,对加压飞行器和未加压飞行器还保持着一样的要求,包括疲劳部分的要求。

为确保飞行器的安全,德·哈维兰公司进行了明显高于规定要求的设计,将机身设计为可承受 $2.5P$ 压力,检验测试提高到 $2P$ 压力。原型机机身在 $1P \sim 2P$ 下大约加压 30 次,之后以稍大于 P 的压力加压 2 000 次。这两项测试用来验证机身可以承受足够的压力并且结构完好。最后,德·哈维兰对相同的原型机机身进行了 16 000 次循环(从 $0 \sim 1P$ 的加压测试)来核实疲劳寿命。最后在第 16 000 次循环时,机身因客舱方形窗的窗角疲劳破裂而失效。彗星客机的期望寿命仅是 10 000 次循环,所以在 16 000 次循环时发生的破裂并不需要担心。

6.5.3　窗角的应力集中

德·哈维兰公司在生产前进行了多次测试证实彗星客机的安全性:从压力测试到飞

行测试再到应力测试,广泛的机身测试证明彗星客机的安全性毋庸置疑。从实际测试中获得的经验知识使德·哈维兰公司在分析中十分自信。计算出的窗角周围平均应力不到材料极限强度的一半,德·哈维兰没有考虑进一步更精确的应力计算,而是更倾向于通过测试说明彗星客机足够坚固。然而,在 G‐ALYU 水箱测试失败后,更多的测试表明在窗户上的应力明显高于原本所确定的值,测试发现窗角出现了很高的应力集中。应力可以在现代窗户弧形边缘的周围以最小的方式扩散开,但是在彗星客机的方形窗户上,应力不能平滑地在拐角处扩散,由此产生了应力集中现象。

虽然任何一个航空器都会有不同程度的应力集中,但是彗星客机独特的方形窗口拐角导致了特别大的应力集中。德·哈维兰公司对原型机进行了 2P 压力测试,窗口拐角混合承受着压力过载和很高的应力,产生的巨大应力集中足以改变这些位置的材料特性。每提高一次压力负载,材料特性就有显著改变。当压力达到最大值 2P 时,这些位置的材料特性与彗星客机已经完全不同,这种材料特性变化的过程称为冷加工。

6.5.4　材料冷加工特性

冷加工本身并不是一个安全问题,加压到 2P 的测试证明彗星客机可以承受过压的负载。重大失误在于使用经过了压力测试和冷加工的原型机再进行机身疲劳测试。原型机机身在经过 16 000 次循环后才失效的主要原因是冷加工彻底改变了窗口拐角的材料特性。这种特性的改变实际上提高了这些位置的疲劳特性,从而掩盖了彗星客机真实的疲劳缺陷。

在加尔各答、厄尔巴岛和那不勒斯坠毁的彗星客机,以及水箱中的 G‐ALYU 和其他所有的彗星客机都没有经过 2P 压力测试,这些机体都没能从高负载的测试中"获益"以改善疲劳特性。疲劳效应在这些从未过载过的机身上产生了巨大影响,彗星客机只有大约 1 000 次循环的疲劳寿命而不是 16 000 次。在即将到达疲劳寿命时,已经到达极限的材料会发生灾难性的破裂,从而导致飞机空中解体。

思　考　题

6.1　民航中的失效如何定义?

6.2　如何区分事件与事故?

6.3　根原因的定义和目的是什么?

6.4　在一台受损的发动机的分解中,建议的操作有哪些?

6.5　在利用鱼骨图对事件进行分析时,主要考虑哪些方面?

6.6　事件树的主要目的是什么?

6.7　常见的无损检测方式有哪些?简述其使用环境及特点。

参　考　文　献

[1] 宋兆泓.航空发动机典型故障分析[M].北京:北京航空航天大学出版社,1993.

［2］ 刘博志,邱丰,徐倩,等.航空发动机涡轮盘轮缘凸块塑性变形失效分析［J］.航空发动机,2022,48(3)：121 – 126.

［3］ 夏洪花,陈荣,封彤波,等.某发动机低压一级叶片裂纹失效分析［J］.金属热处理,2019,44(S1)：243 – 245.

［4］ 陶春虎.航空发动机转动部件的失效与预防［M］.北京：国防工业出版社,2000.

［5］ 赵广社,吴思思,荣海军.多源统计数据驱动的航空发动机剩余寿命预测方法［J］.西安交通大学学报,2017,51(11)：150 – 155,172.

［6］ CHEN Z Y, ZHOU P, LIU Y, et al. A novel approach to uncertainty analysis using methods of hybrid dimension reduction and improved maximum entropy［J］. Structural and Multidisciplinary Optimization, 2019, 60(5)：1841 – 1866.

［7］ MAZUR Z, LUNA-RAMIREZ A, JUAREZ-ISLAS J A, et al. Failure analysis of a gas turbine blade made of Inconel 738LC alloy［J］. Engineering Failure Analysis, 2005, 12(3)：474 – 486.

［8］ KERMANPUR A, AMIN H S, ZIAEI-RAD S, et al. Failure analysis of Ti6Al4V gas turbine compressor blades［J］. Engineering Failure Analysis, 2008, 15(8)：1052 – 1064.

［9］ 李真.航空发动机产品的精益生产研究［D］.长沙：湖南大学,2014.

［10］ 郭淑芬.图形技术在航空发动机故障树绘制中的应用［J］.推进技术,1998(3)：71 – 74.

［11］ 李彦锋.模糊故障树分析方法及其在复杂系统可靠性分析中的应用研究［D］.成都：电子科技大学,2009.

［12］ ANDREWS J D, DUNNETT S J. Event-tree analysis using binary decision diagrams［J］. IEEE Transactions on Reliability, 2000, 49(2)：230 – 238.

［13］ HUANG D, CHEN T, WANG M J J. A fuzzy set approach for event tree analysis［J］. Fuzzy Sets and Systems, 2001, 118(1)：153 – 165.

［14］ YOU X M, TONON F. Event-tree analysis with imprecise probabilities［J］. Risk Analysis, 2012, 32(2)：330 – 344.

［15］ 钟群鹏,赵子华,张峥.断口学的发展及微观断裂机理研究［J］.机械强度,2005(3)：358 – 370.

［16］ 马保全,周正干.航空航天复合材料结构非接触无损检测技术的进展及发展趋势［J］.航空学报,2014,35(7)：1787 – 1803.

［17］ 周德强.航空铝合金缺陷及应力脉冲涡流无损检测研究［D］.南京：南京航空航天大学,2010.

［18］ 王钟强.德·哈维兰：夜空中最亮的星［J］.大飞机,2018,11：63 – 67.

［19］ 金绮.金属疲劳力学的诞生［J］.大飞机,2015(2)：95 – 96.